陇东学院著作基金资助出版

先秦两汉时期
森林生态文明研究

王飞 著

中国社会科学出版社

图书在版编目（CIP）数据

先秦两汉时期森林生态文明研究／王飞著．—北京：中国社会科学
出版社，2015.8
ISBN 978 - 7 - 5161 - 5580 - 6

Ⅰ.①先…　Ⅱ.①王…　Ⅲ.①森林生态系统—研究—中国—秦汉时代
Ⅳ.①S718.55

中国版本图书馆 CIP 数据核字（2015）第 037411 号

出 版 人	赵剑英
责任编辑	吴丽平
责任校对	刘　娟
责任印制	李寡寡

出　　版	中国社会科学出版社
社　　址	北京鼓楼西大街甲 158 号
邮　　编	100720
网　　址	http://www.csspw.cn
发 行 部	010 - 84083685
门 市 部	010 - 84029450
经　　销	新华书店及其他书店

印刷装订	三河市君旺印务有限公司
版　　次	2015 年 8 月第 1 版
印　　次	2015 年 8 月第 1 次印刷

开　　本	710 × 1000　1/16
印　　张	15.5
插　　页	2
字　　数	262 千字
定　　价	56.00 元

凡购买中国社会科学出版社图书，如有质量问题请与本社联系调换
电话:010 - 84083683

序 一

前些年，本书的作者王飞曾报考我的博士研究生。从他给我写的信看，他的愿望很迫切，备考的态度也很认真，考试的结果却不理想。他就是否还要继续报考征求我的意见，我告诉他成才的道路不止一条，劝他在本职岗位上做好教学和科研。即使今后没有机会攻读博士学位，只要实际的教学和科研能力达到了相应的水平，同样能获得晋升和重用。不久前收到他寄来的一部书稿，得知是他新的科研成果，感到十分欣喜。翻阅之后，禁不住要为此书的问世写一些话。

此书是作者在硕士论文的基础上，进一步广泛收集各方面的资料，吸收近年来国内外的新成果，进行综合和分析，经过充实和完善，形成新著。如果要了解对先秦两汉时期森林生态研究的最新状况，看王飞此书无疑是最合适的。如果想在这方面作更深入的研究，也不妨以此书作为起点。

在充分肯定王飞所做的努力和达到的水平的同时，我不得不指出，本书属于他本人的创新还是少了些。这倒不是王飞没有尽力，而是受到了史料和选题的局限。坦率地说，就是让我做这个题目，也不会比他做得更好。

历史地理的研究方法与当今地理的研究方法一个重要差别，就是后者可以进行实地考察获得或验证基本的景观和数据，前者却不得不主要依靠史料和历史学的研究方法。因此如果缺乏最低限度的史料，历史时期的地理景观和数据是无法复原或重建的。对这一局限必须有充分的认识，也就是说，并非历史地理学的每一个分支目前都具备了研究条件，也不是现代地理学的任何新进展都能在历史地理学得到响应。导师和学生都应该懂得有所为有所不为。

要克服史料不足或完全空白的困难，一是再做认真细致的搜集，一是对根据相关学科的最新知识和成果对史料作准确的理解。文献资料的数字化为快速准确的检索提供了前所未有的便利，所有传世文献能在屏幕上一览无遗并任意检索的日子已为期不远。但准确的理解却因年轻学者掌握中国古籍的水准和专业面过窄过细而不容乐观。我们也寄希望于出土文献，但这是可望而不可即、可遇不可求的机会。对于一个有限的目标或阶段性的成果来说，是无法将这样的希望当作必要条件的。

科学技术的新进展也为历史地理研究提供了新的手段，但这些手段的本质，无非是观察、归纳、分类、比较、计算、推导、测量、细化、扩大等等，归根结底，还是离不开基本的信息。如果连基本信息或微量、痕量的信息也不存在，即使以主观判断得出了某种结论，也无法通过其他手段或途径加以验证。而在无法验证的条件下，这样的结论至多只能备一说，却难以形成有价值的成果，更难得到运用。

例如要研究秦汉时期的森林生态，至少得查清楚当时哪些地方有森林，有哪些主要植物、动物类型，森林的覆盖率大致是多少，森林在整体生态系统中所起的作用，所占的地位，与其他自然因素间的关系如何，与人类的关系如何，这些因素在秦汉四百年间发生过什么变化等等。但几乎其中任何一个问题都找不到最低限度的史料，至多只有反映某一局部时间和空间的有限描述，其尺度之小、描述之模糊一般不足用以推测或估计至一个较大范围，更不用说用于全局。

所以我们不应苛求于王飞这样的年轻学者，但还是要随时提醒历史地理学界的同行，有些方面的研究还是等条件成熟后再进行为好。

葛剑雄

2013 年 10 月

序　二

　　王飞，陇东学院青年教师，近年来在学术研究上崭露头角。摆在我面前的这本专著《先秦两汉时期森林生态文明研究》就是证明，该书是作者在完成重要的教学科研任务和繁琐的校报编辑工作前提下完成的，费时多年，耗费巨大精力。粗读此书便觉得耳目一新。

　　一是资料翔实。史学界共知，先秦时期作为传说与信史共处的时期，史料并不丰富，尤其是关于生态环境史的资料非常有限。作者选择森林生态文明研究这个更为微观的主题，史料可以说非常稀少，不免令人望而生畏。但作者不畏艰难，从甲骨文到传说文献，从名人笔记再到正史记载均有涉猎，更多的现代考古资料则成为本书重要支撑，这就使生态史学的理念有了具体的史料体现，使抽象的生态理论和具体的史学案例有机结合起来。作者持之以恒爬梳史料的毅力难能可贵。

　　二是视角新颖。作者选取生态史学作为理论依据，从政府行为和社会行为两大视角审视先秦两汉森林生态变迁状况，试图揭示人类行为与森林生态的互动关系，对当前深入理解科学发展观、破解社会发展与生态矛盾提供有益的帮助。人类自出现以后就与自然结下不解之缘，人类征服自然，改造自然的同时也是一个破坏自然的过程。尽管生态环境保护的口号是现代人提出来的，但生态环境问题古已有之。中国5000年的文明历史就是不断征服和改造自然环境的历史。曲格平说："中国长期以来一直深受人口和生态环境问题困扰，远至春秋，近及明清，有关人口、生态的思想也一直绵远不绝。"[①] 在长期征服、改造自然的实践中，古人已经积累了很多生态环境保护思想、理论，并采取了积极的保护措施。作者选取森

---

① 曲格平、李金昌：《中国人口与环境》，中国环境科学出版社1992年版，第3页。

林生态为研究对象足见作者匠心独具，森林是人类诞生地，森林面积的变化与人类关系密切。一定意义上讲，森林生态变迁史就是一部人类社会发展史。作为近几年才兴起的生态史学，作者却敏锐抓住其本质，充分体现了作者扎实的理论和严密的史学逻辑，亦体现出作者开阔的视野、敏捷的思维及不懈的学术追求。

三是现实感强。十八大提出：建设生态文明，是关系人民福祉、关乎民族未来的长远大计。面对资源约束趋紧、环境污染严重、生态系统退化的严峻形势，必须树立尊重自然、顺应自然、保护自然的生态文明理念，把生态文明建设放在突出地位，融入经济建设、政治建设、文化建设、社会建设各方面和全过程，努力建设美丽中国，实现中华民族永续发展。作为一史学研究者，作者十分关注当今中国生态环境。通过梳理先秦两汉时期的森林生态状况，认为："在人类中心主义价值观的指导下，自古以来就存在的对自然的敬畏之情早已不复存在，随之而来的是对自然的大肆掠夺，不顾自然生态规律的生产方式，满足欲望追求的高消费生活方式都在肆无忌惮地伤害自然生态系统。人类无限制追求经济利益追求与享用已经远远超出自然资源的更新频率，这种对资源的无限制追求与地球上有限的资源的严重失衡，必然带来危机和灾难。"并提出："回归理性，反思生产、生活模式或许是解决自然生态危机的最好答案。"（见本书《前言》）这种"以古鉴今"的史学资政价值体现得淋漓尽致。故本书具有强烈的问题意识和广域的学术视野，读来并不觉得枯燥无味。

四是治学严谨。虽然生态史学的兴起是晚近之事，但历史地理学却早有论之，诸如历史时期的气候、河流、湖泊、森林草原、沙漠、城镇等相关研究却由来已久。学界中的侯仁之、谭其骧、史念海、竺可桢等大家都对上述问题进行过详细研究，并积累了很多研究成果。作者搜集大量的历史地理及考古发掘等文献，认真汲取学术界已有的学术成果，使其与本书论题有机结合起来，融会贯通，得出一些令人信服的结论。

本人于生态环境史是外行，初步阅读此书获得的不少认识实不敢妄加评论。此书即将面世，相信学术界定会给予一个公正的评价。

王思明

南京农业大学

目　　录

前　言

　　人类自诞生的那一刻起就与自然结下了不解之缘，人类生存，吃、穿、住、行各个方面都与自然密不可分。人与自然的关系问题一直是一个历久弥新的话题，人类也一直在反思自身与自然的关系。人类为了自身的生存和发展，无时无刻都在向自然界索取。古代社会由于生产力水平限制，人类作用于自然的手段基本是手工工具，所以对自然界的影响是很有限的，它的生态系统保持着原来的动态平衡。随着技术的发展，人类作用于自然的手段已经高度自动化、智能化。在人类追求无限的经济利益欲望的驱动下，人类对自然界作用达到最高水平。在人类中心主义价值观的指导下，自古以来就存在的对自然的敬畏之情早已不复存在，随之而来的是对自然的大肆掠夺，不顾自然生态规律的生产方式，满足欲望追求的高消费生活方式都在肆无忌惮地伤害自然生态系统。人类无限制追求和享用经济利益，这种对资源的无限制追求与地球上有限的资源的严重失衡，必然带来危机和灾难。目前，人类正在体验着这种危机和灾难。回归理性，反思生产、生活模式或许是解决自然生态危机的最好答案。

　　以历史的思维再现先秦两汉时期人们对自然和人类关系所总结的哲学思考及其实践活动，我们会惊讶于先民哲人式的思维和富有远见的自然生态保护行为，对当前恰当处理人与自然的关系及解决自然生态问题提供诸多历史启示。

　　先秦时期，华夏之地林木茂盛、人口稀少，人类活动对森林影响微弱。周代以来，人们对天地自然认识逐步深入，产生了很多富有见地的林业生态思想和著作。先秦诸子百家学说中丰富的林业生态思想成为我国封建社会林业法令政策的思想基础，并对近代林业法规制定产生深远的影响。

秦汉时期，随着生产力的进步，人类对自然索取能力增强，森林破坏相对于先秦时期出现了历史上第一次高潮。为此，统治者颁布了很多影响深远的律令。林业生产实践中出现了军事防护森林、行道树栽培等实践行为，人类对森林的管理利用水平进一步提高。

为了较为全面再现先秦两汉时期森林生态概况，本书共分为七章。第一章为气候变迁下的森林概况，论述了在历史气候变迁背景下林业生态状况、森林分布概况。第二章为森林生态思想，从时人对森林的认识与关注、水土保持的思想与实践和善待自然、遵循生态发展规律三个方面展开论述。第三章为生态职官的设置，在论述先秦生态职官和秦汉生态职官的基础上，进一步论证了秦汉生态职官的特点。第四章为林政与管理，在论证先秦和秦汉时期的林政和管理的基础上，进一步论证了林业产权。第五章为政府行为对森林的影响，从人口政策、宫室修建、战争、森林保育四个方面进行论证，以期呈现政府行为对森林的影响。第六章为社会生活对森林的影响，从事关人类自身生活生产的建筑用材、厚葬风俗、生活燃料、开矿冶炼及农业发展五个方面展开论证，尽可能全面地理解社会行为对森林的影响。第七章为森林生态恶化与相关律令颁布，详细论述该时期森林生态恶化的具体表现及自然灾害频发的历史史实，进而论述该时期相关生态律令的颁布。

先秦两汉时期，先民出于对自然资源的高度依赖及对自然生态规律敏锐的直觉意识，形成了合理保护利用自然资源和自觉遵循生态规律的朴素生态思想，并做出了一系列对自然资源进行保护的有益实践探索。这些思想和实践活动不仅有利于当时的自然资源合理利用，而且为我们当今处理自然生态问题积累了弥足珍贵的思想和经验，是一笔丰厚的历史文化遗产。

绪　论

一　选题缘由及意义

人类产生并存在于自然界，人类的生存和发展是以自然环境为条件，如果失去或破坏了自然环境，人类的生存就会受到威胁。所以人和自然的关系是一个永恒的话题。马克思、恩格斯在《德意志意识形态》中写道："我们仅仅知道一门唯一的科学，即历史学。历史可以从两方面来考察，可以把它划分为自然史和人类史。但这两方面是密切相连的，只要有人存在，自然史和人类史就彼此相互制约。"①

敬畏自然，尊重自然生命，遵循自然规律，倡导天人和谐是中国传统思想文化中的一条红线。面对当今生态环境日益恶化的现实，探析先秦两汉森林生态思想及实践活动，使今人认清先秦两汉时期人们自觉的生态意识和良好的维护生态实践活动，有利于促进当前生态文明建设发展。

先秦两汉时期虽然没有产生现代意义上的林业生态理论或概念，但是林业生态的朴素观念已经形成，人们在生产、生活实践中自觉遵循林业生态良性发展规律，并且采取了一些有利于林业生态良性发展的实践。姜春云指出："自有人类文明史以来，一切文明的共同基础是生态文明"，同时认为"中华文明史是一部不断认识生态原理的历史"。② 先秦时期，先民对人与自然的认识虽带有浓厚的原始宗教色彩，但却产生中国历史上林业管理一系列理念和制度，奠定了森林管理制度基础。秦汉时期是对先秦生态思想的进一步总结和深化。

---

① 《马克思恩格斯选集》（第 1 卷），人民出版社 1972 年版，第 66 页。

② 姜春云：《中国生态演变与治理方略》，中国农业出版社 1990 年版，第 1 页。

　　先秦两汉时期森林生态思想与实践是中国森林生态史研究的重要时段，研究先秦两汉时期森林生态史有着十分重要的意义。

　　首先，总结、借鉴历史经验教训，促进生态文明社会建设。

　　著名生态学家马世骏说："研究中国环境问题发展史，看看古人有哪些做得对的。我们怎样在新的历史条件下继承发扬（当然不是照搬和模仿，更不是复古倒退）；有哪些地方做得不对，我们怎样避免重蹈历史的覆辙。这样，可使我们少走弯路，不犯或少犯历史上已经犯过的错误，把我们的环境保护事业和四化建设搞得更好。"① 但事实上，我们并没有从中汲取足够的教训，我国生态环境状况并不乐观。可以说，当今世界普遍关注的全球十大环境问题，包括温室效应、臭氧威胁、生物多样性危机、水土流失、荒漠化、土地退化、水资源短缺、大气污染和酸沉降、噪声污染及热带林危机，都与森林资源的锐减有直接或间接的关系。1992 年联合国环境与发展大会专门发表《关于森林问题的原则声明》，突出强调森林在全球可持续发展中的重要性及其战略地位。

　　毫无疑问，当代中国面临着极其严峻的生态形势，生态恶化已经成为制约经济可持续发展、影响社会稳定、危害公众健康的重要因素，成为威胁中华民族生存与发展的重大问题。②

　　历史学家张岂之指出："面对严峻的生态环境问题，我国历史学家从两个方面进行严肃的历史思考。一方面，深入开展我国历史上自然环境变迁和灾害问题的研究；另一方面，从世界文明的角度去研究、了解 20 世纪西方经济发达国家在环境问题上的人文成果，加深对环境伦理和自然哲学的认识……人与人的关系和人与自然的关系是互为中介的，人的全面发展必须合乎生态规律，良好的自然环境是人全面发展的源头活水，也是全人类解放的基本标准之一。在加强环境伦理的研究中，我们在借鉴西方理论的基础上，还应注意与中国的民族文化和现实相结合，特别是科学与技术的结合，以及人文社会科学与自然科学的融合。"③

　　其次，探索、掌握中国森林生态变迁规律，合理培育和使用森林资

---

　　① 　袁清林：《中国环境保护史话》，中国环境科学出版社 1990 年版，序言。

　　② 　姜春云：《中国生态演变与治理方略》，中国农业出版社 1990 年版，第 2 页。

　　③ 　张岂之：《关于生态环境问题的历史思考》，《史学集刊》2001 年第 3 期。

源，促进林业经济可持续发展。

中国森林生态状况古今差别很大，深入系统研究先秦两汉时期森林生态的变迁，对新时期林业发展和生态建设具有重要现实意义。史料表明，先秦两汉时期，我国森林资源丰富、生态环境良好。随着社会的发展、人口的增长，生态环境呈现日益恶化的趋势，干旱、洪涝、风沙、生物多样性锐减等生态灾害频发，洪水和沙漠化成为两大心腹之患。[①] 为改变这种状况，必须加快我国林业和生态建设步伐，了解历史时期我国森林生态状况，掌握森林生态变迁历史规律就显得尤为必要。

再次，继承、发扬传统森林文化和生态文化，为建设生态文明社会服务。

我国森林生态思想是古人在利用森林资源、改造自然的实践中形成的思想精华，对当前生态文明建设具有指导意义。党的十八大从新的历史起点出发，做出大力推进生态文明建设，着力推进绿色发展、循环发展、低碳发展的战略。这是科学的生态文明观。要从根本上解决生态恶化趋势，必须从思想上树立新的发展观。生态环境不只是人和自然的关系，而且是人和人的关系。影响生态环境的因素，不仅有认识问题，而且有需要和利益问题；不仅有科学技术问题，而且有世界观、价值观问题；不仅有技术、资金问题，而且有制度、体制、管理问题；不仅有法制问题，而且有道德、习惯、传统问题；不仅有生产力的问题，而且有生产关系、上层建筑和意识形态的问题；不仅有生产方式问题，而且有生活方式问题。[②] 重视古代森林生态研究，尤其是先秦两汉时期森林生态思想及实践研究，有益于培育、再建社会生态文明观念，促进生态文明社会建设与发展。

二　学术史简单回顾

森林是人类文明的摇篮，中国早期狩猎文明就发生在森林中。森林生态史不仅仅是单纯的自然史，更是人类与自然协调发展的历史。随着环境

---

① 樊宝敏、李智勇：《中国森林生态史引论》，科学出版社 2008 年版，第 2 页。

② 陈志尚：《在"生态文明与价值观"高级研讨会上的致辞》，《北京林业大学学报》（社会科学版）2004 年第 1 期。

问题的日益严重，森林生态史也逐渐走进学者们的研究视野。

早期社会的发展是以自然生态为前提，渔猎和采集这两种经济形态就是典型的表现。在相当长的一段时期内，保持生物资源的消长平衡成为先民重要的社会生活意识，适当保护生物资源逐渐被人们重视。春秋战国时期，保护生物资源的思想表现得格外活跃。诸如"网开三面""钓而不纲，弋不射宿"的典故，都是人们主动适应自然、维护生态平衡的典型事例。春秋战国时期是我国生产力快速发展时期，尤其是铁器的广泛应用，人类对自然的开发能力大大增加，大片林地、草地被垦为农田，种植经济作物逐渐大面积替代天然植被，人类进入了农业种植业时代。牛耕的推广、提灌灌溉技术发展，生产力水平进一步提高，社会发生深刻变革，人类对自然的索取能力增强，对自然生态产生的影响加深。焚林而猎，毁林开荒使得各个诸侯国森林覆盖面积明显减少，生物资源衰退，这使得一部分思想家、政治家提出了"时禁发，永续利用"的生物保护思想。因此有学者认为："我国对生态环境有计划的保护实肇端于西周，而盛行于春秋战国。"① 也有学者进一步指出："周代在我国环境史上是一个极其重要的朝代，周代普遍建立了相当完善的保护生物资源的体制，制定了法令并较为普遍地得到贯彻执行，因此才使周代在发展生产的同时较好地保护了自然环境和资源，不愧为'黄金时代'的称号。"② 有学者则指出"周代对环境保护的管理水平亦是较高"的③。

诸子百家思想在中国思想史上影响深远。儒家主张"天人合一"，维持人与自然的和谐是儒家追求的生态伦理情怀。学者探讨了儒家生态思想的出发点、主要内容、根本要求及现实意义，④ 儒家生态思想的社会渊源，⑤ 行为规范、支持精神和相关思想，⑥ 生态道德理性、生态实践理性⑦等方面对儒家生态思想做了较深入的探讨。另有学者认为"天人合一"

① 郭仁成：《先秦时期的生态环境保护》，《求索》1990年第5期。
② 袁清林：《中国环境保护史话》，中国环境科学出版社1990年版，第23页。
③ 张全明、王玉德：《中华五千年生态文化》，华中师范大学出版社1999年版，第992页。
④ 黄晓众：《论儒家的生态伦理观及其现实意义》，《贵州社会科学》1998年第5期。
⑤ 朱松美：《先秦儒家生态伦理思想发微》，《山东社会科学》1998年第6期。
⑥ 何怀宏：《儒家生态伦理思想述略》，《中国人民大学学报》2000年第2期。
⑦ 王小健：《儒道生态思想的两种理性》，《大连大学学报》2001年第3期。

思想基本意蕴有四：一是政治管理之策；二是生存状态；三是道德境界；四是审美境界。① 还有学者进一步指出"天人合一"思想对古代林业保护思想的形成具有重要的理论指导作用。②

随着生产力的发展，周代山林已经遭到严重破坏，时人发出了保护山林的呼吁。有学者从周代对森林保持水土、护堤固坝、保护野生动植物作用认识以及毁林与灾害的相互关系的方面进行了论证，③ 针对农业生产对生态环境的影响，陈朝云指出当时农业生产的迅速发展对生态环境起到破坏作用。④ 也有学者对管子的林业管理思想进行了深入研究，认为管子把林业看作治国的根本大计，物质财富的不竭来源，衡量国家财富的重要标志，以及人类赖以生存的资源基础。为了保护森林、发展林业，提出国君重视、专设机构、修火宪、以时禁发、国家控制、以租代税、发展林产品市场等一系列政策，还提出顺天时、务地宜、以树固堤、奖励林业科技等主张。⑤ 王培华则从社会发展和保护环境的关系出发，认为人类社会既要开垦荒地，更要保护自然环境，如森林植被沼泽等。⑥

随着人口的增加，更多的山林、草地被开垦为农田，进一步促进了人们对森林生态作用的认识。秦汉时期人们对森林生态作用的认识具有承前启后的历史意义，所谓承前是对先秦时期认识的继承和肯定，将原来模糊、简单的认识明确下来。所谓启后就是对先前的认识升华到较高的水准，上升到理性认识，同时也开启了此后森林生态理性认识的诸多萌芽。西汉初期，著名政治家晁错就曾指出："焚林斩木不时，命曰伤地。"西汉著名学者贡禹也曾说："今汉家铸铁，及诸铁官皆置吏卒徒，攻山取铜铁，一岁功十万人已上……凿地数百丈，销阴气之精，地藏空虚，不能含气出云。"他认识到由于采矿、冶炼，毁坏了地层和大批森林，使得水汽

① 徐春根：《论中国"天人合一"思想的几重意蕴》，《太原师范学院学报》2005年第3期。
② 胡坚强、任光凌等：《论天人合一与林业可持续发展》，《林业科学》2004年第5期。
③ 倪根金：《试论中国历史上对森林保护环境作用的认识》，《农业考古》1995年第3期。
④ 陈朝云：《用养结合：先秦时期人类需求与生态资源的平衡统一》，《河南师范大学学报》2002年第6期。
⑤ 樊宝敏：《管子的林业管理思想初探》，《世界林业研究》2001年第2期。
⑥ 王培华：《管子关于自然资源与经济社会发展关系的表述析论》，《广东社会科学》2002年第5期。

减少，地下水位下降，破坏了正常的水汽循环，导致水旱之灾发生。所以他大声疾呼："斩伐林木亡有时禁，水旱之灾未必不由此也。"关于学者对森林生态保护律令的研究，这方面的代表性成果主要有：汪晓权、汪家权的《中国古代的环境保护》，①姜建设的《中国古代的环境法：从朴素的法理到严格的实践》，②方明星的《中国古代环境立法略论》，③陈业新的《秦汉生态法律文化初探》④等。需要特别提出的是严足仁所著的《中国历代环境保护法制》，论述自先秦至新中国成立历朝关于环境保护的法律，其中第二章、第三章论述了先秦和秦汉时期环境保护法制。⑤翟双萍认为周代具有严格而完整的森林管理法规，无论是主观还是客观上都具有保护生态环境的意义。西周时期不仅具有保护森林、土地的法规，而且具有对动物生存环境的认识法则，对养殖、渔猎都制定了严格的法规。⑥近年来学者利用发掘的考古材料研究先秦两汉时期森林生态保护。如王子今通过对居延汉简"吏民毋犯四时禁"及"吏民毋得伐树木"档案的分析，认为两汉以四季运行的规律作为社会法纪和人文秩序，体现出文明成熟的农耕社会的特定的自然观。⑦王福昌通过对敦煌悬泉发现的一件名为《使者和中所督察诏书四时月令五十条》的汉代诏书考证，认为该诏书体现了统治者对生态保护的高度重视，对野生动植物禁伐或禁捕的时间甚长，保护的动植物品种甚多，规定亦颇为合理。⑧

秦汉时期系统性的林政逐渐形成，林业有很大发展，但在当时的林业生产中仍存在着重采伐、轻种植的倾向，加上封建统治阶级奢侈生活对木材的大量耗费，不少地区已出现了"百姓苦乏材木"的状况。⑨根据出土

---

① 汪晓权、汪家权：《中国古代的环境保护》，《合肥工业大学学报》（社会科学版）2000年第3期。

② 姜建设：《中国古代的环境法：从朴素的法理到严格的实践》，《郑州大学学报》（人文社会科学版）1996年第6期。

③ 方明星：《中国古代环境立法略论》，硕士学位论文，苏州大学，2012年，第19页。

④ 陈业新：《秦汉生态法律文化初探》，《华中师范大学学报》（人文社会科学版）1998年第2期。

⑤ 严足仁：《中国历代环境保护法制》，中国环境科学出版社1990年版。

⑥ 翟双萍：《〈周礼〉的生态伦理内涵》，《道德与文明》2003年第4期。

⑦ 王子今：《汉代居延边塞生态保护纪律档案》，《历史档案》2005年第4期。

⑧ 王福昌：《我国古代生态保护资料的新发现》，《农业考古》2003年第3期。

⑨ 余华青：《秦汉林业初探》，《西北大学学报》1983年第4期。

汉简资料考证，汉代居延垦区拥有一定规模的森林资源，而且十分注重植树，但由于过度砍伐，林木利用广泛，最终导致居延垦区生态恶化，最后衰败、消失。① 林史学家张钧成从王褒《僮约》透露的信息，展示了汉代四川私人园圃中的林业生产情形，为研究汉代社会史提供了新的视角。② 随着森林破坏日益严重，设置林业保护职官成为历史发展趋势。王希亮着重对历史时期林业职官进行了考察，认为林业职官的发展大致经历四个时期，一是传说中的上古时代，是林业职官诞生时期；二是西周及春秋战国时代，是林业职官纳入国家机器，体制趋于完备时期；三是秦汉两晋时代，是林业职官体制多变的时期；四是隋唐以后，是林业职官体制稳定，林业得以巩固、健全和发展时期。③ 余明认为西汉林政主要包括森林职官和森林政策两个方面。西汉林政促进了社会经济的恢复和发展，增加了国家财政收入，但同时也造成了自然资源的巨大耗费和比较频繁的自然灾害，进而严重影响了农业生产的发展。其特点有二：一是森林权具有国有和私有两重性；二是农林结合，手工业和林垦并重，表现为多样化的开发和种植。④

　　历史时期森林变迁在很大程度上反映了生态状况。关于先秦两汉森林变迁研究，有学者认为：古代数千年，我国森林资源减少不过一半，估计由太古时代的 47600 万公顷，减少到清初的 29130 公顷，森林覆盖率由 49% 下降到 26%。而从 1700 年到 1949 年的 250 余年间，我国森林资源的损失大大超过古代的 5000 年。⑤ 也有学者立足于区域森林变迁，研究历史时期河南天然森林的变迁规律及变化特征。⑥ 秦汉时期森林问题的研究，前辈学者中史念海的贡献最大，这方面的研究成果都集中在《河山集》中，例如：《历史时期黄河中游的森林》《黄河中游植被的破坏与河患的加剧》《黄河中游森林的变迁及其经验教训》《论历史时期我国植被

① 倪根金：《汉简所见西北垦区林业——兼论汉代居延垦区衰落之原因》，《中国农史》1993 年第 4 期。

② 张钧成：《从王褒〈僮约〉看汉代川中私人园圃中的林业生产内容》，《北京林业大学社会科学论文集》1989 年。

③ 王希亮：《中国古达林业职官考》，《中国农史》1983 年第 4 期。

④ 余明：《西汉林政初探》，《四川师范大学学报》1999 年第 10 期。

⑤ 凌大燮：《我国森林资源的变迁》，《中国农史》1983 年第 2 期。

⑥ 徐海亮：《历代中州森林变迁》，《中国农史》1988 年第 4 期。

的分布及其变迁》等，这些文章深入分析了黄土高原森林与草原变迁，认为从西周至秦汉魏晋南北朝时期，关中森林继续遭到破坏得出至南北朝末期关中平原和汾涑平原上的森林已彻底破坏，了无存余；通过对泾河河水的考证，认为秦汉时期黄土高原水土流失已很严重。① 王玉德等从文化的视角论述秦汉时期的生态，并认为虽然秦汉时期生态环境尤其植被发生了较大的变化，但就地貌而言，总的变化不大。② 王子今对秦汉时期的生态环境变迁相关内容做了系统的总结，提出了他自己的观点。开展对秦汉时期生态环境的若干个案研究，如秦定都咸阳的生态地理因素、秦史的灾异记录、秦汉长城与生态史、汉代"海溢"之灾以及两汉南方的"瘴气之害"等进行了分析。③

　　纵观上述研究成果，先秦两汉时期森林生态研究还有很多的空白，关于人口政策、开矿冶炼、棺椁、战争等方面对森林的破坏，至今还很少有系统的论述，故本书除了论述先秦两汉森林生态思想之外，重点探讨诸如开矿冶炼、厚葬风俗、战争等因素对森林的破坏，以期再现当时的森林生态状况。需要强调的是，本书对于当时政府及人类社会行为所产生消极影响的论述，并不是否定历史进程，而是客观再现这些行为所产生的生态后果，尽管这些影响在整个自然界的变迁中是微不足道，但却是客观存在的。

---

　　① 史念海：《黄土高原森林与草原的变迁》第五章，陕西人民出版社 1985 年版。

　　② 王玉德、张全明等：《中华五千年生态文化》第二章（二），华中师范大学出版社 1999 年版。

　　③ 王子今：《秦汉时期生态环境研究》，北京大学出版社 2007 年版。

第 一 章

气候变迁下的森林概况

气候变化对森林生态影响复杂，学术界出现了一批气候变化对植被影响的研究成果。现有研究成果表明：大气中二氧化碳的倍增对树木生长有所提高，对森林生产力有所增加，各种植被类型均呈现不同程度的西移特征。[①] 历史时期气候变化对森林的影响因资料的缺乏，难以对树木个体及属性进行研究。气候中的干湿冷暖因子对森林影响是比较明显的，历史时期气候变化对森林覆盖率、植被带分布等有明显作用。因此从宏观上讲，历史时期的气候变化与历史时期森林整体变迁是有关联的。

一　气候变迁趋势

气候变化对森林生长影响巨大，良好的气候环境有利于森林中树木的生长。历史时期森林生态变化与气候密切相关。自竺可桢发表《中国近五千年来气候变迁的初步研究》以来，历史时期的气候变化引起学者的关注。竺可桢应用考古材料、物候资料和地方志文献首次勾勒了中国近5000 年来气候周期波动，提出了中国气候变化的四暖四寒模式。其研究结论：（1）在我国近 5000 年中的最初 2000 年（即从原始氏族时代的仰韶文化到奴隶社会的安阳殷墟），大部分时间的年平均温度高于现在 2℃左右。一月温度比现在高 3℃—5℃。（2）在那以后，有一系列的上下摆动，其最低温度在公元前 1000 年、公元 400 年、1200 年和 1700

---

① 杨金艳、范晶、刘思秀：《大气 CO_2 升高和气候变化对森林的影响》，《森林工程》2000年第 1 期。

年，摆动的范围为 1℃—2℃。（3）在每一个 400—800 年的期间里，可以分出 50—100 年为周期的小循环，温度升降范围是 0.5℃—1℃。（4）上述循环，任何最冷的时期，似乎都是从东亚太平洋海岸开始，寒冷波动向西传播到欧洲和非洲的大西洋海岸，同时也有从北向南传播的趋势。①

近些年来，随着新资料的运用以及研究方法的改善，很多学者对竺可桢提出的中国近 5000 年来气候变化的四暖四寒模式提出质疑，并发表了多种修正方案。文焕然、徐俊传在《距今约 8000—2500 年前长江、黄河中下游气候冷暖变迁初探》一文中，认为中国近 8000 年来冬半年气候暖变迁的总趋势大致包括以下四个阶段②：

（1）8000—2500 年前为温暖时代；

（2）2500 年前—1050 年为相对温暖时代；

（3）1050—1450 年为相对寒冷时代；

（4）约 1450 年至现在为寒冷时代。

邹逸麟等将黄淮海平原地区的历史气候划分为仰韶温暖期、西周至两汉降温期、魏晋至五代寒冷期、北宋至元中期温暖期和元后期至清末寒冷期这五个时期，并认为这五个时期中均存在气候波动。③

朱士光等则认为关中地区历史时期气候变化实际上经历了以下 10 个阶段：

（1）全新世早期寒冷气候；

（2）全新世中期暖湿气候；

（3）西周冷干气候；

（4）春秋至西汉前期暖湿气候；

（5）西汉后期至北朝凉干气候；

（6）隋和唐前、中期暖湿气候；

（7）唐后期至北宋时期凉干气候；

（8）金前期温干气候；

---

① 竺可桢：《中国近五千年来气候变迁的初步研究》，《考古学报》1972 年第 1 期。

② 文焕然、徐俊传：《距今约 8000—2000 年前长江、黄河中下游气候冷暖变迁初探》，载中国科学院地理研究所编辑《地理集刊》第 18 号，科学出版社 1987 年版，第 116—128 页。

③ 邹逸麟：《黄淮海平原历史地理》，安徽教育出版社 1993 年版，第 1、52 页。

（9）金后期和元代凉干气候；

（10）明清时期冷干气候。[①]

秦汉时期的气候变迁，学者多有研究成果问世，但其观点略有差别。文焕然所著的《秦汉时代黄河中下游气候研究》一书认为，汉代黄河中下游的气候变迁与现代有一定的差异，但与现代相差不是很大。竺可桢在《中国近五千年来气候变迁的初步研究》中认为："战国秦汉时期，气候继续暖和。"清初的张标研究了秦朝《吕氏春秋》中的物候资料，认为秦时春初物候要比清初早三个星期。汉朝司马迁在《史记》中描写了当时经济作物的分布，如橘在江陵（四川），桑在齐鲁（山东），竹在渭川（陕西），漆在陈夏（今河南南部）。这些亚热带植物的北界比实际都往北推进。公元前110年，黄河在瓠子决口，汉武帝命人斩伐了河南淇园的竹子编筐盛石子来堵口，可见那时河南淇园竹子的繁茂。到东汉时代，我国天气有趋于寒冷的趋势，有几次冬天严寒，国都洛阳晚春还降霜雪，但冷的时间不长。当时，河南南部的橘和柑还十分普遍。直到三国时代，曹操铜雀台（今河南临漳西南）种橘，已经不能结实了，气候已比司马迁时寒冷。张丕远等论证："发生于280年的突变，主要气候标志是降温，竺可桢已经提出，两汉以后中国气温下降了一个水平……中国平均湿润度的最大转折发生在280—480年之间，从280年以前偏湿，并经历一个波动周期，280年开始中国迅速变干，这个迅速变干的过程大约在480—500年间结束。"[②]邹逸麟等人提出"两汉降温期"说，"西汉中叶开始气候回暖"，"东汉以后气候略为转凉"。[③]朱士光等研究认为，西汉前期属于暖湿气候，西汉后期为凉干气候。[④]在世界性气候有暖转冷的前提下，各地区"转冷的时间并不一致……从时间的先后顺序看，是向东转移……逐步转冷"，另外，同一地区转冷的时间也不一致，"一般是高纬度地区

①　朱士光等：《历史时期关中地区气候变化的初步研究》，《第四纪研究》1998年第1期。

②　张丕远等：《中国近2000年来气候演变的阶段性》，《中国科学》（B辑）1994年第9期。

③　邹逸麟：《黄淮海平原历史地理》，安徽教育出版社1993年版，第17—19页。

④　朱士光、王元林、呼林贵：《历史时期关中气候变迁的初步研究》，《第四纪研究》1998年第1期。

低于低纬度地区"。① 王子今认为：秦汉气候确实曾经发生相当显著的变迁。大致在两汉之际，经历了由暖而寒的历史转变。② 毫无疑问，历史气候的变迁无疑是复杂多变的，尤其是关于秦汉时期的气候变迁研究，从现有成果看还有不尽一致的地方，学者有自己的依据，争论自当存在。从气候区划的角度上去研究历史气候无疑是另一个视野，"中国现有的气候可分为东部季风区和西部非季风区两大区域，历史时期同样如此"。竺可桢的研究成果可能"反映的知识东部季风区的一般规律，并不完全适合西部非季风区。西部非季风区是生态环境脆弱区，也是气候变化敏感区。历史时期气候冷暖波动和干湿波动自有其不同东部季风区的特点。当然在西部非季风区同样也存在着经度、纬度及地形等方面的不同，历史时期内气候变化的地域差异应当也是十分明显的，其具体的情况有待进一步发掘历史文献及其他相关资料深入研究"③。

　　值得注意的是陈业新从干湿指标考察了两汉时期气候的变迁后认为：在干湿方面，两汉时期的气候呈现出若干干湿阶段相间的变化，这种相间特征与有关研究结论具有较好的一致性。在气温变动方面，与西汉以前的春秋时期相比，从柑橘分布之北界看，《淮南子》时代的气温无疑要比其前低；与今相比，总的差别不大，细微之处在于具体的变动幅度上；前、后汉相比，西汉较冷，东汉较暖，但中间也有一定的波动。具体地说，西汉初期百余年的时间寒冷，特别是在夏季，寒冷事件屡有发生；西汉中期及其后稍暖，然持续时间不长，公元初年气候又转冷，直至东汉明帝前后；东汉中后期气候又趋暖，春、夏季温湿，但个别冬季较为干冷；东汉末年，气候又急剧转冷。两汉这种气候冷暖波动变化情状除了从匈奴贵族对中原的侵袭时间和频度等社会事象上得到一定的反映外，亦可从两《汉书》之《五行志》的相关记载中得到印证。④

---

　　① 文焕然、文榕生：《中国历史时期冬半年气候冷暖变迁》，科学出版社 1996 年版，第147 页。

　　② 王子今：《秦汉时期气候变迁的历史学考察》，《历史研究》1995 年第 2 期。

　　③ 吴宏岐、雍际春：《中国历史时期气候与人类社会发展的关系》，《天水师专学报》1999年第 4 期。

　　④ 陈业新：《两汉时期气候状况的历史学再考察》，《历史研究》2002 年第 4 期。

二 森林分布概况①

（一）东北地区

森林是地球上最大的生态系统，森林和人类的生产、生活的关系极为密切。六七千年之前，我国森林和草原的面积十分广阔，几乎占了全国总面积的3/4。仅就森林而言，大约占了全国总面积的1/2，即从大兴安岭的北部起，沿嫩江向东南，然后折向西南划一条斜线，一直到达西藏的东南部，在此线以南，大多是森林地区。② 然而由于长期的采伐，到了秦汉时期，农业开发较早的平原地区已经很少有大面积的天然森林，据史料记载，当时的森林资源主要集中在部分山区。

东北地区森林主要包括大兴安岭寒温带林、小兴安岭和长白山温带林，历史上东北地区森林茂密，生态环境良好。根据吉林敦化全新世沼泽孢粉的分析，③ 这里从全新世早期以来，就有森林和沼泽植被的分布。《三国志·魏志·挹娄传》和《后汉书·挹娄传》记载的"山林""貂貂""貂鼠"等，反映了温带森林的普遍存在。本区居住的肃慎人曾用楛木作矢献给周武王，说明森林已经开始被开发利用。到汉代挹娄人兴起，善于种植五谷和养猪，并能制作麻布和陶甂，④ 这说明对天然植被的破坏已经有所扩大。马忠良等著《中国森林的变迁》，⑤ 对东北地区的森林变迁进行了专章论述。他们认为，由于辽宁西部和辽东半岛地区靠近中原，与中原汉族往来最早，成为东北森林最早遭受大量破坏的地区。汉代移民的兴起，东北地区的森林资源遭到进一步破坏。

---

① 本节除注明外，主要参考文焕然等《中国历史时期植物与动物变迁研究》，重庆出版社1995年版；中国科学院《中国自然地理》编辑委员会《中国自然地理·历史自然地理》，科学出版社1982年版；邹逸麟《中国历史地理概述》，上海教育出版社2005年版。

② 参见中国科学院《中国自然地理》编辑委员会《中国自然地理·历史自然地理》，科学出版社1982年版，第24页图。

③ 周昆叔等：《吉林敦化地区沼泽孢粉的调查及其花粉分析》，《地质科学》1977年第2期。

④ 《后汉书》卷58《挹娄传》。

⑤ 马忠良、宋朝枢、张清华：《中国森林的变迁》，中国林业出版社1997年版，第43—54页。

（二）华北地区

华北地区范围甚广，包括辽东地区、冀北山地、黄土高原东南部、豫中和豫西山地丘陵、华北平原、渭河平原和山东山地丘陵。在漫长的地质时期，华北地区曾繁衍着茂密的森林。如对北京市平原泥炭沼的孢粉分析，[①] 全新世时这里的天然植被兼有森林、草原及湿生和沼泽植被。

从大汶口、龙山等新石器时代文化遗址中出土的木结构房屋和木炭等[②]及当时主要狩猎对象鹿的大量存在，[③] 至少反映新石器时代晚中期，华北东北平原有大量的森林和草原分布。从殷墟出土的多种动物的骨骼[④]和郑州商代遗址出土的木炭等，[⑤] 反映出商代华北平原的森林和草原覆盖良好。正如《孟子·滕文公上》所记载："草木畅茂，禽兽繁殖。"西安半坡新石器时代孢粉分析资料显示：古代渭河平原的天然植被概况与华北平原相似。[⑥] 古代黄土高原东南天然植被，《诗经》中有很多记载。如《大雅·文王之什·旱麓》记载北山（今岐山）林木茂密。《大雅·荡之什·韩奕》记载梁山（陕西韩城、黄龙一带）有森林、沼泽等植被。《秦风·小戎》记载了西戎"在其板屋"，说明古代渭河上游以西地区有森林分布。

河南作为华夏文明的起源地之一，天然森林自北向南、自东向西呈现逐步缩减趋势。随着历史气候自温湿向干冷转化及人类活动作用叠加，加剧了河南天然森林的消减乃至消亡。战国至两汉是河南开发的第一个高潮，天然林每年消耗为 4.3 万—6.3 万亩。[⑦] 关中南部的秦岭山脉，自西向东都有森林分布。西端有"褒斜林木竹箭之饶"[⑧]，东端华山亦有茂密

---

① 周昆叔：《对北京市附近两个埋藏泥炭沼的调查及其孢粉分析》，《中国第四纪研究》1995 年第 1 期。

② 郭沫若：《中国史稿（初稿）》（第一册），人民出版社 1976 年版，第 75—86 页。

③ 中国科学院考古所：《新中国的考古收获》，文物出版社 1961 年版。

④ 德日进、杨钟健：《安阳殷墟之哺乳动物群》，《中国古生物志》丙种第 12 号第 1 册，1936。

⑤ 中国科学院考古实验室：《放射性碳素测定年代报告》（四），《考古》1977 年第 3 期。

⑥ 周昆叔：《西安半坡新石器时代遗址的孢粉分析》，《考古》1963 年第 9 期。

⑦ 徐海亮：《历代中州森林变迁》，《中国农史》1988 年第 4 期。

⑧ 《汉书》卷 29《沟洫志》。

森林。班固在《西都赋》中描绘这一带"崇山隐天，幽林穷谷"，这里木材多檀、柘等木，号称陆海。秦岭之南的巴蜀地区也有"山林竹木、疏食果实之饶"①。秦始皇营建阿房宫的时候，曾经征调蜀郡木材。《汉书·地理志》中还记载汉代中央政府在蜀郡严道设置有"木官"。这些都表明，当地的木材在当时已经大量外运，为秦汉中央政府所利用。

在晋中、晋北、陕北、内蒙伊克昭盟南部、宁东、陇东的黄土高原东南部的黄土丘陵沟壑区，过去对历史时期的植被情况有争论。近年来在秦安大地湾遗址，发现大量用木材建造的房屋，宁夏南部西吉、隆德等地出土了一批胸径达数十厘米的粗大古木，证明宁夏南部及其邻近的黄土山区绝非今日之童山濯濯，而是有着以针叶树种为优势的规模浩大的原始针阔叶混交林。② 有关关中东部黄土高原的森林情况，秦汉时期的史籍中多有出现。汉灵帝为修洛阳宫室，"发太原、河东、狄道诸郡材木"③，可知在太原、河东境内一定有森林分布。据《汉书·匈奴传》记载，北部阴山山脉"草木茂盛"，其林木为匈奴所利用。当时还有"隋、唐之材，不可胜用"的说法。这里所说的"隋、唐"都是地名，指今天山西省境内太岳山沿线直至中条山一带。桐柏、大别、霍山等山地在先秦时期也有大量森林分布。④ 史念海先生曾经考证过黄河流域森林的变迁，并指出秦汉时期黄河中游平原地区的森林基本上被砍伐殆尽，已无成片的林木存在，这和农业经济的发展有着极为密切的关系。⑤

华北地区是古代汉民族活动的中心地区之一，农业发展最早，因土地垦殖而破坏天然植被的情况很早就存在。如商殷、战国邯郸、魏大梁等都在华北地区内，这些都城的营建都取材于华北地区，消耗大量燃料的冶铁、陶瓷等手工业，自先秦两汉以来就在华北地区内发展。《汉书·地理志》记载武隆、武安等都有"铁官"。今天河南巩县铁生沟冶炼遗址、鹤壁市汉代冶铁遗址、湖北大冶铜绿山冶炼遗址、安徽铜陵古矿冶炼遗址

---

① 《汉书》卷 28《地理志》。
② 张丕远：《中国历史气候变化》，山东科技出版社 1996 年版，第 189 页。
③ 《后汉书》卷 78《张让传》。
④ 《盐铁论》卷 1《荆州图经》。
⑤ 史念海：《历史时期黄河中游的森林》，载《河山集·二集》，三联出版社 1981 年版，第 232 页。

等，都是华北地区森林砍伐的证明。

随着人口的增加，农业开发，再加上战争破坏以及气候变化等因素，华北地区逐渐由多林木变成一个缺林木的地区。因此，"华北地区的森林史，是一部由到处是郁郁青山的多林地区，变为遍地是荒山秃岭的少林地区的历史，森林资源经历了由相当丰富转化为极其贫乏的过程，尽管其间曾出现过一些反复，但总的演变趋势是不断减少的"①。

（三）华中和西南地区

华中和西南地区主要包括秦岭、大巴山、桐柏、大别山、四川盆地、贵州高原、江南山地丘陵、浙闽山地丘陵、南岭地区、两广山地丘陵北部，长江中下游平原地区，是历史时期我国天然森林植被区域中面积最大的地区。

长江中下游平原在距今 8000 年前和 5000 年前有亚热带森林和沼泽植被的分布，新石器时代浙江良渚文化遗址出土的竹、木、芦苇证明：该区域古代森林、竹林和沼泽植被广泛分布。② 正如《禹贡》记载的扬州"厥草惟夭，厥木惟乔"。

秦岭山地历史时期天然植被多以森林为主。秦岭山地按照《诗经》记载，多松树、竹类，还有桑、杞、栲、枸等树种。③ 从战国到秦汉的文献来看，经常提到秦岭有不少亚热带树种，如豫樟、楠、棕等。④

历史时期浙闽山地丘陵自然植被发育良好，拥有广大的亚热带森林。《吴越春秋》记载春秋时代，浙江会稽山和四明山是大片茂密的森林，成为南林。南林拥有豫樟、棕榈、檀、柘、栎及松、栝、桧等树种，并有众

---

① 马忠良、宋朝枢、张清华：《中国森林的变迁》，中国林业出版社 1997 年版，第 42 页。

② 王开发：《南昌西山洗药湖泥炭的孢粉分析》，《植物学报》1974 年第 1 期；郭沫若：《中国史稿（初稿）》（第 1 册），人民出版社 1976 年版，第 75、97、105 页；夏鼐：《长江流域考古问题》，《考古》1960 年第 2 期；丁颖：《汉江平原新石器时代红烧土中的稻谷考查》，《考古学报》1959 年第 4 期。

③ 《秦风·终南》《小雅·鸿雁之什》《小雅·南有嘉鱼之什·南山有台》等都有大量文献记载。

④ 文焕然等：《中国历史时期植物与动物变迁研究》，重庆出版社 1995 年版，第 7 页。

多竹林。南林范围甚大，很可能和当时浙江中部及闽、赣等地森林连成一片。[①] 福建地区在汉代"深林丛竹"[②]。据《汉书·地理志》记载，吴楚之地拥有"江汉川泽山林之饶"，居民多以"渔猎山伐为业"，不少城市是当时的木材"输会"。秦汉时期发达的造船工业基地也大多设在江南，这就说明当时附近一定有大量的木材来源。如西汉吴王刘濞即曾"上取江陵木以为船"[③]。东汉王符《潜夫论》中提到"京师贵戚（制作棺椁），必欲江南檽梓豫樟梗楠"，所说的楠、梓等贵重木材，通过商业渠道，长途北运，成为中原地区的"养生送死之具"。可知江南地区的森林资源在当时也已经被开发利用。

南岭和两广山地丘陵北部历史时期天然植被发育良好，森林覆盖率高。该区域唐代仍然是"湘江永州路，水碧山崒兀"[④]。

四川盆地和贵州高原历史时期天然植被以亚热带森林为主。《山海经·五藏山经中次九经》记载了四川盆地中的许多豫章树和灵长类、犀、象、孔雀等亚热带、热带动物。《史记·货殖列传》记载巴蜀地绕"竹木之器"；汉晋文献记载"夹江绿水"十分普遍[⑤]。

云南高原北部、中部全新世早期以天然森林植被以栎属、松属为主，还有一定数量的铁杉、桦木、水冬瓜，全新世中期该区气候转暖，栲属发展为森林植被的主要成分，全新世晚期，形成了与目前类似的松栎混交林。[⑥]

（四）华南和滇南

华南和滇南包括福州以南，两广山地丘陵、海南岛、台湾等地。该区地处低纬度，濒临热带海洋，历史时期森林植被茂密，以热带森林为主。据广州秦汉造船工场遗址木材鉴定，说明秦始皇统一岭南时期（公元前3

---

① 陈桥驿：《古代绍兴地区天然森林的破坏及其对农业的影响》，《地理学报》1965 年第 2 期。

② 《汉书》卷 64 上《严助传》。

③ 《史记》卷 118《淮南传》。

④ 李谅：《湘中纪行》，载道光《永州府志》卷 18 上《金石略》。

⑤ 扬雄：《蜀都赋》，载《全汉文》卷 51；左思：《蜀都赋》载《全晋文》卷 74。

⑥ 文焕然等：《中国历史时期植物与动物变迁研究》，重庆出版社 1995 年版，第 8 页。

世纪中叶），广州一带有格木、樟、蕈（阿丁枫）及杉等巨大乔木所构成的森林。[①] 由于开发较晚，人口密度小，两广到宋代时期还是山林翳迷。滇南更是山高林密，榛莽蔽翳，草木畅茂，山多巨材。

（五）西北地区

《穆天子传》是先秦神话典籍力作。书中通过记载穆天子西征东归过程中所见所闻，描述了西北少数民族地区自然环境、地理风貌以及特产物品，如描写山景"嘉谷生焉、草木硕美"，昆仑之丘"大木硕草""犬马牛羊所昌"，都反映了当时西北高原地区草木繁茂、动物众多的自然环境。

西北甘肃会宁一带，全新世的早、中期（距今10000—3000年），气候转暖，植被类型为森林草原，有栎、桦、松和一些草本植物、蕨类植物的孢粉。[②] 在陇东黄土高原，全新世中期（距今8000—3000年）的木本成分以松、栎为主，同时含有少量的黄连木、栗等亚热带种属，植被应为暖温带针阔叶混交林（含少量亚热带种属）。这一时期，祁连山的山间盆地为温带森林草原；走廊地区为暖温带草原；北山山地为温带荒漠区。[③]

在距今7000年前后，静宁、庄浪、会宁、靖远、华亭、平凉、镇原与宁夏回族自治区南部接壤一带，地带性的植被为暖温带针阔叶混交林，海拔高的山地则为云杉、冷杉混交为主的寒温性针叶林。森林中多为云杉、冷杉、落叶松、圆柏等针叶树种，阔叶树仅发现有高大、长寿、材质优良的连香树（今主要分布在天水、文县、舟曲和康县清河、店子等地）。[④] 距今7738±85年时，定西县北火烧沟海拔2010米的山坡上分布有林，在469粒孢粉中，松属占26.9%，桦属占0.6%，麻黄占10%，蒿

---

① 广州农学院林学系木材学小组：《广州秦汉造船工场遗址的木材鉴定》，《考古》1977年第4期。

② 刘俊峰：《黄土高原西部会宁地区66万年以来的冰期——黄土回旋的孢粉记录》，《冰川冻土》1992年第1期。

③ 朱士光：《全新世中期中国天然植被分布概况》，《中国历史地理论丛》1988年第1期。

④ 同上。

属和藜科占 58.7%，菊科和水龙骨科占 3.8%。①

陇西县文峰镇暖泉沟黄土剖面的孢粉分析说明，距今 7360±250 年，该区域有桦属、鹅耳枥属为主的温带针阔叶混交林，气候较今温暖略湿。② 距今 7407 年时，临洮县大阳沟一带有林分布。在 239 粒孢粉中，松属占 44.4%，云杉占 18.8%，桦属占 0.8%，蒿属、藜科及蔷薇科共占 26%，水龙骨科占 6.7%，卷柏、龙胆属、蝶形花科和瑞香等共占 2.9%。

秦安一带，根据中国林业科学院对大地湾遗址出土仰韶文化时期木炭的鉴定，主要树种有冷杉、榆类、桦、榛、槲栎、铁木、白蜡、花楸。这些树种形成了当时的森林。从槲栎、铁木分布地区今已南移到北秦岭之南的陇南地区来看，当时大地湾的气候较今暖湿，应与现在陇南地区气候相似，为暖温带湿润气候，植被为暖温带针阔混交林。凡此说明了当时的渭河流域、洮河中游和祖历河上游的部分地方，均有森林分布。但会宁县北梢岔河到定西县北火烧沟一带，到了距今 4167±44 年至 3292±36 年间则基本上演变为草原，草本植物占绝对优势，其中蒿属占 54.3%—49.2%，藜科占 38.7%，松属仅占 6.2%—2%，桦属占 0.8%，此外还有黄麻、水龙骨科植物等。③ 大通河、湟水、黄河干流附近，公元前 3100±190 年至前 2915±115 年间，均有森林分布，因此永登县马家湾和大何庄、兰州青冈岔和曹家嘴的新石器时代文化遗址中，均发现有木炭。④

兰州市白道坪发现的新石器时代文化遗存中，12 个窑场均用木材作燃料。在当时生产力十分低下、沟壑纵横又无运输工具的情况下，木材不可能从很远地方运来，因此黄河两边山上当时应有片林分布。⑤ 陇南山地，在综合自然区划中属秦巴山区。这一区域的山地"几千年前曾有茂密的北亚热带森林、竹林等"⑥。

① 吴秉礼等：《甘肃定西地区四中部万年以来的孢粉组合及植被变化》，《甘肃林业科技》1985 年第 4 期。
② 朱士光：《全新世中期中国天然植被分布概况》，《中国历史地理论丛》1988 年第 1 期。
③ 吴秉礼等：《甘肃定西地区中部四万年以来的孢粉组合及植被变化》，《甘肃林业科技》1985 年第 4 期。
④ 夏鼐：《碳-14 测定年代和中国史前考古学》，《考古》1977 年第 4 期。
⑤ 鲜肖威：《历史时期甘肃中部的森林》，《甘肃林业科技》1977 年第 2 期。
⑥ 吴征镒：《中国植被》，科学出版社 1980 年版，第 356 页。

关中西部的陇右地区，即今甘肃、宁夏境内的陇山、六盘山一带，是秦汉时期的主要林区之一。《汉书·地理志》记载，陇右"山多林木，民以板为室屋"。东汉初年，来歙为了奇袭隗嚣，率军穿越陇右山区，"从番须、回中，径至略阳"，一路"伐山开道"①，足见当时森林资源的丰富。这一带是长安、洛阳的木材供应地。直到东汉末年，董卓欲迁都长安，曾扬言："引凉州材木东下，为功不难。"② 如果没有茂密的森林为前提，即便有再雄厚的政治势力和便利的地理条件，这也是根本不可实现的。

公元前1066年至前221年（西周至战国末），泾、渭河上游"山上几乎都有茂密的森林"③。其中"渭河上游南北诸山和山下的各地丘陵，且远及洮河中游和祖历河的上游"，均有森林分布。④ 西秦岭和岍山分别为《诗经》所说南山和北山的一部分。⑤ 当时的树木种属，南山有桑、杞、栲（樗、臭椿）、柏（枳椇、亦称拐枣）、条（楸）、梅；北山有松、柏、柞、榛、楛（荆条）、杨、李、枏、橿、椴（楸）、杞；南北二山都有栎、棣（唐棣）、漆等；隰有驳（梓）、檖（花盖梨或曰山梨）、栗、杨等。北山的森林在《诗经·秦风·晨风》篇中的记载是"郁（繁盛茂）彼北林"。泾河流域的子午岭，南部位于黄土高原东南部的森林区，北部则与当时"上多松柏，下多栎檀（榆科青檀）"的白于山相连⑥（今洛河源头仍称白于山）。"以残存的原生植被看来……可以肯定：本区（黄土高原区）在农耕以前，原始植被是属于森林与森林草原。"⑦ 华亭县西北

---

① 《后汉书》卷15《来歙传》。

② 《三国志》卷6《魏书·董卓传》裴松之注引华峤《汉书》东汉灵帝为了修建宫室，曾征调"狄道"的木材，狄道即陇西郡治所在。

③ 中国科学院《中国自然地理》编辑委员会：《中国自然地理·历史自然地理》，科学出版社1982年版，第28页。

④ 史念海：《河山集·二集》，三联书店1981年版，第237页。

⑤ 《诗经》所说南、北二山，史念海考证："妍山、岐山为北山；终北为南山，终南为秦岭。秦岭绵长，在今甘肃的为西秦岭"（见史念海《河山集·二集》，生活·读书·新知三联书店1981年版，第239页）。

⑥ 袁珂：《山海经校注》，上海古籍出版社1980年版，第336页。

⑦ 辛树帜：《禹贡新解》，农业出版社1964年版，第230页。

的"古高山"（六盘山）①，"其木多棪（棕），其草多竹，泾水出焉，而东流注于渭"②。春秋、战国时期，气候比较暖湿，棕的出现基本符合当时气候特点。高山东南 50 里的数历山，大致在今华亭县麻庵一带，是陇山的一个山峰，"其木多杻橿，其鸟多鹦鹉"③。这些树种和山上其他树种一起，组成了当时的陇山森林。1986 年在天水放马滩秦墓（年代为秦始皇八年，即公元前 239 年）中出土了一批地图，"标有许多森林砍伐点，这些点都分布在今天仍有森林分布的麦积山附近"④。表明当时这一带分布有大面积森林，但地图上部的"秦安县地域，已没有标明有森林可供砍伐使用了。估计当时该地区的植被景观是草地之间分布有低矮的灌木和小片的树林……植被类型应为草原，比现在当地的植被景观要好的多，但远不及仰韶、齐家的时候了"⑤。在内陆河流域，肃北蒙古族自治县别盖县佛山岩画有"梅花鹿、盘羊、野骆驼、长鼻象、斑斓虎，还有茂密的乔木"。考古人员认为："当是春秋、战国至西汉年间生活在河西走廊西段的月氏、乌孙等古代游牧民族的文化遗存。"⑥ 反映当时祁连山的西段有森林分布，气候也较温暖湿润。虽然经过长期农业垦殖，先秦两汉时期森林还没有遭到大规模的破坏，尤其是在祖国的边远地区。但在黄河中、下游地区，尤其是农业开发最早的区域，如关中平原、华北平原等地区森林破坏程度很大，出现局部的"木荒"。

综上可知，历史时期我国天然植被经历巨大的变化，除了自然原因外，更主要的是人类生存空间的拓展及生产活动加剧。诸如毁林垦田、修筑宫殿房屋、战争等。人类行为对森林影响并非直线式的减少森林覆盖面积，而是经历了天然植被—栽培植被—次生天然植被—栽培植被的反复出现的变化过程。但从历史时空看，森林植被的逐渐减少是不争的历史事实。森林植被覆盖面积消减的快慢与生产力发展水平呈现正比例关系，生

---

① 清顺治十六年（1659）《华亭县志·古迹》中记载："古高山在县西北境，即六盘山。"《古今图书集成·职方典》卷 551 中记载："高山，在华亭县北六十里，平凉县西四十里。"

② 袁珂：《山海经校注》，上海古籍出版社 1980 年版，第 331 页。

③ 《山海经》中说：数历山"西北五十里高山。"在高山位置确定后，数历山就在高山东南 20 多公里的地方，即今华亭县麻庵一带。

④ 李非等：《葫芦河流域的古文化与古环境》，《考古》1993 年第 9 期。

⑤ 同上。

⑥ 马天彩：《甘肃旅游·岩画》，甘肃人民出版社 1982 年版，第 53 页。

产力发展水平低，森林植被覆盖面积大，生产力发展进步，人类改造自然的能力增强，毁林开荒进程加快，森林植被覆盖面积减少。秦汉时期我国生态环境总体上逐渐趋于恶化，秦汉时期的森林面积无法与先秦时期相提并论，但与唐宋、明清时期遭受摧毁性破坏相比，秦汉时期的森林覆盖还是保持了良好状态。

三　气候变化下的林业生态

气候变化直接表现在冷暖干湿气候指标上，尤其是气候暖湿时期对植物的生长和分布影响很大。历史气候研究表明，从春秋开始到西汉末年，我国历史气候整体上都处于一个温暖期，这个时期持续近800年。温暖气候和丰沛的降水为森林生长提供了有利条件。先秦森林生态状况在历史文献中有大量反映。《诗经》是我国最古老的诗歌总集，包含有大量的中国林业史文献。书中提到松、桧、桐、梓、杨、榆、漆、栗、桑等乔木25种；杞、楚（荆条）、榛等灌木9种；桃、李、梅、苌楚（猕猴桃）等果树9种以及竹子等。《诗经》中所提到的树木品种之多之详，是此后其他诗集不可比拟的。①《诗·商颂·殷武》记载："陟彼景山，松柏丸丸。"《诗·魏风·园有桃》有："园有桃，其实之肴"，"园有棘，其实之食"。《诗·国风·周南·桃夭》云："桃之夭夭，灼灼其华。"《诗·大雅·荡之什·抑》："投我以桃，报之以李。"《周南·汉广》记载："南有乔木，不可休思。"《周南·葛覃》又有："黄鸟于飞，集于灌木。"这是最早出现乔木和灌木称谓的文献。《诗·鄘风·定之方中》云："定之方中，作于楚宫，揆之以日，作于楚室。树之榛栗。椅桐梓漆，爰伐琴瑟。"指出林木的经济价值，即用来建造宫室、乐器等。《诗·卫风·淇奥》曰："瞻彼淇奥，绿竹猗猗……绿竹青青……绿竹如箦。"

《尚书》是我国第一部上古历史资料汇编，它保存了商周特别是西周初期的一些重要史料。《尚书·禹贡》篇中记述了九州地理及物产，其贡品中有大量的森林资源内容，如兖州的漆木，青州的柞丝、松木，徐州的桐木，扬州的竹子、木材等，荆州的椿树、桧木、柘树、柏树、竹笋、

---

① 苏祖荣、苏孝同：《森林文化学简论》，学林出版社2004年版。

橘树等，豫州的漆等。从上述史料看，商周时期中原地区是森林茂密之地。

秦汉时期气候干湿特征比较明显，尤其是西汉时期，有关大雨、霖雨、淫雨的记载不绝于史。《汉书·五行志》记载："文帝后三年秋，大雨，昼夜不绝三十五日。""昭帝元年七月，大水雨，自七月至十月。""元帝永光五年夏及秋，大水。颍川、汝南、淮阳、庐江雨，坏乡聚民舍。""成帝建始三年夏，大水，三辅霖雨三十余日；郡国十九雨一秋大雨三十余日；四年九月，大雨十余日。"等等。降水丰沛，森林资源发育良好，生物资源丰富，这在秦汉文献中都有大量记载。

《神异经》相传为汉代东方朔所作。书中不仅按地域记载了许多奇木异兽等森林资源，如豫章木、桑树、楂树、桃树、枣树、橘柏等，还有部分涉及原始森林利用的传说，如枣、桃、梨、栗等果可供食用，强木用作舟楫等；《尔雅》是我国古代第一部训诂专著。自汉代起，郭璞、邵晋涵、郝懿行等学者进行了大量的注疏、订正工作，渐成雅学。今传《尔雅》19篇，积累和保存了大量的生物学资料，开我国古代生物学研究先河，并且书中对动植物鸟、兽、虫、鱼、草、木的划分与现代划分法基本一致。经张钧成先生的统计，其中动植物类涉及物种：草类220种、木类92种、虫75种、鱼62种、鸟84种、兽58种。《尔雅·释木》指出"小枝上缭为乔""无枝为檄""木族生为灌"，明确提出了乔木、灌木的树木划分标准；《急就篇》是产生于汉代的一部儿童识字教材，作者史游是西汉元帝时（前48—前33年）的黄门令。书中提到梨、柿、桃、枣、杏等果品，笠、篷、箧、箕、筐、篓等竹器，椭、盘、案、板、箸等木器，简、札、牍等书写工具，瑟、箜篌、琴、筑、筝、箫等乐器，轴、轺、辕、舆、轮、辐、轼等车具部件，都涉及了丰富的森林利用信息。汉代许慎《说文解字》是我国第一部解析字形、分析字义、辨别声读的字典，其中涉及大量动植物资源名称以及森林利用知识，比如木部字中存有100多种树名，如枫、槐、桐、榆、松等，这充分反映了华夏先民对树木种类的熟悉。以《尔雅》《急就篇》《说文》为代表的小学典籍，其中按部首对名物进行分门别类，而这些名物中就有许多森林动植物的名称、森林资源的利用等方面的内容，这对于我们研究古人对林业资源的认识以及林产品利用提供了一个线索。①

温暖湿润的气候为两汉时期森林植被处于一种良性的自然循环状态提供了有利的条件。我们可以看一下同期的山东与关中。据有关专家分析，春秋战国时代，山东地区木本植物孢粉比重增至 30%—58.5%，森林植被是以阔叶树为主的针阔叶森林，主要树种有栎属、栗属、榆属、桦属、鹅耳杨属、桑属、枫香属、胡桃属、枫杨属等多种乔灌木混交。当时山东的森林面积约有 7 万平方千米，覆盖率为 46%。如《禹贡》所言兖州"厥草惟繇，厥木为条"，徐州"草木渐包"。《孟子·滕文公上》也说，这一地区"草木畅茂，禽兽繁殖"。经春秋以来的开发，到两汉时代，虽然自然森林面积逐渐减少，但经济林木与经济植被即人工再生林及次生植被却形成规模，像"齐鲁千亩桑麻"，"淮北、常山已南，河、济之间，千树荻"以及"曹、卫、梁、宋，采棺转尸……邹、鲁、周、韩，藜藿蔬食"。正因为如此，才会对这一地区有"膏壤千里"之誉。对此，史念海曾分析道："兖州的坟土为什么为黑色，这是由于兖州森林草地最多，草木旺盛，土壤中腐殖质也相应的增多，所以在《禹贡》中，兖州之土为上中。这是两汉时代山东经济繁荣的重要条件。居于兖州之上的是雍州之土，为上上，其原因也在于森林草木植被的完好。"司马迁在《史记》中亦言："山西饶材、竹、榖、纑、旄、玉石"。司马贞索隐："榖，木名，皮可为纸；纑，山中纻，可以为布，今山间野竺。"司马迁又言："燕、秦千树栗"；"渭川千亩竹"。所以，"关中自汧、雍以东至河、华，膏壤沃野千里"。东汉班固的记载更清楚，他说关中"有鄠杜竹林，南山檀柘，号称陆海，为九州膏腴"，又言长安之地"其阳则崇山隐天，幽林穹谷，陆海珍藏，蓝田美玉。商、洛缘其隈，鄠杜滨其足，源泉灌注，陂池交属，竹林果园，芳草甘木，郊野之富，号曰近蜀"。东汉杜笃的《论都赋》亦言："滨据南山，带以泾渭，号曰陆海，蠢生万类。梗楠檀柘，蔬果成实。"秦汉时吕梁山、秦岭、首阳山、邙山、中条山、太岳山、析城山、黄龙山、嵩山、太行山、王屋山等山区，都覆盖着大片森林。②

秦汉时期气候条件较为温暖，干湿气候因子明显，表现就是雨水充

① 李飞：《中国古代林业文献述要》，博士学位论文，北京林业大学，2010 年，第 25 页。
② 马新：《历史气候与两汉农业的发展》，《文史哲》2002 年第 5 期。

沛，而雨水丰沛直接影响着这一历史时期的森林的生长情况和森林分布区域。根据现有研究成果可知，两汉时期气候湿润、相对湿润及干湿均匀三个气候特征描述占据整个两汉时期的绝大多数时段，这也足以证明两汉时期史料记载中丰富的森林资源与两汉湿润气候存在着高度关联性。

第二章

森林生态思想

先秦两汉时期是我国古代文明的肇始和繁荣发展阶段。这一时期由于农业生产方式的转变促使森林生态思想及实践出现新发展。从夏启的"威侮五行，天剿其命"，商汤的"网开三面"，周文王的"山林非时不升斤斧"，周公的"不可树谷者，树以材木"，伯阳父的"国依山川"等思想，到管子"修火宪，敬山泽"，孟子的"牛山之木赏美矣"到变成"若彼濯濯"的秃山，再到《吕氏春秋》的"十二纪"规定，反映了自然生态不断恶化、森林覆盖面积逐渐消减的过程。

一 对森林的认识和关注[①]

我国文明的发展与森林密切相关，某种意义上，一部中华文明史就是一部森林变迁史。先民关于树木之实以果腹，构木为巢以避猛兽，斫木为耜以教天下，刳木为舟以济不通，刻木为矢以威天下等论述，都足以说明中华民族在生存发展过程中森林所起的重要作用。

（一）森林与人类生活

在我国社会发展早期，森林对人们生活重要性自不待言。《新语·道基》里记载关于黄帝伐木造屋的传说："天下人民，野居穴处，未有室屋，

---

① 本部分除注明外，主要参见李飞《中国古代林业文献述要》，博士学位论文，北京林业大学，2010 年；贾乃谦《〈诗经〉林业史基本文献》，《北京林业大学学报》（社会科学版）2008 年第 2 期；张钧成《殷商林考》，《农业考古》1985 年第 1 期；王璐《汉代月令思想研究》，硕士学位论文，苏州大学，2011 年。

则与禽兽同域。于是黄帝乃伐木构材，筑作宫室，上栋下宇，以避风雨。"

我国最早的文字甲骨文中含有丰富的林业史料，反映了先民对森林的认识。从已知卜辞文字中见到的树木种类即有桑、竹、栗、柏、榆、栋、柳等（见图2—1），还有些木字偏旁的卜辞今天尚无法判断。

图2—1 卜辞文字

从甲骨卜辞中可以发现有关畋猎的记载非常之多，并且畋猎中所捕获的野兽种类与数量均非常可观。当时太行山南麓和中条山一带是殷王和贵族经常畋猎之区，从捕获的野兽种类和数量可以推测这一带森林覆盖率之高，仅举几例：

"允获麋四百五十一"（《殷虚文字丙编考释图版》八七）

"获鹿百六十二，□百十四，家十，□一"（《殷墟书契后编》下一·四）

"获虎一，鹿四十，狼一百六十四，麋一百五十九"（《殷虚文字乙编》二九〇八，见图2—2）

从甲骨文字的象形字的构成可以看出森林在商殷人民日常生活中的重要地位。现仅举几个与森林、树木有关的文字。如日出林中为东，其形为日在木中（见图2—3A）；日出月没于丛林或草原之中为朝，其形如日月同时悬于丛林中（见图2—3B，此说据罗振玉释，孙海波释此字为萌）；林中落日为莫，其形为日落于丛林中（见图2—3C，莫字郭沫若释为暮）；林间之土为野，其形为土地在林丛中（见图2—3D）；甲骨卜辞中作为地名的象形字有楚与蒿，楚字为林间有开垦之地，其形为林间有开阔之地（见图2—3E，较早指楚丘，为今河南滑县，后亦指湖北一带）；蒿字为林间之亭，其形为林中有夯台的木结构建筑（见图2—3F）；还有两个与林木有关的动词，一个是析，以斧伐木为析，其形若以斧砍木（见图2—

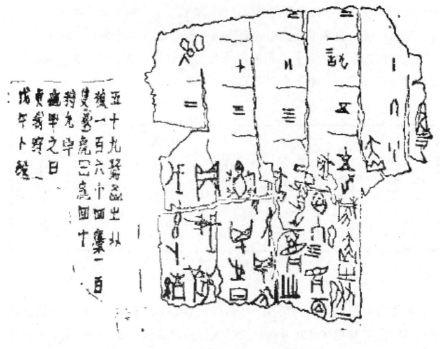

图 2—2

（选自李圃《甲骨文选读》，华东大学出版社 1981 年版，第 120 页。）

3G）；一个是采，形若以手收集树叶果实状（见图 2—3H）；还有一个春字，其形为在林间开始耕地（见图 2—3I）。从商殷这些甲骨文字中可以看出，当时人们与森林有何等密切的关系。在甲骨文字创造者的眼中，周围是茫茫的林海，不仅日出其间、日落其间，伐木、采集桑叶和果实，在林间经营农业，都离不开森林，森林成先民赖以生存的物质基础。

从甲骨卜辞中还可以看出林丛草原被开发利用的情形。如"田"字（见图 2—4A），《说文》释为"树谷曰田……仟陌之制也"，文字图形为被分成四、六、九、十二块之田亩；如"畴"字（见图 2—4B），《说文》释为"耕治之田也，象耕屈之形也，更象形有水渠流过田地，即水利化了的农田"；又如"囿"字（见图 2—4C），其形象为有围墙之园，有的是树木，有的是草本，是一种精心经营的象征，反映了当时的农业已脱离了粗放经营阶段。甲骨文"农"字描绘了林间垦殖的形象（见图 2—4D），此字从林从辰，从造形上看农事是在林间进行无疑，可以证明农业对森林的影响，如再进一步探讨，如何开垦农田？从甲骨卜辞可知直至商

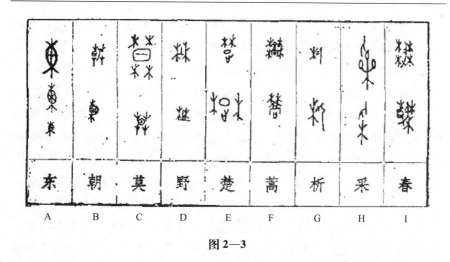

图 2—3

代仍沿用火田之法，因为在草木茂盛、禽兽逼人的莽莽林野，要大量开垦农田，靠简单的农具是不可能办到的，所以结合猎取野兽用焚烧森林的办法①，甲骨文"焚"字（见图 2—4E）留下了这一形象。武丁时期甲骨卜辞中有不少"焚擒""焚获"的记载，明显是放火烧林、捕捉野兽的证明。

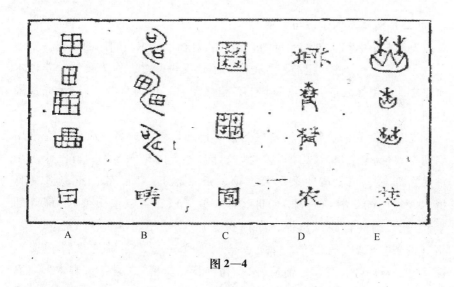

图 2—4

---

① 孟世凯：《商代畋猎性质初探》，载胡厚宣主编《甲骨文与殷商史》，上海古籍出版社1963年版，第208页。

作为中国古代神话传说,《山海经》汇集了大量丰富的林业史料,因此张钧成称为:"我国最早反映森林资源多样性的调查报告。它记载了我国山川的地理位置和多种动植物资源。特别是《山经》部分,记载山447座,其中多有竹木者168座,无草木者95座,有木者26座,无记载者158座。其中涉及木98种、草69种、兽35种、鸟76种、鱼43种、虫蛇33种。同时此书也是我国现存最早的动、植物分类古籍,在动物方面是按鸟、兽、虫、鱼,就形体、习性、功能等特征进行分类;植物方面按其草本、木本,就其形态、气味、功能等特征进行分类"①。《山海经》记载如此众多的草、木、野、兽、鸟、虫、鱼、蛇,足以说明当时森林生态状况良好。

综上不难看出,无论是甲骨文还是传说文献,都留下了人类对森林认识和利用的大量史料。因为在农业出现之前,生物资源是人类生活资料的主要来源。即使在农业出现以后的相当长的一段时间内,采集和渔猎仍然在经济生产中占据重要位置。虽然随着生产力的进步,农业的发展,人类逐步减弱了对野生生物资源的直接依赖,但这种依赖却烙印在先民的脑海中,流淌在先民的血液里,这也可以解释中国先秦时期何以会产生如此丰富的森林生态思想的原因。

(二) 对林木的认识与利用

先秦典籍中都有包含大量的人类最初对林木认识与利用的资料。

《韩非子·十过》记载:"尧禅天下,虞舜受之,作为食器,斩山木而财之,削锯修之迹,流漆墨其上,输之于宫,以为食器。"这是先民最早利用树木的记载。

先秦时期先民已经对很多树名做了详细记录和命名,有些一直沿用到现在。《诗经》和《山海经》涉及部分地方的树木名称,有三十多个种属,即松、柏、漆、桑、栗、杨、条(楸)、梅、棘、枣、樗(臭椿)、驳(梓)、棣(唐棣)、栎、柞、樲(曰花盖梨或山梨)、郁(郁李)、杞、枸(音距,枳椇,亦称拐枣)、李、杻、橿、楔(楸)、榛、楛(荆条)、械(栎类的一种)、檀(似无定指,亦说是榆科青檀)、棕、竹、桎、薁(音郁,葡萄科)、栲(樗、臭椿)、椐(灵寿木,属忍

---

①　张钧成:《中国古代林业史·先秦卷》,五南图书公司1995年版。

冬科）①等。这些树木被时人初步识别并命名，就是一项很大的成就。说明他们已有了一定的树木分类知识，其中许多树木种属的名称，沿用至今。

先秦时期先民已经对树木生态习性与分布有了理性认识。《诗经·秦风·车邻》对森林生态习性的记录有：山有栎、棣、漆、桑，隰（低下湿地、洼地）有栗、杨、檖等。基本认识到不同树种有不同的生态习性，并分布在不同的地区。同一地区也因树木生态习性不同，垂直分布高度也有区别。《山海经》记载的与子午岭北部相连的"白于之山，上多松、柏，下多栎、檀"，就是一例。因两山相连，所以当时子午岭北部森林的垂直分布亦当如此。《诗经·豳风·七月》篇说："六月食郁及薁（音郁）……八月剥枣……九月叔苴，采荼薪樗"，六月李子熟了可以食用，八月枣子熟了要摘，秋月樗（臭椿。这里泛指一般作薪柴用的阔叶树）停止生长，可以砍来做烧柴。说明当时的人已基本认识到植物的生命活动现象与季节变化的密切关系，并把对物候期的认识应用到了生产生活中。

先秦两汉时期，先民对木材的加工技术已经非常熟练，成为中国木材加工发展史上重要的发展阶段。对建筑的木质构造、木材抗压等方面认识都有很大进步。距今 7000 多年前，在秦安大地湾人已初步掌握了简单的木材加工技术，能修简易的半地穴式房子。至仰韶文化中期，在秦安大地湾遗址有的房址内发现有大量的红烧草泥土块堆集，"内中夹有成段的枋木炭块"，"^{14}C 测定年代数据为距今 5600 年至 5900 年"②。说明当时的木材制作技术已能加工断面一般为矩形的建筑用材——枋木；至仰韶文化晚期，在编号 F_{405} 的大型房屋建筑遗址上，室内西半部木骨柱的"泥皮均烧成红色……里面有木板或圆木的印痕，厚 0.18—0.24 米"。"木头标本的 ^{14}C 测定年代数据为距今 4520±80 年，树轮校正 5040±180 年"③。说明当时的木材制作技术已经发展到能够加工板材。这些技术在甘肃木材加工史上均属首创。

先秦两汉时期，先民已经认识到木材抗压强度和压强之间的关系，并能在实践中灵活运用。在秦安大地湾仰韶文化早期，供部落首领居住的房子遗址上，有 32 个柱洞。证明当时的木工已在实践中发现木材具有抗压性

---

①　括号内的今树名系根据《诗经》注解、《辞海》考证而来。

②　张朋川、郎树德执笔：《甘肃秦安大地湾遗址 1978 年至 1982 年发掘的主要收获》，《文物》1983 年第 11 期。

③　赵建龙执笔：《秦安大地湾 405 号新石器时代房屋遗址》，《文物》1987 年第 11 期。

能，故在房建中使用木柱。在大地湾仰韶文化晚期，房屋建筑遗址上，承受压力大的中间柱，直径均为75—81厘米，承受压力较小的扶墙柱，直径均为45—52厘米。中间柱和扶墙柱的基下"平铺圆木棒作柱础，长0.96米，直径0.13米"①。把直径大小不同的柱材用在承受压力大小不同的地方，说明当时的木工已在多次实践中认识到木材抗压强度与木材直径大小有关。在圆柱下面平铺一层长度大于圆柱直径的原木来做柱础，达到减小"压强"、提高房子稳定性的做法，其原理一直沿用至今。后世仿此方法在柱下放置大于圆柱直径的础石。同时也可以看出木工已知木材抗压强度大于黄土，故有平铺原木做柱础之举。这是大地湾人在木材力学方面的一大贡献。

先秦两汉时期，先民已经熟练掌握木材在生活实践中应用的技术。西周至战国晚期林副产品的利用更加多样，林产品更加丰富。《诗经》中的《豳风·七月》和《北山之什·北山》篇中记有采桑、采蘩（白蒿），用于养蚕；采集芦苇，编制养蚕用具；采集郁李、蘡薁（野葡萄）、枣子、枸杞、榛来食用。对于漆液的使用，中原地区运用较早也很普遍。对于同期西北地区而言，漆的运用说明西北先民对漆树已经有很深认识，木制产品已经产品化。已发掘的灵台县白草坡周康王（约前1026年至前1001年）二号墓，在第一层有"残漆木器"，第四层的棺椁"周围有红色漆皮"，"可能是漆在葬具上的"。车马坑的车上，有的地方"髹（音休）深棕色漆，外涂红色"。有的地方"漆棕红色"。随葬器物戈柲（音必，兵器的柄）"外表髹黑漆"，"短剑鞘背部遗有漆的残屑"。可知当时的人已知道了割取漆液的方法和漆的用途以及如何使用等。周穆王（约前976—前922年）的七号墓内，在"葬具周围发现大量残破漆皮，一种深棕色，薄如纸，微透明，多附着椁板上；另一种是在深棕色上加涂红色，或以红黑二色相间，绘出云气、草叶、鳞虫、几何形等纹饰，可能是棺木上的彩绘"②。说明当时的油漆彩绘艺术水平已经很高。战国晚期，棺、椁、柲和随葬的木质车，均在表面髹黑色漆，或彩绘漆，或红色漆。③ 战国晚期至秦始皇统一之前，天水放马滩秦墓出土的漆器有盘、耳、杯、锤、樽、奁等，但棺、椁没有漆。

① 赵建龙执笔：《秦安大地湾405号新石器时代房屋遗址》，《文物》1987年第11期。
② 甘肃省博物馆文物队：《甘肃灵台白草坡西周墓》，《考古学报》1977年第2期。
③ 魏怀珩：《甘肃平凉庙庄的两座战国墓》，《考古与文物》1982年第5期。

竹木制品有竹编的席，木制的木梳、木枕、木尺等，均未漆。① 这都表明林副产品种类丰富，加工技术较为成熟，在生活中广泛运用。

（三）森林图腾崇拜

先秦时期，森林被视作神灵被人们崇拜，这种宗教图腾式的认识正是基于森林对早期人类生活重要性的反映。中国姓氏中林、梅、花、叶、李等，都是由图腾崇拜演变而来。中国古代的封禅和祭社也包含着对植物的崇拜。古代帝王祀天曰封，祭地曰禅，封禅活动由来久远，多于"五岳独尊"之泰山举行。自夏代开始，这类祭祀群众化、制度化，把祭土地、林木、农作物的活动称为"社祀"。《史记·封禅书》记载："自禹兴而修社祀"，社遍及全国。人们在这里"以御田祖，以祈甘雨"，各社并以该地所适宜生长的树木为"社木""社丛"。一经规定为社木，这种树木便是神圣的。这些社木见之于古籍的有："夏后氏以松，殷人以柏，周人以栗"②；"昔者汤克夏而正天下。天大旱，五年不收，汤乃以身祷于桑林"③；"大社唯松，东社唯柏，南社唯梓，西社唯栗，北社唯槐"④；"匠石之齐，至乎曲辕，见栎社树，其大蔽数千牛，絜之百围，其高临山，十仞⑤而后有枝"⑥；"高祖初起，祷丰枌榆社⑦"⑧。可见松、柏、栗、桑、槐、栎、梓、榆等，皆曾为古代社木。

（四）五行学说对林木的认识

先秦时期，人民认为世界由水、火、金、木、土五种元素组成，称"五行说"。基于这种认识，政治家们提出要正确处理这五种元素的要求，其中也包含着正确对待林木和保护森林的思想，凡是善于处理"五行"

---

① 甘肃省文物考古研究所、天水市北道区文化馆：《甘肃省天水放马滩秦汉墓葬群的发掘》，《文物》1989 年第 2 期。
② 《论语·八佾》。
③ 《吕氏春秋·顺民篇》。
④ 《白虎通·卷一·社稷》引《尚书逸篇》。
⑤ 古代长度计量单位，1 仞为 7 尺或 8 尺。
⑥ 《庄子·人间世》。
⑦ 枌榆为白榆。
⑧ 《史记·封禅书》。

的人，才可以称王，才可以统治人民。这一思想与对林木的图腾崇拜相比有了很大进步。夏禹被认为是正确处理"五行"的代表人物。禹的儿子启继承帝位，为夏代第二个王朝。他因有息氏抗命而出兵征讨，发布檄文，宣布有息氏的罪状，其中有一条"威侮五行"（滥用五种物质）其中也包含对森林处理不当。①

周武王克商后，勿忘访纣王叔父箕子。《尚书·洪范》记载了这次对话："惟十有三祀，王访于箕子。王乃言曰：'呜呼！箕子。惟天阴骘下民，相协厥居，我不知其彝伦攸叙。'"箕子乃言曰："我闻在昔，鲧堙洪水，汩陈其五行。帝乃震怒，不畀洪范九畴，彝伦攸斁。鲧则殛死，禹乃嗣兴，天乃锡禹洪范九畴，彝伦攸叙。初一曰五行，次二曰敬用五事，次三曰农用八政，次四曰协用五纪，次五曰建用皇极，次六曰乂用三德，次七曰明用稽疑，次八曰念用庶征，次九曰向用五福，威用六极。""洪范九畴"反映了奴隶制的成熟，五行被列为九畴之首。《尚书·洪范》对五行的解释："一曰水，二曰火，三曰木，四曰金，五曰土。水曰润下，火曰炎上，木曰曲直，金曰从革，土爰稼穑。润下作咸，炎上作苦，曲直作酸，从革作辛，稼穑作甘"。这段话对五行的名称、性质和作用作了说明。可见五行是与人们生活关系密切的五种自然物质。周代的五行思想较之夏代有了很大的进步，已不仅仅是对森林保护和合理利用的问题，而是包含了对五种物质性质的认识，也包含了对木材特性的认识，所说的"木曰曲直"，认识到木材不仅可以刳木为舟、斫木为楫、糅木为耒而且可弯可直，有更广泛的用途。这无疑是对木材性质的认识的一个飞跃。

战国时期，五行说则整体上把世界上不同物质看作是相互联系、相互制约、相互转化的。战国的五行思想，把"木"作为五行之一，并认为木主生，代表生命，与四时、五方联系起来时，木属东方，属春季。由于日出东方，故把东方作为五行之首，如同东岳属于五岳之首一样。因此，木在五行之中居于首要的地位。成熟的五行说，实际上是以木为核心的和谐宇宙系统。②

---

① 张钧成：《关于中国古代传统林业思想的探讨》，《北京林业大学》（哲学社会科学版）1988 年增刊。

② 徐文明：《论五行中的金》，《北京师范大学学报》（人文社会科学版）2001 年第 2 期。

　　由于历史的局限，阴阳五行说中难免有些不科学的因素，但是其中合理部分是把宇宙看作一个生生不息的有机整体，人是这个整体的一部分，人应顺应自然，按自然规律办事，正确处理人与自然的关系。因此，从生态学的观点看，它包含着生态平衡和森林资源可持续利用的宝贵思想，正所谓"不夭其生，不绝其长"。阴阳五行说对林业政策的影响集中表现为促使"四时教令"思想的产生及对山林"以时禁发""以时种植"保护思想的形成。

（五）诸子的森林生态思想

　　我国古代林业虽未形成体系，也未形成专门的行业，但有关林业的政令和制度颇多，涉及封山育林、植树造林、采伐利用、经营管理等方方面面，也形成了一些诸如墓地植树、道路、河堤两边植树等乡规民约和传统习惯。

　　1. 儒家"天人合一"的森林生态思想

　　"究天人之际"自古以来就为思想家所重视，儒家代表人物孔子认为，人"可以赞天地之化育，则可以与天地参矣"，其天人合一理念包含有丰富的森林生态思想。儒家"天人合一"在不同历史时期有不同的表现形式，但天人相通则是相同的，这也是中国传统生态思想的基调。儒家倡导孝道，不仅仅局限在人伦道德，更进一步将生态保护纳入孝道内涵。可以说，儒家孝道是我国生态伦理的倡导者。[①] 东汉孝章帝曾下诏："方春，所过无得有所伐杀……《礼》，人君伐一草木不时，谓之不孝。俗知顺人，莫知顺天。其明称朕意。"此诏令严禁方春杀伐，包含有明显的生态伦理思想，也足见儒家天人合一思想对帝王影响之深。荀况主张三才说，这一学说在农业与林业生产中概括为天时、地宜、人力三者的辩证思维。他主张"天有其时，地有其财，人有其治"。《荀子·王制》曰："斩伐长养，不失其时，故山林不童，而百姓有余材也。"这与当代森林永续利用的学说是一致的。《荀子·富国》云："若是则万物得宜，事变得应，上得天时，下得地利，中得人和，则财货浑浑如泉源，汸汸如河海，暴暴如丘山，不时焚烧，无所藏之。"

　　西汉学者编撰的《礼记》是儒家经典著作，书中记载了大量的儒家

---

　　① 樊宝敏、张钧成：《中国林业政策思想的历史渊源——论先秦诸子学说中的林业思想》，《世界林业》2002 年第 2 期。

关于人与自然和谐相处的生态理念。《大戴礼记·夏小正》①记载的虽然是星象物候，但其中记载了很多野生动物、树木的生长情况及习性，包含丰富的林业史资料：

　　正月：启蛰。雁北乡。雉震呴。鱼陟负冰。农纬厥耒。初岁祭耒始用畼。囿有见韭。时有俊风。寒日涤冻涂。田鼠出。农率均田。獭祭鱼。鹰则为鸠。农及雪泽。初服于公田。采芸。鞠则见。初昏参中。斗柄县在下。柳稊。梅杏杝桃则华。缇缟。鸡桴粥。

　　二月：往耰黍，禅。初俊羔。助厥母粥。绥多女士。丁亥，万用入学。祭鲔。荣堇、采蘩。昆小虫抵蚳。来降燕，乃睇。剥鳝。有鸣仓庚。荣芸，时有见稊，始收。

　　三月：参则伏。摄桑。委杨。羜羊。蝼则鸣。颁冰。采识。妾子始蚕。执养宫事。祈麦实。越有小旱。田鼠化为鴽。拂桐芭。鸣鸠。

　　四月：昴则见。初昏南门正。鸣札。囿有见杏。鸣蜮。王萯秀。取荼。秀幽。越有大旱。执陟攻驹。

　　五月：参则见。浮游有殷。䖟则鸣。时有养日。乃瓜。良蜩鸣。匽之兴五日翕，望乃伏。启灌蓝蓼。唐蜩鸣。初昏大火中。种黍。菽糜。煮梅。蓄兰。颁马。

　　六月：初昏斗柄正在上。煮桃。鹰始挚。

　　七月：秀萑苇。狸子肇肆。湟潦生苹。爽死。荓秀。汉案户。寒蝉鸣……灌荼。

　　八月：剥瓜。玄校。剥枣。栗零。丹鸟羞白鸟。辰则伏。鹿人从。

　　九月：内火。遰鸿雁主夫出火。陟玄鸟蛰。荣鞠树麦。王始裘。雀入于海为蛤。

　　十月：豺祭兽。初昏南门见。黑鸟浴。时有养夜。著冰。玄雉入于淮，为蜃。织女正北乡，则旦。

---

　　①《大戴礼记·夏小正》以时系事，记述一年中自然现象及应做之事。记载时代各异，如"八月，辰则伏……九月，内火，辰系于日"，管敏义论证："这些正是夏代观象授时真实情况的写照，后人不可能伪造。这说明《夏小正》确实保留了古代原始历法的一些资料"（管敏义《从〈夏小正〉到〈吕氏春秋·十二纪〉——中国年鉴的雏形》，《宁波大学学报》人文科学版2002年第2期）。而有些星象物候的记载是比较晚的，如"正月，初昏参中……启蛰，雁北乡，鱼陟负冰。二月，仓庚鸣"等，与《月令》所载物候指示的时间相似，在公元前620年前后。一般认为是"春秋时代的以农事为主的月历"（杨宽：《月令考》，《齐鲁学报》1941年第2期）。

　　十一月：王狩。陈筋革。嗇人不从……陨麋角。

　　十二月：鸣弋。元驹贲。纳卵蒜。虞人入梁。陨麋角。鸡始乳。[①]

　　闵宗殿《中国史系年要录》提到《夏小正》中"有动植物37条，植物物候18条，非生物物候5条。动物物候涉及11种兽类，12种鸟类，11种虫类和4种鱼类；植物物候涉及12种草本，6种木本；非生物因素包括旱、冻、风、雨等物候征象"[②]。而《礼记·月令》[③]完全袭用《夏小

[①]　夏纬瑛：《夏小正经文校释》，农业出版社1981年版，第2—66页。

[②]　闵宗殿：《中国史系年要录》，农业出版社1989年版，第22页。

[③]　《礼记·月令》的成文时间历史上众说纷纭，难以定论，主要存在几种说法：一说来源《周书》，如贾逵、马融、蔡邕等；二说出自于《吕氏春秋》，如郑玄、孔颖达等，这是学术界的主流观点；三说，鲁恭、束皙等以为是夏代时书。杨宽对以上观点详加考辨，指出其非，认为《月令》成书于战国中晚期，此观点颇有道理。月令思想的形成是一个漫长的过程，是先人生活生产经验层层累积的结果。而《礼记·月令》是月令思想的系统化、规范化的文本，其创作时间要远远早于成文时间。阴阳五行思想统一运用于月令思想体系，在阴阳二气升降、消长、进退的运行机制下，天地万物按照五行配于宇宙大系统依四时节律运行，形成以时空为架构的宇宙模型，是月令体系形成的关键因素，可以说《月令》体系中阴阳五行思想的运用是其成熟的标志。而阴阳五行思想形成于战国中期以后，其成文时间应该不会早于战国晚期。与《月令》内容几近相同的《吕氏春秋·十二纪》以十二纪统领各篇之首，成书于"维秦八年"（参见张双棣等译注《吕氏春秋译注·序》，吉林文史出版社1986年版，第3页）；"实际上相当于秦王嬴政继位后的六年，即公元前241年"（参见管敏义《从〈夏小正〉到〈吕氏春秋·十二纪〉——中国年鉴的雏形》，《宁波大学学报》2002年第2期）；汉代经学大师郑玄在《三礼目录》中明确指出："《月令》本《吕氏春秋》十二纪之首，礼家好事者抄合之而成。"这又将《月令》的成书时间明确推迟在公元前241年之后。顾颉刚先生通过对西汉与东汉祀典的对比，发现月令在东汉社会的影响远甚于西汉，而这主要归功于王莽。王莽托古改制，治礼作乐，完善月令，成为东汉帝王顺时令的源头。由此推断，《月令》的形成也可能在西汉中晚期，至东汉《月令》已经成为大家默认的一种行为规范（参见顾颉刚《汉代学术史略》，东方出版社1996年版，第104页）。持有类似观点的还有邢义田、杨振红等学者，他们运用尹湾《集簿》"以春令成户"的内容通过秦汉律令与传世月令书的对照研究，结合汉朝政令，推断《月令》入书《礼记》应在元帝之后（参见杨振红《月令与秦汉政治再探讨——兼论月令源流》，《历史研究》2004年第3期）。同时历代文献也记载《月令》在汉代编入《礼记》。如《初学记》云："《礼记》者，本孔子门徒共撰所闻也……至汉宣帝世，东海后苍善说礼，于曲台殿撰《礼》一百八十篇，号曰《后氏曲台记》。后苍传于梁国戴德及德从弟子圣，乃删《后氏记》为八十五篇，名《大戴礼》，圣又删《大戴礼》为四十六篇，名《小戴礼》。其后诸儒又加《月令》、《明堂位》、《乐记》，凡四十九篇，则今《礼记》也。"（参见杨宽《月令考》，《齐鲁学报》1941年第2期）且不论何人将其加入《礼记》，在汉代被编入《礼记》确实无疑。至于《月令》具体的成文年代诸家各执一言，难以形成定论。《月令》的成书是一个历史的过程，非一朝一代之作品，在汉代经儒学家补充完善，最终定稿，因其对现实生活的重要影响以及政治需要将其编入《礼记》（参见王璐《汉代月令思想研究》，硕士学位论文，苏州大学，2011年，第25—26页）。

正》的体例，不仅记述物候及农林生产情况，还有大量的生态环境保护思想。

《礼记·祭义》记述："曾子曰：'树木以时伐焉，禽兽以时杀焉。'夫子曰：'断一树，杀一兽，不以其时非孝也。'"把四时教令和伦理联系在一起。荀子受孔子思想影响，提出："万物皆得其宜，六畜皆得其长，群生皆得其命。"归纳起来，儒家思想对林业政策的影响，主要表现为以下几点：一是其生态伦理观念，将树木、禽兽纳入伦理范畴；二是重视名物学，主张"多识鸟兽草木之名"；三是重视发展园圃制经济，园圃植树为内容之一；四是尊崇先人、重视葬礼，发展为墓地植树和厚葬传统。[①]

2. 道家"道法自然"的森林生态思想

对森林生态影响最大的除了儒家之外，道家也是其一。老子是自然哲学的创始人，其思维的辩证方法蕴藏着无比精湛的智慧。他强调对待自然应当"无为"，只有"无为"才能转化为"有为"。道家认为人必须顺应自然。如老子说"人法地，地法天，天法道，道法自然"。他们向往的人类生活环境是"万物群生，连属其乡；禽兽成群，草木遂长。是故禽兽可系羁而游，鸟鹊之巢可攀援而窥"。一些君主奉行黄老哲学，对人民实行宽松的政策。汉代经过战乱之后，黄老无为的思想流行于朝野，对森林的恢复和林业政策有较大的影响，反映在林业政策方面，即颁布弛山泽之禁的政令，或将皇家园圃假民种植；或开放禁山，得令人民入内采捕；或减轻人民的林业赋税。《史记·货殖列传》载："汉兴，海内为一，开关梁，弛山泽之禁。"此后有关"弛禁山泽"的政令史不绝书，如《汉书·高帝纪》云："（二年）故秦苑囿园池，令民得田之。"《汉书·文帝纪》曰："（后六年）夏四月大旱，蝗。令诸侯无入贡。弛山泽。"据陈嵘统计，仅秦汉以后"封禁九次，而开放至二十三次之多。"当然这仅是有史可查的，其实历史上的屯田和毁林开荒世代相传。山林开禁，虽然对于扩大耕地、赈济灾荒起到积极作用，但森林资源的破坏以及由此引发的生态环境灾难，其后果是极其严重的，危害逐渐显现。

---

①　张钧成：《关于中国古代传统林业思想的探讨》，《北京林业大学》（哲学社会科学版）1988 年增刊。

3. 墨家"节用材木"的森林生态思想

墨家主张节用、节葬、兼爱、非攻、明鬼等，尤其节用节葬观，对保护生物资源有积极作用。《史记·太史公自序》称："墨者，俭而难遵，是以其事不可遍循；然其强本节用，不可废也。"其节用、节葬、明鬼等论述，对后世林业有一定影响。墨子针对当时大兴土木、滥伐森林，在建筑方面主张节用，提出："其旁可以圉风寒、上可以圉雪霜雨露、其中蠲洁，可以祭祀，宫墙可以为男女之别则止。"墨子针对当时厚葬成风，在丧葬方面他提出"朽骨""朽肉""深葬""有标志"的原则，认为"棺三寸，足以朽骨；衣三领，足以朽肉；掘地之深，下无菹漏，气无发泄于上，垄足以期其所则止矣"[1]。墨家关于节用的主张，为后世所称道，但其节葬主张由于传统习惯势力遏制而难以推广实施，其主张实际并未引起人们的足够重视，特别是由于他的节葬主张和明鬼学说相互矛盾，遭到后人的非议。

历代厚葬风俗盛行，厚葬不仅浪费社会财富，更主要的是对森林产生巨大破坏作用，且不说厚葬风俗中的积炭积薪、黄肠题凑，但就棺椁耗材就非常惊人。王符在《潜夫论·浮侈》中曾揭露当时厚葬之风而主张薄葬，他认为："工匠雕治，积累日月，计一棺之成，功将千万……东至乐浪，西至敦煌，万里之中，相竞用之。此费功伤农，可为痛心。"这种关于节用、节葬的论点，对后世森林资源的节约利用曾产生一定积极作用。

4. 法家"以法治林"思想

法家之兴，肇于春秋，其较早代表人物为齐之管仲，郑之子产。其后战国魏文侯师李悝集诸国刑典，著《法经》六篇，重视发展生产"尽地力之教"。其后还有魏之吴起、秦之商鞅、韩之申不害等。其中以管子的林业管理思想最为丰富。[2] 管子重视发展经济，将农桑视为国本，而不是侈谈仁义道德，他的名言是："仓廪实则知礼节，衣食足则知荣辱。"同时重视林业，认为"一年之计莫如树谷，十年之计莫如树木"[3]。对森林实行国有制，认为"林薮草木"是国家财政的重要收入。因此，重视林

① 谭正璧：《墨子读本》，中华书局1949年版。
② 樊宝敏：《管子的林业管理思想初探》，《世界林业研究》2001年第2期。
③ 盛广智：《管子译注》，吉林文史出版社1998年版。

业赋税的征收、林产品加工利用，并对林业科技实行重赏重罚的政策。管子也对河堤造林、边境造林和"列树表道"的道路林管理等提出一系列见解。法家重视林业赋税的管理，如管子主张森林按时开放，根据林木及林木需要对象的不同，收取不同租金，将租金分为三等："握以下者为柴楂，把以上者为室奉，三围以上为棺椁奉。柴楂之租若干，室奉之租若干，棺椁之租若干。"并且"巨家重葬其亲者，服重租；小家菲葬其亲者，服小租。巨家美修其宫室者，服重租；小家为室庐者，服小租"①。法家重视商业贸易，故重视发展林产品生产，主张"与工雕文梓器以下天下之五谷"②。郑相子产曾经因为官员祈雨砍伐森林而重罚。《左传·昭公十六年》记载："郑大旱，使屠击、祝款、竖拊有事于桑山，斩其木，不雨。子产曰：'有事于山，艺山林也，而斩其木，其罪大矣'，夺之官邑。"③管仲推行河堤植树。《管子·度地》云："树以荆棘，以固其地，杂之以柏杨，以备决水。"他推行用果树为行道树，产生过较好的效果。"相郑十八年刑三人，杀二人，桃李之垂于行者，莫之援也，锥刀之遗于道者莫之举也"。④

5. 刘安和贡禹关于林业生态思想

西汉刘安曾召宾客数千人编著《淮南鸿烈》一书，其中有很多关于林业思想的重要论述。该书针对战国以来大量的毁林现象，提出帝王的奢侈生活是破坏森林的重要原因，并指出："凡乱之所生，皆在流通（即无节制地滥用资源）。"该书认为水、木、金、火、土五种资源，如滥用一种资源，就可以失掉天下，导致亡国。贡禹为汉代官吏，曾任凉州刺史、河南令等，汉元帝时被征为谏议大夫，多次提出改革时弊的政见，他已意识到森林与水旱灾害的关系。《汉书·贡禹传》记载，贡禹曾上疏说："斩伐亡有禁时，水旱灾害未必不由此也。"他认为森林消失是水旱灾害发生的原因。应当说这是一个科学的论断。

先秦诸子的森林生态思想为中国封建社会2000余年间许多思想家、政治家所遵循。先秦诸家思想所倡导的天人合一，是一种善待自然，敬畏

---

① 盛广智：《管子译注》，吉林文史出版社1998年版。

② 同上。

③ 阮元校刻：《十三经注疏》，中华书局1980年版。

④ 张双棣、张万彬、殷国光等：《吕氏春秋译注》，吉林文史出版社1986年版。

自然的思想，对当前的生态环境保护无疑具有积极意义。

二　水土保持的思想与实践

水土保持的思想源于生态环境的恶化的事实，是人们对水土流失治理的愿望。早在先秦时期，就产生了有关水土流失的认识，进而提出治理水土流失的朴素思想，并提出相应的生态治理措施，这是我国水土流失相关思想及治理的肇始阶段，成为后来我国水土流失治理的理论渊源。

"平治水土"，初见于《尚书·吕刑》中："禹平治水土。"毛传："土治曰平；水治曰清。"农史学者辛树帜先生认为："'平治水土'，已包含在今之水土保持意义中。"并指出："'水土保持'与'平治水土'虽然在名称上不同，但他们的涵义有共同之处。"[1]

《尚书·洪范》中的五行顺序为：水、火、木、金、土。此五行称为"洪范九畴"，水被列为第一位；《管子·水地》指出："地者，万物之本原，诸生之根菀也……水者，地之血气，如筋脉之通流者也"；《管子·乘马》亦曾指出："凡立国者，非于大山之下，必于广川之上。高毋近旱而水用足，下毋近水而沟防省"；《左传》成公六年载文："山、泽、林、盐，国之宝也。"这些有关水资源重要性的认识成为水土流失理论的前提。

《论语·泰伯》中记载，禹"尽力于沟洫"，这可以说是我国最早的水土保持思想。自禹开始，已把修沟洫与治水治田联系起来。西周时实行"井田制"，以沟洫和道路划分田块。

《国语·周语》记载，西周末年，伯阳父说："夫天地之气，不失其序，若过其序，民乱之也。阳伏而不能出，阴迫而不能烝，于是有地震……阳失而在阴，川源必塞，源塞国必亡。夫水土演而民用也。水土无所演，民乏财用，不亡何待？……夫国必依山川，山崩川竭，亡之征也。"该段文字清晰告示：整治山川是关系国计民生的大事。

《左传·襄公二十五年》记载："书土田，度山林，鸠薮泽，辨京陵，表淳卤，数疆潦，规偃潴，町原防，牧隰皋，井衍沃。"即登记土地资

---

[1]　辛树帜：《禹贡新解》，农业出版社1980年版。

源，调查山林资源，聚敛水陆资源，测量地形，对盐碱地标而治之，调查土壤情况，兴修蓄水池，进行土地规划，在水草之地放牧，规划井田即农田。这是我国较早的因地制宜、全面规划、综合利用土地的历史记载。至今仍然是水土保持工作的指导思想。

《尚书·禹贡》依据各州土质肥瘠和地形地貌特征，将所有田地分成上、中、下三类，每类再分三品，形成九等级的土地利用状况，这应是因地制宜、全面规划、综合利用思想的最早实践。

先秦时期并设置了"平治水土"的官职。《周礼》中"稻人""遂人""匠人"之类就是平治水土的管理人员和工程技术人员。《地官·司徒》在记载"载师"之职曰："载师，掌任土之法，以物地事，授地职而待其政令。"即载师管理全国土地之规划，因地制宜地进行农业生产，分别设农、牧、衡、虞各种官吏，专门管理。

先秦时期"平治水土"载于典籍，被当政者高度重视而加以"祭祀"，"授地职而待其政令"，建立机构，加强管理，还运用法治，"以时禁发"。可见当时的"平治水土"思想，已经在国家统治中上升为一种管理理念，并在农业生产中得以实践运用。① 《国语·周语下》载，灵王二十三年，太子晋谏曰："古之长（君也）民者，不堕（毁也）山，不崇（填也）薮，不防（障也）川，不窦（决也）泽。夫山，土之聚也；薮，物之归也；川，气之导也；泽，水之钟（聚）也。"这里的"不堕山"，实际上就已经指出不破坏山林，是"土之聚也"的生态前提。这段史料，反映先秦时期对森林保持水土作用的朴素认识。

长沙马王堆西汉早期墓葬出土的帛书《周易》"林"卦，也记述了周人对森林保持水土作用的认识。"知林，大君之宜，吉"；"禁林。贞：吉"；"甘林。无攸利；既忧之，无咎"。把禁止砍伐森林看作"吉"的表现，把肆意破坏森林看成"凶"的行为。②

《孟子·告子篇》载："牛山（今山东省临淄县南）之木尝美矣，以其郊于大国也，斧斤伐之，可以为美乎。是其日夜之所息，雨露之所润，

---

① 何红中、惠富平：《先秦时期土壤保护思想及实践研究》，《干旱区资源与环境》2010年第8期。

② 邓球柏：《帛书周易校释》，湖南人民出版社1987年版。

非无萌孽之生焉，牛羊又从而牧之，是以若彼濯濯也。”可见，先秦时期就认识到森林植被具有调节小气候、保持水土、防止水土流失、改善生态环境的功能。这是对森林具有保持水土作用认识的深化阶段，也是我国森林生态思想的具体运用的体现。西汉初期著名的政治家晁错，在《晁错新书》中指出：“焚林斩木不时，命日伤地。”这里的“地”，并不仅仅局限于“地财”，对森林涵蓄水土的功能也是其应有之意。汉代刘向在其《别录》中也说：“唇亡而齿寒，河水崩，其坏在山。”明确地指出了山林的破坏导致水土流失，水土流失造成河患的发生。西晋文学家左思《三都赋·吴都赋》中，有“林木为之润黩”句，认为森林是滋润山泽的资源，表明森林具有保持水土的作用。《汉书·贡禹传》记载：“斩伐林木亡有时禁，水旱之灾未必不由此也。”揭示了水旱灾害的发生与山林的破坏有关。应该说，这些在当时是一种了不起的思想。

先秦时期，古人已经从严酷的现实中吸取经验教训，并能清楚意识到森林的破坏是引起水土流失的因素之一，也是国家经济困乏甚至是国之将亡的先兆。因此从先秦开始，历代统治者都很重视“平治水土”，基本都遵循着治土必治水、治水必治山、治山必治林的森林生态原则。治理水土流失的最根本的方法就是保护森林资源，大力提倡植树造林，先秦时期该方法就已经非常盛行。具体而言，先秦至秦汉时期森林保持水土的实践主要体现在以下几方面：

首先，倡导植树造林。先秦时期就已经注重种植林木，发展林业，维护自然生态平衡。远在上古时代，就有轩辕黄帝提倡“时播百谷草木”。《周礼》倡导植树造林，所记的植树有六种：园囿植树，主要种植果实可供食物用的果树，如栗、枣、葡萄、枇杷等；路旁植树，当时九州修筑“五沟五涂”大小沟洫和道路，路旁都种植树木；社稷植树，供祭祀的社稷要修筑土坛，并种植树木；边界植树，在王国边界挖沟，筑土墙，种植树木，王公贵族的采地，以及王邦郊野邻、里、鄙、县、遂的边界都挖沟、植树；宅院植树，鼓励居民在自己的宅院种植树木；墓地植树，所有的墓地都要种植树木。按爵等确定坟墓的大小高低和植树株数。据《周礼·地官司徒》记载，为了促使百姓种植树木，当时规定，凡宅院内不种植桑麻的，宅地要缴税；不植树的人，死后丧葬时不准用椁。①

春秋时期，齐国宰相管仲提出了"十年之计，莫如树木"，并以林木生长情况来判断其国贫富："行其山泽，观其桑麻，计其六畜之产，而贫富之国可知。"《逸周书》中讲到在不适宜种植五谷的地方应该栽植树木，其言："坡沟、道路、聚苴（草丛地）、丘陵不可树谷者，树以材木。"战国时期，孟子倡导种桑养蚕以足衣，提出："五亩之宅，树墙下以桑，匹妇蚕之，则老者足以衣帛矣。"《史记·货殖列传》记载："山居千章之材；安邑（山西中条山区）千树枣；燕（河北燕山）、秦（陕西秦岭）千树栗；蜀、汉（汉中）、江陵（鄂西）千树橘；齐、鲁千亩桑麻，此其人皆与千户侯等。"可见，广植林木，尤其是经济林已成为当时社会风尚，并据此获取巨大财富。

云梦睡虎地秦简《日书》② 中有一些关于"树木"，即栽植林木的记载。如《日书》甲种中《除》题下写道："正月丑，二月戌……十二月辰，毋可有为，筑室坏，树木死（一〇五正壹）"；"不可以之墼（野）外（一〇五贰）"③。上述简文表明，秦朝时栽植树木已经成为当时常见的经济活动。众所周知，秦始皇焚书时也规定不毁"种树之书"。《史记》卷6："臣请史官非《秦纪》者皆烧之……所不去者，医药、卜筮、种树之书。"足以表明最高统治者也认识到树木在社会发展中的重要作用，故出现种树等方面的书在禁烧之列。

两汉时期，很多皇帝都多次颁布诏令劝民"种树"。如《汉书·文帝纪》云："吾诏书数下，岁劝民种树，而功未兴，是吏奉吾诏不勤，而劝民不明也"；《汉书·景帝纪》记载："令郡国务劝农，益种树"，等等。《汉书·昭帝纪》提出："天下以农桑为本"；《汉书·成帝纪》诏书提出："方东作时，其令二千石勉劝农桑，出入阡陌，致劳来之"；《汉书·韩安国传》卷52："臣闻全代之时，北有强胡之故，内连中国之兵，然尚

---

① 熊大桐：《〈周礼〉所记林业史料研究》，《农业考古》1994年第1期。

② 《日书》是秦汉时期民间通行的选择时日吉凶的数术书。数术之学，在秦汉时期曾经有十分广泛的影响。当时，生老病死、衣食住行等社会社会生活的基本形式和内容中，处处都可以看到神秘主义文化的制约，《日书》中有关民间传统禁忌形式的内容，其中有的涉及当时人对于狸奴的观念（见王子今《秦汉时期生态环境研究》，北京大学出版社2007年版，第348页）。

③ 睡虎地秦墓竹简整理小组：《睡虎地秦墓竹简》，文物出版社1990年版，第181页。

得养老长幼，种树以时，仓廪常实，匈奴不轻侵也。"《后汉书·明帝纪》诏书指出："夫春者，岁之始也，有司其勉顺时气，劝督农桑，去其螟域，以及蟊贼。"《后汉书·章帝纪》诏书提出："方春东作，宜及时务。二千石勉劝农桑，弘致劳来。"《汉书·食货志》记载，王莽甚至对不积极"种树"者施以重罚，"城郭中宅不树艺者为不毛，出三夫之布"，等等。这些诏书都积极鼓励种树，这里的种树不仅仅是栽树单一行为，已经成为广义农业的代名词。

值得注意的是，1993 年尹湾六号汉墓出土《集簿》的释文记载："春种树六十五万六千七百九十四亩，多前四万六千三百廿亩。"① 这是有关东海郡春季种树面积和年度增长数的统计，说明汉代对于春季种树是颇为重视的，并出现逐年递增趋势。

秦汉时期的"种树"一词虽非现代意义上的种植树木或植树造林，作为一个复合词，它"种植或栽种"的主要是粮食作物，但也包括林木的种植，特别是某些特定的经济林木，如桑树、枣树等。② 事实上，这已经不是简单意义上的植树造林了，而是更为具体的经济林木的栽培，在汉代以前，广泛种植经济林就已受到重视了。在云梦秦简的《秦律杂抄》中有专门的律例规定："漆园殿，赀啬夫一甲，令、丞及佐各一盾，徒络组各廿给。漆园三岁比殿，赀啬夫二甲而法（废），令、丞各一甲。"意思是说，漆树种植不好的，一年与连续三年都被评为下等，管理漆园的啬夫及县令或县丞都要受到经济制裁；漆园三年均为下等的啬夫还要被撤职永不续用。

刘秀的外祖父樊重就十分热衷于种植经济林，史载他"尝欲作器物，先种梓漆"③，后来他的田庄发展成"田至三百顷，竹木成林，六畜放牧，梓漆鱼池，闭门成市"④。西汉辞赋家王褒曾写过《僮约》一份，该契约中提到当时的私人田庄的经济林木的种植状况，虽然该契约中提及的杨惠家的园圃地处四川，但却能全面反映两汉时代的田庄中经济林生产状况。"种植桃李，梨柿柘桑，三丈一树，八尺为行，果类相从，纵横相当。说

---

① 连云港市博物馆编：《尹湾汉墓简牍释文选》，《文物》1996 年第 8 期。

② 倪根金：《秦汉"种树"考析》，《农业考古》1992 年第 4 期。

③ 樊重种植经济林，可参见《后汉书》卷 32《樊宏传》。

④ （宋）李昉：《太平御览》卷 57，国泰文化事业有限公司 1980 年版，第 276 页。

明各种树木是分区种植，同时有'落桑披棕'的规定，说明园圃还有桑林和棕榈树等。"① 另外，从《四民月令》的记载可以得知后汉崔寔的田庄种植着柳、榆、枣、竹、柘、漆、桐、梓、松、柏、桑等众多的经济林木；汉末的李衡则更具有典型性，李衡是汉末丹阳太守，"遣客十人往武陵龙阳，泛洲上作宅种桔千株，临死敕儿曰：'吾州里有千头木奴，不责汝衣食，岁上匹绢，亦可足用尔……当是种桔也。'"后来李衡所种柑橘长成结果，"岁得绢千匹，家道富足"②。

秦汉以后，历代朝廷都重视植树造林。主观上讲，古代人植树造林，更多的是注重材用和财富的获取。不可否认，植树造林客观上发挥了森林保持水土的作用，对防止局部地区的水土流失起到了重要作用。

其次，重视江河水道护堤林的营造，以起到巩固堤坝的作用。《周礼·夏官·司马》有"掌固"之职，负责"掌修城郭沟池树渠之固，凡国都之竟，有沟树之固，郊亦如之……"这是指护城河的河堤植树。春秋时政治家管仲在《管子·度地》中，曾提出在沿河等地应"树以荆棘，以固其地，杂之以柏杨，以备决水"。管子是提出以植树固堤保土的第一人。③

再次，提倡种植行道树。行道树有遮阴护路、防尘固土、涵养水分、绿化环境的作用，还可以满足材用之需。行道树的种植，在我国有悠久的传统，在周代已经成为一种制度。《周礼·秋官司寇》记载："野庐氏掌达国道路至于四畿，比国郊及野之道路，宿息（驿站）、井、树"，这里的"树"就是行道树，"野庐氏"是掌管这项工作的职官。《国语·周语中》称："列树以表道。"大规模的种植行道树，则始于秦朝。秦始皇统一了六国后，出于国防统治的考量，修建了以咸阳为中心、通向全国的驰道。《汉书·贾山传》载："为驰道于天下，东穷齐燕，南极吴楚，江湖之上，濒海之观毕至，道广五十步，三丈而树，厚筑其外，隐以金椎，树以青松，为驰道之丽至于此。"可以想象当年此项植树工程量之大。考古

---

① 张钧成：《从王褒〈僮约〉看汉代川中私人园圃中的林业生产内容》，《北京林业大学学报》1989 年增刊。

② 《襄阳耆旧事》。

③ 关传友：《论中国古代对森林保持水土作用的认识与实践》，《中国水土保持科学》2004年第 1 期。

发掘材料也佐证了上述史料。在秦都咸阳宫第三号宫殿建筑遗址出土的壁画里有一幅驰道图，图中清晰绘有驰道和车马以及高耸、笔直与塔松很相像的树木，并且这些树木两株一组，并呈对称性分布在道路两边。这无疑是史书记载中的行道树。

西汉建立后继续种植行道树。《三辅黄图》记载长安城："道路宽度，并列十二辙，路用铜锤夯实，两旁种植林木，行人左往右来，秩序井然"；《水经·渭水注》中也有类似的描述，"凡此诸门，皆通连九达，三途洞开，隐以金椎，周以林木"；《后汉书·五行志》记载：永初三年，"京都大风，拔南郊道梓树九十六枚"，建宁二年四月，"拔郊道树十围已上百余枚"；《古诗十九首》亦云："白杨何萧萧，松柏夹广路"，又有"出郭门直视，白杨多悲风"等句。这些都反映了汉时道路边确实栽有行道树；再如《续汉书·百官志》中强调将作匠的职责有"树桐梓之类列于道侧"的内容，胡广注曰"古者列树以表道，并以为林囿"，这也说明了行道树的栽植也是林业经营的内容之一，秦汉政府对此十分重视。

后世历代都很重视行道树的种植。韦述《两京记》记载，长安"自端门至定鼎门，七里一百卅七步，隋时种樱桃、石榴、榆、柳，中为街道，通泉流渠"。隋代大运河修建时，两岸柳树成荫，史载"河畔筑御道，树以柳"，等等。

最后，重视边防林的营造。这既可巩固边境安全，也可对边疆多沙之地起到防风固沙作用。我国古代王朝，出于国家安全的需要，多重视营造边防林。边防林的修建有利于战争防御，尤其是对于防御少数民族的骑兵南下，故在边疆之地植树造林传统由来已久。《周礼·地官·司徒》有"遂人""封人"之载，"遂人"是边境林营造的执行者，"封人"也具有营造和管理边境林的职责。《荀子·疆国》记载战国时，秦国和赵国之间的边境林有"松柏之塞"。秦统一六国后，在北筑长城的同时也在西北"树榆为塞"，建造国防林，成为一条绿色长城，是我国历史上第一条边防林。《汉书·韩安国传》称："蒙恬为秦侵胡，辟地数千里，以河为竟，累石为城，树榆为塞，匈奴不敢饮马于河。"汉代又多次进行复修，史称"榆谿塞"。北魏地理学家郦道元曾考察过这条人工林带的规模，在其《水经注·河水注》中记载："诸次之水（指秃尾河）……东过榆谿塞，世又谓之榆林山，即《汉书》所谓'榆林旧塞'者也。自谿西去，悉榆柳之数矣，缘历沙陵，屈龟兹县西北，故谓'广长榆'也。王恢云'树榆为塞'，谓此矣。"史念海先生在其《河山集·二集》中说："论秦汉时的森林不应忘记一提榆谿塞。所谓榆谿塞，即种植榆树，形同一道边塞。榆谿塞的培植始于战国末年，是循长城栽种的。战国末年的秦长城东端始于今内蒙古托克托县黄河右岸的十二连城，西南行，越秃尾河上游，过今榆林、横山诸县北，再缘横山山脉之上西去。"① 他在注中还说："榆谿塞至少有两条，其一是随着秦始皇所筑的长城而发展成为林带的。"② 这条边境防护林除起到了军事防御，客观上还起到了防风固沙、保持水土的生态作用。

先秦两汉时期虽然重视植树造林，但随着铁器冶炼技术的提高及人口增长压力，致使秦汉时期一度出现过造林与毁林相随的局面。在人口压力下不仅出现"伐木而树谷，燔莱而播粟"③ 的民众自发行为，更有秦始皇怒伐湘山之木及所谓的"阿房出、蜀山秃"的政府行为。

三　善待自然遵循生态发展规律

善待自然是中国古代保护生态环境的思想和制度性规定。中国古代"天人合一"是解决人与自然关系问题的基本思路。这种把人自身视为宇宙一分子的思想，是今天生态伦理思想和理论的渊源。人类为了自己的生存和发展，为了实现自己的生命价值，也必须保护自然生态环境，善待宇宙万物。这种认识是先民从农业生产和生活实践中人与自然的密切联系中得来的。

早在我国传说时代的尧舜时期就设有管理山林川泽、草木鸟兽的"虞"，即环境保护机构和官员，至秦代已出现《田律》这样系统的农业生态环境保护法律。在各种文献典籍中，记载了大量古代关于保护自然生态环境的思想、言论、典故和制度性的规定。这说明"天人合一"在中国古代并非只是一个抽象的思想原则，而是在一定程度上转化为人们保护

---

① 史念海：《河山集·二集》，生活·读书·新知三联书店 1981 年版，第 253 页。

② 同上书，第 254 页。

③ （汉）桓宽著、王利器校注：《盐铁论校注》，天津古籍出版社 1983 年版，第 38 页。

生态环境的意识和行动。①

　　《史记·殷本纪》中记载的"网开三面"的故事，就是古人自觉意识下的生态保护行为。故事是说有一天商汤外出游猎，看见有人正在张网捕猎，那个人在东西南北四面都布了网，并祈祷说："愿天下四方的鸟兽都掉进我的罗网！"汤听后不以为然地说："你这不是要把天下的鸟兽都一网打尽吗？"于是下令撤掉三面的网，也默默地祷告："想到左边去的就往左，想到右边去的就往右，不听我指令的就自投罗网吧！"诸侯们听说这件事后，都盛赞商汤的"仁德"，连禽兽也受到了恩泽，于是都归顺于他，很快推翻了夏王朝。这说明三千多年前的古人就已懂得，捕猎鸟兽不能采取一网打尽的办法，而要给它们留一条生路。这是典型的维护自然生物资源可持续发展的案例。

　　《国语·鲁语》记载的"里革断罟"的典故可以看出周代保护生物资源的规定已十分具体，什么时节可以采猎草木鸟兽虫鱼，什么时候不能采猎，以至于采猎什么样的，都有严格的规定；周代生物资源保护的范围相当广泛，除了草木鸟兽虫鱼之外，还包括蚂蚁、蝗虫之类的昆虫，其目的也十分明确，就是要使生物资源得以繁衍再生。事实上《周礼》中对此规定甚为详细，设置了分工各异的官职，规定了其管辖职责范围。如《天官·冢宰》中兽人为掌管森林狩猎的官员，负责狩猎以及给王室提供野生动物；《地官·司徒》中山虞掌山林之政令，负责管理山区森林，按时抚育、采伐森林；《地官·司徒》中林衡是护林官员，负责安排护林人员；《地官·司徒》中囿人为王室园林的管理官员，负责豢养、供应王室动植物来源；《夏官·司马》中冢人、掌固、司险、野庐氏等官员都负责地方的植树造林。职官之外，九赋、九贡都将山林资源作为赋税的重要来源，并主张进行山林资源的清查、保护山林动植物资源以及提倡植树造林。《周礼·地官·山虞》记载："山虞掌山林之政令，物为之厉而为之守禁，仲冬斩阳木，仲夏斩阴木，凡服耜，斩季材，以时入之，令万民时斩材，有期日，凡邦工入山林而抡材，不禁……，凡窃木者有刑罚。"《周礼·地官·林衡》云："若斩木材，则受法于山虞，而掌其政令。"贾氏曰："山虞以时斩材，而林衡受法于山虞，以严其戒，一有不平，则计

　　① 方克立：《"天人合一"与中国古代的生态智慧》，《当代思潮》2003 年第 4 期。

其守其之功过而赏罚之矣。"由此可见，周代砍伐林木必须经过山虞的允许，否则就是违法行为，要受到刑罚制裁。《周礼》具有法律的效力，君臣上下都必须遵守。基于此，里革才敢犯颜直谏，鲁宣公也能知错就改。

　　春秋时期的著名思想家与改革家管仲，从发展经济、富国强兵的目的出发，注意保护山林川泽和草木鸟兽等自然资源。管仲认为人应该遵循天地法则，《管子》指出："根天地之气，寒暑之和，水土之性，人民鸟兽，草木之生，物虽不甚多，皆均有焉，而未尝变也，谓之则。"进而提出维护生态平衡的重要性。《管子·宙合》中提到："源泉而不尽，微约而流施，是以德之留润泽均加于万物……夫鸟之飞也，必还山集谷。不还山则困，不集谷则死……以为鸟起于北，意南而至于南；起于南，意北而至于北。苟大意得，不以小缺为伤。"《形势》曰："山高而不崩，则祁羊至矣。渊深而不涸，则沉玉极矣……蛟龙得水而神可立也，虎豹得幽而威可载也，风雨无乡而怨怒不及也。"这种"德之留润泽均加于万物"的生态伦理命题，认为自然界是一个整体的生态平衡，打破生态平衡就违反了生态平衡之德。比如飞鸟如果没有了集居的山谷，就会因为失去生存的条件而死亡。生活在北方的鸟类可以稍微向南一点生存，生活在南方的鸟儿可以稍微向北一点生存，但不能离开南北的大范围。只要生态系统保持平衡，自然生态系统的万物就各占有其"生态位"，正如祁羊在山，虎豹在林，蛟龙在水，各得其所，符合生态伦理。①

　　四时之禁的农业生态伦理对林业生态的维护具有积极意义。《管子·五行》指出："顺山林，禁民斩木。所以爱草木也。然则，冰解而冻释，草木区萌，赎蛰虫卵菱，春辟勿时，苗足本……亡伤襁褓，则时不调。"在其《七臣七主》中对四时之禁描述为："四禁者何也？春无杀伐，无割大陵，倮大衍，伐大木，斩大山，行大火，诛大臣，收谷赋。夏无遏水达名川，塞大谷，动土功，射鸟兽。秋勿赦过、释罪、缓刑。冬无赋爵赏禄，伤伐五谷。故春政不禁，则百长不生；夏政不禁，则五谷不成；秋政不禁，则奸邪不胜；冬政不禁，则地气不藏。四者俱犯，则阴阳不和，风雨不时，大水漂州流邑，大风漂屋折树，火暴焚地燋草，天冬雷，地冬霆，草木夏落而秋荣；蛰虫不藏……六畜不蕃，民多夭死，国贫法乱，逆

---

　　①　张连国：《〈管子〉的生态哲学思想》，《管子学刊》2006 年第 1 期。

气下生。"这种禁止破坏农业生态环境的论述带有神秘主义色彩,认为违反"四时之禁"就会破坏生态环境,会造成自然灾害频发,"六畜不蕃,民多夭死,国贫法乱,逆气下生"等恶果。

除了这种神秘主义色彩较为浓厚的"四时之禁"理论外,《管子》中还提到对山泽林木的经营管理。如《管子·轻重》篇说:"山林菹泽草莱者,薪蒸之所出,牺牲之所起也。故使民求之,使民籍之,因以给之。"大致意思是说,山林川泽是出产薪柴和水产的地方,政府应该把山林川泽管起来,让人民上山去樵柴,下水去捕鱼,然后政府按官价收购,人民也可以此谋生。还说:"为人君而不能谨守其山林菹泽草莱,不可以立为天下王"。主张用立法和严格执法的办法来保护生物资源。如在《管子·立政》篇中说:"修火宪,敬山泽林薮积草,夫财之所出,以时禁发焉。"《管子·八观》云:"山林虽近,草木虽美,宫室必有度,禁发必有时。"就是要制定防火的法令,把山林草木认真地管起来,封禁与开发都要有一定的时间,建造宫室用材也要有一定限度,反对滥伐林木或过度开发。他还提出,作为国家的法令就要有权威性,对犯法的人要严刑重罚。《管子·地数》曰:"苟山之见荣者,谨封而为禁。有动封山者罪死而不赦。有犯令者,左足人,左足断;右足人,右足断。"管仲的环保思想有一个重要特点,就是把保护生物资源与更好地开发、利用这些资源,进一步发展农业生产结合起来了,这就是《管子·八观》中所谓的"先王之禁山泽之作者,博民于生谷也"。

荀子继承和发展了管仲"以时禁发"的思想,根据生物繁育生长的规律,提出了系统的自然资源保护理论和措施。他在《荀子·王制》中有言:"草木荣华滋硕之时,则斧斤不入山林,不夭其生,不绝其长也。鼋鼍鱼鳖鳅孕别之时,罔罟毒药不入泽,不夭其生,不绝其长也。春耕、夏耘、秋收、冬藏,四者不失时,故五谷不绝而百姓有馀食也。污池渊沼川泽,谨其时禁,故鱼鳖优多而百姓有馀用也。斩伐养长不失其时,故山林不童而百姓有馀材也。"他不但把这些保护自然资源的措施看成是"圣王之制",而且主张从税收制度方面来保证这些措施的贯彻执行,如"山林泽梁,以时禁发而不税"。作为一个主张"明于天人之分""制天命而用之"的思想家,荀子并不赞成无限度地开发、利用自然资源,一味地征服自然、戡天役物,而是强调要"不夭其生,不绝其长",要尊重和遵循"春耕、夏耘、秋收、冬藏"的自然规律,其目的就是要发展生产,让百姓"有余食""有余用"。这也说明"顺天"思想确实是荀子天人观中不可忽略的一个重要方面。[①]

除了上述思想资料之外,在《左传》《国语》《周易》《礼记》《逸周书》《商君书》《韩非子》《吕氏春秋》等古代文献中,都有不少关于保护生物资源,使其再生以资利用的论述与记载,反映我国先秦时期对此问题已十分重视,认识已达到相当高的水平,其中《礼记·月令》一篇最具有代表性。

《月令》是讲四季物候变化的最早历书,它对一年四季以至每一个月怎样保护生物资源都提出了非常明确、具体的要求。如孟春之月:"命祀山林川泽牺牲毋用牝。禁止伐木。毋覆巢,毋杀孩虫、胎、夭、飞鸟,毋卵。"就是说春天是生育的季节,孟春正月是首春,所以规定祭祀山林川泽时用的牲畜不能用牝的,如母牛、母羊之类;禁止砍伐树木;不许猎取怀胎的母兽、幼兽,不准捕杀小鹿;不许打刚会飞的小鸟,不准掏取鸟卵。仲春二月要"安萌芽,养幼少","毋竭川泽,毋漉陂池,毋焚山林"。季春三月,捕杀鸟兽的各种器具和毒药一律不许携出城门,禁止任何人斫伐桑条和柘枝。孟夏四月,是一切生物长大长高的时候,因此不可有毁坏它们的行为,"驱兽毋害五谷,毋大田猎";不要砍伐大树,不要起大工程,等等。到孟秋七月、仲秋八月才可以伐木"修宫室,坏墙垣""筑城郭,建都邑";到仲冬十一月、季冬十二月就允许采猎野生动植物和大量捕鱼了。《月令》对一年中每一个月"以时禁发"的规定是如此之详细、具体、严格,说明当时农业生产(包括林、牧、渔业在内的大农业)和农业科技已达到相对较高的水平,对农业生产规律有相当全面的认识,并且认识到保护生物资源是发展生产、保障供给的不可或缺的重要内容和前提条件,因此主张有"禁"有"发","禁"与"发"都要有时有度,把封禁、保护与开发、利用结合起来。这种认识是十分可贵的。《月令》"以时禁发"的模式对后世产生了很大的影响和示范作用。[②] 如《吕氏春秋·上农》中也规定了"四时之禁",其基本内容是:在非开放

---

① 方克立:《"天人合一"与中国古代的生态智慧》,《当代思潮》2003 年第 4 期。

② 同上。

的季节，不得进山砍伐未成材的小树，不得下水割草烧灰，不得携带捕捉鸟兽的器具出门，不得用鱼网捕鱼，除非舟虞不得乘船下湖，因为这些违反禁令的做法都有害于农时。

在西汉淮南王刘安主持编撰的《淮南子》是先秦生态思想集大成者。书中系统地阐发了因时因地制宜、协调发展农林牧渔业的思想。《主术训》中有一段话说："食者民之本也，民者国之本也，国者君之本也。是故人君者上因天时，下尽地财，中用人力，是以群生遂长，五谷蕃殖。教民养育六畜，以时种树，务修田畴，滋植桑麻，肥硗高下，各因其宜。丘陵陂险不生五谷者，以树竹木，春伐枯槁，夏取果，秋畜蔬食，冬伐薪蒸，以为民资。是故生无乏用，死无转尸。故先王之法，畋不掩群，不取麛夭，不涸泽而渔，不焚林而猎。豺未祭兽，置罘不得布于野；獭未祭鱼，网罟不得布于水；鹰隼未挚，网罗不得张于谿；草木未落，斤斧不得入山林；昆虫未蛰，不得以火烧田；孕育不得杀，鷇卵不得探。鱼不长尺不得取，彘不期年不得食。是故草木之发若蒸气，禽兽之归若流泉，飞鸟之归若烟云，有所以致之也。故先王之政，上告于天，下布之民。先王之所以应时修备，富国利民，实旷来远者，其道备矣。"

《淮南子》非常注重生物与环境的相互关系，认为各种植物和动物具有适应环境的本领，即所谓"鹊巢知风之所起，獭穴知水之高下"。并将生物随气候变化而呈现的生长变化规律归纳为"春风至则甘雨降，生育万物；羽者妪伏，毛者孕育，草木荣华，鸟兽卵胎"；入夏则"阴阳合和而万物生"，随之要做的就是"保畜养万物"。"秋风下霜，倒生挫伤，鹰雕搏鸷，昆虫蛰藏，草木注根，鱼鳖凑渊；莫见其为者，灭而无形。木处榛巢，水居窟穴，禽兽有芃，人民有室，陆处宜牛马，舟行宜多水。"这种生物与环境转换的经验总结对森林保护有很大促进作用。

通过对先秦生态思想及生产经验的总结，重申了法先王之法："畋不掩群，不取麛夭，不涸泽而渔，不焚林而猎。豺未祭兽，罝罘不得布于野。獭未祭鱼，网罟不得入于水。鹰隼未挚，罗网不得张于溪谷。草木未落，斤斧不得入山林。昆虫未蛰，不得以火烧田。孕育不得杀，鷇卵不得探。鱼不长尺不得取，彘不期年不得食。"只有这样，才能"草木之发若蒸气，禽兽之归若流泉，飞鸟之归若烟云"，对于治国而言，只有法先王之法，才可以"富国利民，实旷来远者，其道备矣"。通过总结历史经验教训，《淮南子》还进一步指出统治者的奢侈生活和盘剥是生物资源破坏的首要原因。书中说："逮至衰世，镌山石，锲金玉，擿蚌蜃，消铜铁，而万物不滋。刳胎杀夭，麒麟不游；覆巢毁卵，凤皇不翔；钻燧取火，构木为台；焚林而田，竭泽而渔；人械不足，畜藏有余，而万物不繁兆，萌牙卵胎而不成者，处之太半矣。"对历史经验的总结真可谓入木三分。

　　《淮南子》以先王之政为基础，进行如此系统、完整的思想阐发，除指出了君主应当积极发展生产的必要性，还全面介绍了为达到这个目的而对自然界动植物养护繁殖的方法，以及古代人民按时进行生产活动的经验，较为完整地保存了我国古代关于保持生态平衡的记录。《淮南子》提出这些真知灼见，很可能与汉初大规模的毁林开荒有关，也有可能映射当时现实生活中追求奢靡的寓意。从思想渊源上看，《淮南子》显然是对先秦有关思想的继承和发展，反映了当时的社会生产力和人们的认识水平又有所提高。但可惜这些规定在汉代以后并没有得到普遍严格的贯彻执行，遇到荒年往往弛禁山泽，以后环境破坏越来越严重，生态环境状况从总体上说反而不如先秦时期了。《淮南子》中这些思想是对先秦生态保护思想的全面、系统的总结，成为两汉时期生态思想的代表。

第 三 章

生态职官的设置

在中国庞大的官僚体系中，涉及生态环境方面的官职自古就有。从《周礼》中天官、地官、春官、夏官、秋官和冬官到秦汉时期的九卿职官设置，都有涉及自然资源管理方面的职官。需要指出的是，这些生态职官设置的主要目的是专山川苑泽之利，以满足统治阶级对自然资源的占有和掠夺，但这些生态职官的设置客观上对生态保护起到一定作用。

一 先秦生态职官

先秦时期各类生态职官的设置与儒家典籍《周礼》有很大的联系。《周礼》是儒家十三经之一，据其记载而设置的生态职官，可以视作儒学生态思想影响的产物。

据《周礼》记载，当时设天官、地官、春官、夏官、秋官和冬官。天官掌管政务，并统管其他五官，其长官为冢宰，亦称大宰。地官掌管教育、赋税和产殖，其长官为大司徒。春官掌管礼仪，其长官为大宗伯。夏官掌管军事，其长官为大司马。秋官掌管司法，其长官为大司寇。冬官掌管百工。每一长官手下都有六十多种职官。

地官大司徒手下有一批掌管山林川泽及其产物的官员。其中山虞掌管山林的政策法令，管理山林，防止滥伐、盗伐木材。林衡负责巡视林麓，执行禁令，调整看林人，按时检查其功绩而给予奖赏或惩罚。迹人掌管邦中公私畋猎地方的政令。角人掌管向山农征收野生动物的齿、角、骨的政令。羽人掌管向山农征收野生动物羽毛的政令。掌炭负责征收木炭和草木灰，供给邦国使用。囿人负责管理苑囿中的鸟兽饲养。场人掌管场圃，种植各种果树和瓜类。

此外，地官大司徒下属的封人掌管修筑社稷土坛，在王国边界挖壕沟、种树。载师负责土地利用规划。闾师负责督导人民从事农林牧等生产，按时征收赋税和贡品。委人负责征收郊野的赋税和贡品，收集薪炭、野果、木材，供应祭祀和丧事所需薪柴和木材、招待宾客所需薪柴、路过军队所需薪柴和野果，以及建造苑囿藩篱所需木材。

表3—1　　　　　　　　地官大司徒下属与林业有关职官人数表

职官	人数
山虞	大山：中士4人，下士8人，府2人，史4人，胥4人，徒80人
	中山：下士6人，史2人，胥6人，徒60人
	小山：下士2人，史1人，徒20人
林衡	大林麓：下士12人，史4人，胥12人，徒120人
	中林麓：下士6人，史2人，胥6人，徒60人
	小林麓：下士2人，史1人，徒20人
迹人	中士4人，下士8人，史2人，徒40人
角人	下士2人，府1人，徒8人
羽人	下士2人，府1人，徒8人
掌炭	下士2人，史2人，徒20人
囿人	中士4人，下士8人，府2人，胥8人，徒80人
场人	下士2人，府1人，史1人，徒20人
封人	中士4人，下士8人，府2人，史4人，胥4人，徒60人
载师	上士2人，中士4人，府2人，史4人，胥6人，徒60人
闾师	中士2人，史2人，徒20人
遂人	中大夫2人
委人	中士2人，下士4人，府2人，史4人，徒40人

资料来源：根据《周礼·地官司徒》记载整理。

夏官大司马以下有些官员与林业有关：司爟掌管用火的政令，按时公布烧野草的命令。掌固掌管修筑城郭、沟池、树渠等阻固。司险掌管九州地图，查明山林川泽险阻，通达其间道路，修筑五沟五涂，种植树木，作为阻固。职方氏根据地图管理土地，查清邦国，采地及各民族的人口、粮食、牲畜数，以及财物和灾害，并查清九州各诸侯国的情况，包括各州的山林产物。山师掌管山林的名称，查清其物产、财富和灾害。遵师掌管各地地名，查清丘陵、坟衍、原隰之名和物产。

秋官大司寇下属的野庐氏管理道路和路旁的房屋、水井、行道树并负有维护国土安全的责任。冥氏负责设置弓弩、罗网和陷阱以捕猛兽。穴氏负责猎捕冬蛰的野兽。翨氏负责猎捕猛禽。柞氏负责按照季节采伐竹木，掌管有关伐木的禁令。

表 3—2　　　　夏官大司马和秋官大司寇下属与林业有关职官人数

职官		人数
夏官	司爟	下士 2 人，徒 6 人，
	掌固	上士 2 人：下士 8 人，府 2 人，史 4 人，胥 4 人，徒 40 人，
	司险	中士 2 人，下士 4 人，史 2 人，徒 40 人
	职方氏	中大夫 4 人，下大夫 8 人，中士 16 人，府 4 人，史 16 人，胥 16 人，徒 160 人
	山师	中士 2 人，下士 4 人，府 2 人，史 4 人，胥 4 人，徒 40 人
	原师	中士 4 人，下士 8 人，府 4 人，史 8 人，胥 8 人，徒 80 人
秋官	野庐氏	下士 6 人，胥 12 人，徒 120 人
	冥氏	下士 2 人，徒 8 人
	穴氏	下士 1 人，徒 4 人
	翨氏	下士 2 人，徒 8 人
	柞氏	下士 2 人，徒 20 人

资料来源：根据《周礼·夏官司马》和《周礼·秋官司寇》记载整理。

上述可见，《周礼》职官设置较为详备，其中与林业有关的职官人数众多，分工详细，机构庞杂，但能从中得知周代对山川林泽的重视程度。

对于《周礼》中所记载的相关职官，其他经典文献中也都有涉及。《汉书·地理志》记载："秦之先曰柏益，出自帝颛顼，尧时助禹治水，为舜朕虞，养育草木鸟兽，赐姓嬴氏，历夏、殷为诸侯。"这里的"虞"是见于文献最早的专门针对于自然环境治理的官职。

此外文献中对虞官也有记载。如《穆天子传》云："戊戌，天子西游，射于中□方落蘯木鲜。命虞人掠林除薮，以为百姓材。"《易经·屯卦》六三爻辞："即鹿无虞，惟入于林中，君子几不如舍，往吝。"《左传》记载，襄公四年："昔周辛甲之为大史也，命百官，官箴王阙。于虞人之箴"。《国语·鲁语上》记载："宣公夏滥于泗渊曰：'古者大寒降，土蛰发，水虞于是乎讲罛罶。'"《大戴礼记·夏小正》曰："十二月……虞人入梁。虞人，官也。梁者，主设网罟者也。"

《礼记·丧大记》记载："复，有林麓则虞人设阶，无林麓则狄人设阶。"注引郑氏曰："虞人，主林麓之官。"《礼记·曲礼下》云："天子之六府，曰司土、司木、司水、司草、司器、司货，典司六职。"注引郑氏曰："司木，山虞也。"《礼记·月令》曰："孟冬之月……乃命水虞、渔师收水泉池泽之赋"，"仲冬之月……山林薮泽，有能取蔬食，田猎禽兽者，野虞教道之。其有相侵夺者，罪之不赦"。"孟夏之月……命野虞出行田原，为天子劳农劝民，毋或失时"。"季夏之月……树木方胜，乃命虞人入山行木，毋有斩伐"。这些材料虽是后人追溯，但从中我们也可以确定，西周时期存在的虞官，以治理山林川泽为首要职责。

春秋战国时，虞官依然存在。对于"虞"，郑玄解释为"虞，度也。度知山之大小及所生者"。《左传·哀公十四年》记载："十四年春，西狩于大野，叔孙氏之车子锄商获麟，以为不祥，以赐虞人。"《左传·昭公二十年》曰："对曰：'薮之薪蒸，虞侯守之'"，"十二月，齐侯田于沛，招虞人以弓，不进"。《国语·齐语》记载："泽立三虞，山立三衡"。《管子·立政》曰："薪蒸之所积，虞师之事也。"《晏子春秋·外篇第七》曰："薮之薪蒸，虞侯守之。"《战国策·魏策一》云："文侯与虞人期猎。"《荀子·王制》云："修火宪，养山林薮泽草木鱼鳖百索，以时禁发，使国家足用而财物不屈，虞师之事也。"可以说虞官始终属于整个周代官职体系，虞官是当时重要的维护自然生态平衡的官职，反映了保护生态自然资源已上升为国家行为。

除虞官外，还有其他一些有关生态环境管理的官职。如衡官，在《周礼·地官》中衡分为林衡、川衡等职别。《林衡》谓："林衡掌巡林麓之禁令，而平其守，以时计林麓而赏罚之。若斩木材，则受法于山虞，而掌其政令。"《川衡》说："川衡掌巡川泽之禁令，而平其守，以时舍其守，犯禁者执而诛罚之。"上文所引《礼记·曲礼下》中"司水"，注引郑氏曰："司水，川衡也"。《周礼·地官·序官》郑玄注曰："衡，平也。平林麓之大小及所生者。"对于林衡，在金文记载中，散氏盘有：

"矢人有……录贞……""录"字，王国维、郭沫若诸家都定为职官名，读作麓。[1] 同簋中又有司林官职。因此金文中林和麓是分别被人管理的，与《周礼》中的林衡职官略有不同，但掌管山川林泽资源的职责则是相同的。

衡官在春秋时期仍然存在。如《左传·昭公二十年》记载："山林之木，衡鹿守之"；《国语·齐语》中："泽立三虞，山立三衡。"韦昭注曰："衡，平也，掌平其政也。"《周礼·地官·迹人》有："迹人掌邦田之地政，为之厉禁而守之。凡田猎者受令焉。禁麛卵者与其毒矢射者。"《左传·哀公十四年》记载："迹人来告曰：'逢泽有介麋焉。'"迹人，杜注曰："主迹禽兽者。"可见，迹人掌管狩猎确为史实。

总之，先秦时期所设置的维护生态平衡，保护自然资源性质的职官，充分反映了古人对自然资源重要性的认知，并上升为国家的制度层面。这些生态职官设置，虽有"专山泽之利"的主观目的，但客观上有利于自然资源的保护，在中国生态保护史上占有重要的历史地位。

二　秦汉生态职官

秦统一中国后，设置了三公九卿的行政机关，其中的少府一职就负有生态保护的职能。据《汉书·百官公卿表》记载："少府，秦官，掌山海池泽之税，以给供养"，其属官甚多，"有都水、均官三长丞，又上林中十池监，又中书谒者、黄门、钩盾……"[2] 对于"都水"之职，王先谦在《汉书》注中说："都，总也，谓总治水之工，故曰都水。"另外，少府还有兼理山林政令和栽植宫中与街衙之树的职责。秦代对苑囿园池的管理，有畤官、苑官，而对山林川泽的管理，则有林官、湖官和陂官。[3]

汉承秦制，秦时管理自然资源的少府一职，在汉代仍存，其下有林、陂、湖、苑诸官，如苑官就有上林苑令。上林苑在秦朝已存，汉武帝时加以扩建，苑内奇花异木，珍禽稀兽，无所不有。武帝时，原本归少府所辖

①　刘雨、张亚初：《西周金文官制研究》，中华书局 1986 年版，第 10 页。

②　《汉书》卷 19 上《百官公卿表》。

③　参见袁清林《中国环境保护史话》，中国环境科学出版社 1990 年版，第 160 页；罗桂环等《中国环境保护史稿》，中国环境科学出版社 1995 年版，第 85 页。

的上林苑等苑囿改属水衡都尉，下设农官、池监、诏狱、禁圃、农仓、六厩等官职，具有单独的一套官僚机构。① 上林苑令是掌管上林苑的主官，"主苑中禽兽，颇有民居，皆主之。捕得其兽送太官"②。上林苑令的主要职责就是管理苑中的植物种植和鸟兽喂养，下辖上林苑丞、上林苑尉等职官，掌管林木调配使用是上林苑令的主要职责之一。

　　汉代，修建了众多皇家宫室苑囿，设置专门的职官来管理。《宋书·百官志》记载："汉西京上林中有八丞、十二尉、十池监。丞、尉属水衡都尉，池监隶少府。"汉初的上林尉负责管理苑中禽兽。苑官的主要职责是掌管皇家宫室苑囿，饲养苑内动物以供皇帝秋、冬季打猎。还有管理苑内的奇花异木，以供皇室贵族观赏、游乐。

　　少府的主要职责是掌管全国的山林政令，江海陂湖园池皆属其管辖范围，还兼管木材之采伐及山泽税收征管，为皇室营造提供木材。秦代少府辖多个从事林业管理的属官，主要有将作少府、牺牲雁鹜、苑官、陂官等分别管理皇家苑囿和森林资源等。汉代少府辖都水长丞、东园匠和钩盾令丞等。东汉时期，少府的职能已发生了变化。据《后汉书·百官志》记载："少府，卿一人，中二千石。掌中服御诸物，衣服宝货珍膳之属。丞一人，比千石……职属少府者，自太医、上林凡四官。自侍中至御史，皆以文属焉。承秦，凡山泽陂池之税，名曰禁钱，属少府。世祖改属司农，考工转属太仆，都水属郡国。"③ 上面的记载显示，而少府在秦及西汉时的主要职责掌"山泽陂池之税"，在东汉时这一职责划归司农。④ 考工和都水职能划归太仆和郡国，少府的管理职权已经很小了。

---

　　① 2000 年 4 月，在陕西省户县甘河乡坳子村东北约 150 米处新发现"禁圃"瓦当，同在周至长杨宫遗址发现的"禁圃"瓦当相似。有学者认为，禁圃瓦当发现于相距较远的两个点与汉官职中"禁圃"设有两尉有关，据此甚至可以推出上林苑中"禁圃"的位置，就是北以渭河为界，东与户县大王镇"钟官"管辖区相毗连，西至竹园头村。见张天恩《"禁圃"瓦当及禁圃有关的问题》，《考古与文物》2001 年第 5 期。这一观点如果成立，即说明"禁圃"作为分管苑囿的水衡都尉的下属值司，其辖地具有相当大的面积。见尹北直、张法瑞、苏星《中国早期园林的农业功能及其现实意义——以西汉皇家苑囿为例》，《古今农业》2008 年第 2 期。

　　② 《东汉会要》卷 19《职官》第 1。

　　③ 《后汉书》卷 116《百官志》第 26。

　　④ 《后汉书》卷 116《百官志》第 26。

汉平帝元始元年（公元 1 年）"置少府海丞、果丞各一人"①，"果丞主果园"②。东汉少府下有"钩盾"，"典诸近池苑囿"③。

都水长丞是汉代沿袭秦代所设的专管水利资源之官。"秦汉又有都水长丞，主陂池灌溉，保守河渠。自太常少府及三辅等，皆有其官。汉武帝以都水官多，乃置左右使者以领之。"④都水长丞掌管全国水利事务，主要职责有二项，一是治河守渠和农田灌溉，二是征收渔税。景帝时，更秦奉常为太常，都水长承乃其属官之一。《汉书·百官公卿表》注引如淳之言曰："律，都水治渠堤水门。《三辅黄图》云三辅皆有都水。"可见，汉景帝时对水利资源的管理是相当重视的。武帝时，都水长承的官员有所增加，设左、右都水使者为统率，中央配之以水衡都尉。水衡之职，"主都水及上林苑，故曰水衡"⑤。武帝太初元年（前 104 年），更改景帝时的大农令（即秦时的治粟内史）名为大司农，"都水六十五官长垂皆属焉"⑥。作为主管全国农业生产的大司农，林木产品生产加工亦属于其职责范围。

东汉初，执管水利资源的都水长承易为河堤谒者，"又旧河堤谒者，世祖改以三府掾属为谒者领之"⑦。由于"三公"之一的司空的主要职能是"主土"，所以司空便成为河堤谒者的上级机构。"司空，公一人……掌水土事。凡营城起邑、浚沟洫、修坟防之事，则议其利，建其功。凡四方水土功课，岁尽则奏其殿最而行赏罚。"⑧司空兼管城建与水利，对于各地城邑建筑、水利兴修等工作情况，年终上报国家，作为对官吏奖赏的依据。凡"山陵崩塌，川谷不通，五谷不殖，草木不茂，则责之司空"⑨。

水衡都尉，设置于西汉武帝元鼎二年（前 111 年），"掌上林苑，有五丞……属官有上林、均输、御羞、禁圃、辑濯、锺官、技巧、六厩、辨铜九官令丞。又衡官、水司官、都水、农仓，又甘泉上林、都水七官长丞

---

① 《汉书》卷 12《平帝纪》第 12。
② 《后汉书》卷 116《百官志》第 26。
③ 同上。
④ 《行水金鉴》卷 164《官司》。
⑤ 《汉书》卷 19 上《百官公卿表上》。
⑥ 同上。
⑦ 《后汉书》卷 114《百官志》注引《汉官仪》。
⑧ 《后汉书》卷 114《百官志》第 24。
⑨ 《后汉书》卷 114《百官志》注引《韩诗外传》。

皆属焉。上林有八丞十二尉……都水三丞,禁圃两尉,甘泉上林四丞"。应劭注之曰:"古山水之官曰衡。掌诸池苑,故称水衡。"① 张晏亦云:"主都水及上林苑,故曰水衡。主诸官,故曰都……有卒徒武事,故曰尉。"陈业新在其《秦汉生态职官考》中认为这里的"尉"之由来,并非因为水衡都尉"有卒徒武事"的缘故,它实际上是一官名或官职之称。虽然应劭云:"自上安下曰尉,武官悉以为称。"但并非所有带"尉"之名的官职均有武备之职能,凡官有"自上安下"作用的,称"尉"也未尝不可。更何况从水衡都尉及其各属官之职能看,似与"卒徒武事"干系不大,恰恰相反,上林苑的"卒徒武事"则有专门的机构和相关人员完成和充任,如步兵校尉就是执"掌上林苑门屯兵"的职官,故水衡都尉的主要职能是管理,谈不上所谓的"卒徒武事"。从文献记载看,水衡都尉在武帝时乃至以后,除主管上林苑外,还负责林业方面的管理,其职权之大,似乎可以与少府相提并论。可是,水衡都尉存在时间不长,主要是在西汉中后期。王莽篡权后改其名为予虞;东汉初年,罢黜此职,所辖之事复归少府。是为史载的"世祖省之,并其职于少府。每立秋貙刘之日,辄暂置水衡都尉,事讫乃罢之"②。对于"貙刘",《后汉书·礼仪志》记载说:"立秋之日,(皇帝)自郊礼毕……还宫,遣使者赍束帛以赐武官。武官肄兵,习战阵之仪、斩牲之礼,名曰貙刘。"可见,东汉时的水衡都尉不仅是一临时性的职官,而且失去了以往的职权,起着一祭祀礼官的作用。③

　　除了上述的少府和水衡都尉外,还有将作大匠,即秦时的将作少府,景帝中元六年(前144年)改为此名。据《后汉书·百官志》载,其职"掌修作宗庙、路寝、宫室、陵园木土之功,并树桐梓之类列于道侧"。《汉官篇》曰:"树栗、漆、梓、桐。"注者胡广说:"古者列树以表道,并以为林囿。四者皆木名,治宫室并主之。"④ 可见,将作大匠不仅主管宫室建设并且负有种植树木和林囿中的林木管理工作。其属官有东园主章、主章长丞等。如淳说:"章谓大材也。"颜师古也说:"东园主章掌大

① 《汉书》卷19上《百官公卿表》。
② 《后汉书》卷116《百官志》第26。
③ 陈业新:《秦汉生态职官考》,《文献》2000年第4期。
④ 《后汉书》卷117《百官志》第27。

材，以供东园大匠也。"而主章长丞，颜师古亦云："掌凡大木也。"①

　　《钦定历代职官表》对秦汉有关生态职官总结如下："太常、大司农、少府、水衡都尉、三辅皆有都水长丞。盖太常掌陵邑，其都水主陵邑之水利也；大司农掌谷货，其都水主郡国农田之水利也；少府掌山海池泽之税，其都水主郡国山海池泽之水利也；水衡都尉掌上林苑，其都水主苑内之水利也；三辅之都水各主其所治邑之水利也，而都水使者居京师以领之，有河防重事则出而治之。"②秦汉时期，除了在中央设置有保护和开发资源的职官，一些特殊地方也设有此职。据《汉书·地理志》记载，汉中央政府在蜀郡严道设有"木官"，在江夏郡的西陵县设有"云梦官"，以管理包括林业开发在内的有关山泽事务。在巴郡的朐忍与鱼复，甚至交趾，也设置"桔官"③，专门管理柑橘的生产与贡献。《金石索》与《封泥汇编》所收集的"常山漆园司马""严道橘承"等印章，说明当时类似的官职设置几乎遍布全国各地。④

　　这些职官的设置，虽然难以排除专山川苑泽之利的目的，但由于涉及水利、山林、苑囿等许多方面的管理和建设，对保护生态和合理开发、利用生态资源的确起到了一定的积极作用，特别是有关水利职官的设置，对当时的农业发展和水利设施的建设具有非常重要的历史意义。当然由于封建统治者的强取豪夺、大兴土木，这些职官功能很难对其产生真正的约束作用，从而导致生态资源屡遭破坏，以致某些地区出现了生态环境每况愈下的情况。

三　生态职官的特点

　　先秦两汉时期设置的有关生态保护与开发利用的职官，涉及水利、山林、苑囿等许多方面，这些对生态保护和合理开发、利用生态资源起到了一定的积极作用。通过梳理，我们发现，这些生态职官的设置具有以下几

---

① 《汉书》卷19上《百官公卿表》。
② 《钦定历代职官表》卷59《河道各官表》。
③ 《汉书》卷28上《地理志》第8上。
④ 陈业新：《秦汉生态职官考》，《文献》2000年第4期。

个较为突出的特点①。

（一）"重农"是生态职官设置的基础和出发点

"农，天下之本，务莫大焉。"汉思想文化是滋生在农业经济沃土上的农业文化。一方面，作为汉民族主要活动地的黄河、长江流域，土地肥沃、气候适宜、资源丰富，具有发展农业得天独厚的条件。另一方面，由于人口的生息繁衍造成的生存压力，重农抑商传统的长期影响，古人无一例外地必须在有限的土地上精耕细作，采取种植业和手工业相结合的方式，并且努力维护好农业生产的自然生态条件，这就造成了中国古代农业经济的长期繁荣和农业文明的兴盛。从生存实践的层面看，中国的生态思想传统也正是建立在古代农业文明的基础之上。② 因此，为了更好地发展农业生产，秦汉政府在中央和地方都设置了一些职官。这些职官的主要任务是为发展农业生产，但由于农业与生态具有割舍不断的连带关系，这些职官在行使职权的时候自然在生态资源开发、利用及保护方面发挥一定的作用。

（二）生态职官的职责有明确的法律规定

法律的相关条文对一些具有生态保护义务的职官职责作了具体的要求和规定，《太平御览》引《三辅旧事》曰："汉诸陵皆属太常，有人盗柏者弃市。"规定汉陵内的柏树由太常负责管理，凡盗陵柏者要受到严厉的处罚；对那些在生态保护方面失职的官员，政府则要绳之以法。据云梦秦简中的《秦律杂抄》记载，当时"鬃园殿，赀啬夫一甲，令、丞及佐各一盾，徒络组各廿给。鬃园三岁比殿，赀啬夫三甲而法（废），令丞各一甲"，是说漆园被评为下等的，罚其管理者——漆园啬夫一甲，县令、丞及佐各一盾；若连续三年为下等者，罚啬夫二甲，并革其职，永不起用，县令、丞各罚一甲。可见，对生态资源管理不善的官员国家除了处以经济制裁外，还有行政处罚，足见国家对生态职官管理是比较严格的。

———

① 参见陈业新《秦汉生态职官考》，《文献》2000年第4期。
② 朱跃钊：《中国古代环境伦理的理论、实践及价值研究》，硕士学位论文，南京农业大学，2004年。

(三) 生态职官具有历史继承性和延续性

中国古代职官的设置，可上溯到远古的洪荒时代，如司空之职。据文献记载，早在传说中的大禹时就已设置，"禹作司空，平水土"①。到了西周时期，"官则备矣"。其间虽历春秋战国诸侯之并争，"官失而百职乱"，但后经秦王朝"立百官之职"，对历史上具有积极作用的职官予以承继，而"汉因循而不革"，只是"明简易，随时宜也"②。东汉本着"补复残缺"③的原则设置了一些职官。如虞衡是《周礼》记载的官职，历代受《周礼》的影响，虞衡一职长期存在，并负有其生态管理的职能。《通典》在记虞部郎中职守时注云："虞部，盖古虞人之遗职……后魏、北齐虞曹掌地图、山川、近远园囿、田猎、杂味等，并属虞部尚书。后周有虞部下大夫一人，掌山泽草木鸟兽而阜蕃之……天宝十一年又改虞部为司虞……掌京城街巷种植、山泽、苑囿、草木、薪炭供须、田猎等事。"可见，除先秦两汉外，从曹魏到隋唐，《周礼》虞衡一职始终存焉，其职责主要为执掌地图、山川、远近园囿、田猎等事；据《宋史》，宋代工部掌天下"山泽、苑囿、河渠之政"。所属部门有三，虞部为其一，虞部郎中、员外郎"掌山泽、苑囿、场冶之事，辨其地产而为之厉禁"。明朱元璋于洪武六年在工部下设置虞部，二十九年改虞部为虞衡。《明史·职官志一》："虞衡典山泽采捕、陶冶之事……岁下诸司采捕……皆以其时。冬春之交，罝罛不施川泽；春夏之交，毒药不施原野。苗盛禁踩躏，谷登禁焚燎。若害兽，听为陷阱获之，赏有差……凡山场、园林之利，听民取而薄征之。"和此前历史阶段相比，明代虞衡的职责范围有所扩大，但对虞衡在自然资源"时用""时禁"方面的责任，也做出了较以往更为明确的规定，这也足以说明先秦时期设置的虞职官，在中国历史时期一直延续至明代，为生物资源保护做出重要贡献。无论是先秦两汉时期，还是后来历代王朝，一些生态职官的设置与其前历史时期的生态职官都有一定的联系，具有明显的继承性和联系性，有的甚至连官名及其职责都无多大的变化。

---

① 《汉书》卷 19 上《百官公卿表上》。
② 同上。
③ 《后汉书》卷 114《百官志》。

　　总之，先秦两汉时期的生态职官的设置是历史发展的必然产物，是中国传统农业社会重农思想发展的结果。发展农业必须依靠自然环境，从早期的采集农业到后来的种植农业都离不开良好的生态环境的支持，正是基于这样的认识，古人才提出众多的生态思想及设置相关的生态职官。这一时期有些管理、开发生态资源的职官处于经常变化之中，如都水长丞。由于不够稳定，这就使这些职官在行使自己职权的时候，散漫、无约束性，管理工作力度不大，从而导致生态资源屡遭破坏，以致当时出现了某些地区的生态环境质量与以往相比呈现每况愈下的情况。另外需要指出的是，这一时期生态职官的设置，目的是专山川苑泽之利和满足统治阶级一己之奢欲，前者如上林苑令等，后者如将作大匠等，这些在很大程度上淡化了职官的生态保护职能与作用。生态职官的设置出于礼制的需要也罢，出于统治者自己生活需要也罢，不可否认的是，生态职官的设置在生态环境的保护上的确起到一定的积极意义。

第四章

林政与管理

先秦是我国古代社会的转型时期,各种社会制度萌发并建立。人们在探索和处理自然与人的关系中出现了朴素的生态伦理观念。随着生产力的发展,农业生产从毁林垦田向保护森林、涵养水土资源的生产方式转变。森林成为人类赖以生存的基础,保护森林资源成为国家重要事务。一系列生态保护的机构及职官成立,形成了我国历史上最早的林业政策和林业管理系统。

一　先秦时期林政和管理

三皇五帝时期,人类生活在茂密的原始森林里,过着采集和狩猎的生活,对森林进行着最原始、最简单的利用。随着人类对自然环境适应能力的逐步增强,人类改造自然的能力也随之提高,人类从此进入了林木利用的新阶段。

(一) 先秦时期林政

先秦时期,人们认识到森林与其他生物资源相互依存。《逸周书》《荀子》等著作中都有不少这方面的论述,如"草木畴生,群兽群焉","树成荫而众鸟息焉",强调了鸟兽与森林相互依存的关系。这些古老著作中还一再强调,一旦森林遭到破坏,鸟兽将逃亡。只有保护森林,各种动物才能繁育旺盛,百姓才能富足。《管子·轻重》中记载:"山林菹泽草莱者,薪蒸之所出,牺牲之所起也。故使民求之,使民籍之,因以给之。"简明地概括了森林及其中动物资源在社会经济生产中的重要性。正是基于这样的认识，先秦生物保护思想及林政才逐步形成。

1. 生物保护

先秦时期制定了详细的生物保护法规，避免了生物被随意的、无限制的破坏。森林保护主要表现就是对砍伐林木时间的限制，即所谓"时禁"。《逸周书·文传》云："山林非时不登斧斤，以成草木之长"；《周礼》曰："禹之禁，春三月。山林不登斧斤，以成草木之长……仲冬斩阳木……仲夏斩阴木……窃木者有刑罚。"《荀子·王制》云："草木荣华滋硕之时，则斧斤不入山林，不夭其生，不绝其长也"；《管子·八观》云："山林虽广，草木虽美……禁发必有时。"《管子·禁藏》载："毋行大火，毋断大木。"《礼记·月令》在时间上做出规定："孟春之月……禁止伐木"；"季春之月……无伐桑柘"；"孟夏之月……毋伐大树"；"季夏之月……毋有斩伐"，等等。"时禁"的目的是更好地维持森林对人类的食物持续供应能力。正如《孟子·梁惠王上》所云："斧斤以时入山林，林木不可胜用也"。正是基于这样的认识，《管子·七臣七主》提出明君应该具备的条件。明主有六务四禁，"六务者何也？一曰节用，二曰贤佐，三曰法度，四曰必诛，五曰天时，六曰地宜。四禁者何也？春无杀伐，无割大陵，倮大衍，伐大木，斩大山，行大火，诛大臣，收谷赋。夏无遏水达名川，塞大谷，动土功，射鸟兽。秋毋赦过、释罪、缓刑。冬无赋爵赏禄，伤伐五谷。故春政不禁则百长不生，夏政不禁则五谷不成，秋政不禁则奸邪不胜，冬政不禁则地气不藏。"在"四禁"中首条"春无杀伐"类似于现代的自然保护法。

先秦生物保护法规中关于野生动物保护也有详细的规定。民族学研究表明，游牧民族为了持久稳定地获得生活资源，一般都会有意识地保护动植物的正常繁殖生长。这种情况在我国先秦时期就已经产生了。《国语·周语》记载，周代即有"王畋不取群"的礼制。《左传·隐公三年》提到："鸟兽之肉不登于俎，皮革，齿牙，骨角，毛羽不用于器，则君不射，古之制也。"《国语·鲁语》里记载"里革断罟匡君"的典故。里革认为夏天鲁公道河里捕鱼是违反古训，就坚决阻止，并说："古者大寒降，土蛰发，水虞于是乎讲罛罶，取名鱼，登川禽，而尝之寝庙，行诸国，助宣气也。鸟兽孕，水虫成，兽虞于是乎禁罝罗，猎鱼鳖，以为夏犒，助生阜也。鸟兽成，水虫孕，水虞于是乎禁罝罜，设阱鄂，以实庙庖，畜功用也。且夫山不槎蘖，泽不伐夭，鱼禁鲲鲕，兽长麑麛，鸟翼鷇卵，虫舍蚳蝝，蕃庶物也，古之训也。今鱼方别孕，不教鱼长，又行网罟，贪无艺也。"这段话的意思是：古时候，大寒以后，冬眠的动物便开始活动，水虞这时才计划用鱼网捕大鱼，捉龟鳖等，拿这些到寝庙里祭祀祖宗，同时这种办法也在百姓中间实行，这是为了帮助散发地下的阳气。当鸟兽开始孕育，鱼鳖已经长大的时候，兽虞这时便禁止用网捕捉鸟兽，只准取鱼鳖，并把它们制成夏天吃的鱼干，这是为了帮助鸟兽生长。当鸟兽已经长大，鱼鳖开始孕育的时候，水虞便禁止用小鱼网捕捉鱼鳖，只准设下陷阱捕兽，用来供应宗庙和庖厨的需要，这是为了储存物产，以备享用。而且到山上不能砍伐新生的树枝，在水边也不能割取幼嫩的草木，捕鱼时禁止捕小鱼，捕兽时要留下小鹿和小驼鹿，捕鸟时要保护雏鸟和鸟卵，这是为了使万物繁殖生长。这是古人的教导。现在正当鱼类孕育的时候，却不让它长大，还下网捕捉，批评鲁宣公贪心不足啊！这个事例说明，合理利用和保护生物资源的礼法在我国至迟周代就已形成。它较好地考虑到封禁与开发的辩证关系。根据生物生长的不同情况，保护动植物的生长发育，在保护的同时不忘合理开发。认为在适当的时候获取长成的动植物不仅是生产生活的需要，还是为自然界"宣发"的需要。从中可以看到古人强调的是及时开发，取大留小，取成留幼，以保护资源的再生能力，寓保护与开发之中，这已经具有现代生物学整体观的含义。上述例证还可以说明，这种古训或者礼法得到社会的普遍认可，否则里革也未必敢制止鲁公的行为。关于这一点，还可以从《吕氏春秋·审应览·具备》的例子得到验证："巫马旗短褐衣弊裘而往观化于亶父，见夜渔者，得则舍之。巫马旗问焉，曰：'渔为得也，今子得而舍之，何也？'对曰：'宓子不欲人之取小鱼也。所舍者小鱼也。'巫马旗归，告孔子曰：'宓子之德至矣，使民暗行若有严刑于旁'。"这则史料也表明，生物资源的保护在鲁国深入人心，有广泛的社会基础。足见它有相当的历史渊源和权威性。随着青铜器锻造技术提高，用作生产工具的刀、斧、铲、锄随之增多。生产工具的进步使人类开发自然的能力增强，对环境的作用力也随之增大[1]，人类砍伐

---

[1]　罗桂环、舒俭民：《中国历史时期的人口变迁与环境保护》，冶金工业出版社1995年版，第95页。

森林的步伐加快，这个时期出现了较为完备的官职和礼规以保证生产和生活的正常进行也不难理解了。

《管子·轻重》规定在动植物排卵繁殖的季节严禁各种捕伐活动，遵守自然规律。史载："毋杀畜生，毋树卵，毋伐木，毋夭英，毋拊竿，所以息百长也。"《周礼·秋官·雍氏》载："禁山之为苑、泽之沉者。"禁止沉药于河渠、湖泊之中捕捉鱼类。《商君书·画策》中说："黄帝之世，不麛不卵。"《礼记·曲礼》载："国君春田不围泽，大夫不掩群，士不取麛卵。"意思是国君春天打猎时不用围猎的方法抓尽野兽，大夫打猎时不能成群捕杀动物，士人不能捕捉幼小的动物和捡拾鸟蛋。孔颖达疏云："麛乃是鹿子之称，而凡兽子也得通名也；卵，鸟卵也。"黄帝统治时代，人民就不捕猎小鹿，不捡鸟蛋。很显然该书作者认为黄帝时代人民已经自觉保护鸟兽了。《礼记·王制》载："獭祭鱼，然后虞人入泽梁；豺祭兽，然后田猎，鸠化为鹰，然后设罻罗；草木零落，然后入山林；昆虫未蛰，不以火田。不麛，不卵，不杀胎。"待每年"獭祭鱼"之后，才能捕捉鱼类；"豺祭兽"之后，才能开展畋猎；"鸠化鹰"之后，可以张网捉鸟类；草木调零之后，才能砍伐树木；昆虫蛰伏之后，才能焚草垦种。《论语·述而》记载："子钓而不纲，弋不射宿。"孔子提倡用竹竿钓鱼而不用网，不射返回巢穴抚育幼兽的动物。《春秋公羊解诂》载："不以夏田者，《春秋》制也。以为飞鸟未去于巢，走兽未离于穴，恐伤害于幼稚，故于苑囿中去之。"《逸周书·大聚解》记载，夏禹时代，就有三月不得采樵伐木，以保持林木旺盛生长；夏天不准在河湖里撒网捕鱼，以保护鱼鳖生长的禁令。另外，对交易也有相应的规定，《礼记·王制》载："禽兽、鱼鳖不中杀，不鬻于市。"意思是说林中的动物和鱼类在禁期内不能捕捉，不能在市场上买卖，属于间接保护森林资源的措施。这究竟是事实还是后人给古人设的德行，以便借助古人圣贤推行自己的主张，现已经难以考辨，但这也侧面反映出合理开发生物资源的思想和礼法产生的年代是久远的。

我国自古很注重防范森林火灾的发生。在三皇五帝传说时代，先民用火主要有两个方面，一为取暖及制作熟食需要，此种用火量小能够有效控制；二为焚林而猎、焚林而田，即焚烧森林驱赶野兽便于捕捉和清除地面草木便于刀耕。这种用火无法控制，一旦燃烧只能任其自然熄灭，所以对森林破坏最为严重。

先秦时期已经形成了较为完备的森林防火措施，并成为国家制度。据文献记载，早在周代就把森林防火作为国家制度之一。周代设置了专门的官吏，掌握"火禁"。《周礼》中专门设置负责"火禁"的职官主要有以下几个。其一为司烜氏，职责为"中春，以木铎修火禁于国中，军旅，修火禁"。郑玄注曰："为季春将出火也。火禁谓用火之处及备风燥。"其二为宫正。《周礼·天官》记载，宫正"掌王宫之戒令、纠禁……春秋以木铎修火禁"。郑玄注说："火星以春出，以秋入，因天时而以戒。"贾公彦疏："此施火（令），谓宫正于宫中特宜慎火，故修火禁。"就是春天大火星出现，是个火灾多发的季节，强调顺天应时的周王朝要求具体负责的官吏，拿着木铎在自己的管辖范围内巡行，要求国中、军中或宫中注意防火。其三为司爟，其职责为"掌行火之政令。四时变国火，以救时疾，季春出火，民咸从之。季秋内火，民亦如之。时则施火令。凡祭祀，则祭爟。凡国失火，野焚莱，则有刑罚焉"。从《周礼》记载来看，司烜氏、宫正更偏重防火的宣传，但司爟却能对不按规定"焚莱"者进行惩罚。《管子·立政》记载，君之所务者五："一曰：山泽不救于火，草木不植成，国之贫也。二曰：沟渎不遂于隘，鄣水不安其藏，国之贫也。三曰：桑麻不植于野，五谷不宜其地，国之贫也。四曰：六畜不育于家，瓜瓠荤菜百果不备具，国之贫也。五曰：工事竞于刻镂，女事繁于文章，国之贫也。故曰：山泽救于火，草木植成，国之富也；沟渎遂于隘，鄣水安其藏，国之富也；桑麻植于野，五谷宜其地，国之富也；六畜育于家，瓜瓠荤菜百果备具，国之富也；工事无刻镂，女事无文章，国之富也。"意思是要想治理好国家，君王需要做好五件事，其中两件与林业有关，分别是森林防火和农桑种植。《礼记·月令》云："仲春之月……毋焚山林。"《管子·王制》载："修火宪，养山林薮泽草木。"以后历代王朝都很重视森林防火，制定严格的禁火政策，并作为国家林政的重要管理职责。

2. 林木培育

黄帝时期，就已经出现提倡种植树木的记载。《礼记》记载："炎帝、神农氏始教民艺五谷……时播百谷草木。"当时的人们已认识到时令与草木生长的关系，按照时令播种五谷及植树。

先秦时期，森林培育注重采取择伐法将天然林加以人工整理，使乔木林得以保持翳闭状态。《诗经·大雅·皇矣》记载："作之屏之，其菑其翳，修之平之，其灌其栵，启之辟之，其柽其椐，攘之剔之，其檿其柘。"《诗经·魏风·园有桃》和《墨子·天志》等记载有专门用来种植果树的园圃，当时已经出现具有一定规模的人工经济林园，庄子曾经做过漆园小吏。《管子·山权数》中有筑堤防水并在堤上种树防溃的记载。管仲为了鼓励民众发展农桑，制定了优厚的奖励政策，规定"民之能树艺者，置之黄金一斤，直食八石；民之能树瓜瓠荤菜百果，使蕃衮者，置之黄金一斤，直食八石。"这是一个给予种植技术突出人才重奖的政策，鼓励民众积极从事种植树木。

　　道路绿化方面，周代设置野庐氏专门管理国营行道树的栽植和养护。《周礼·野庐氏》载："掌国道路于四畿，比国郊及野之道路宿息井树，掌凡道禁。"《国语》中有"列树以表道"的记载，这是我国种植堤岸林和行道树的最早记载。虽然在周代就已经出现了行道树，但大规模的种植还是在秦始皇统一六国之后。春秋时期还有当时民众自觉爱护道路绿化树木的记载，《吕氏春秋》载："子产相郑，桃李垂于街，而莫敢授。"这足以说明当时街道两边的绿化已经非常好了，路边都是茂盛的果树。

　　3. 林业利用

　　上古人类从"钻木取火""构木为巢"到"断树木为宫室"及禹时的"随山刊木，规度土功"，反映了上古人类对树木的认识和利用。

　　先秦时期对森林的利用主要体现在严守"四时之禁"，以保证林木的繁殖，实现永续利用。《逸周书·大聚解》载："禹之禁，春三月山林不登斧，以成草木之长。"孔子也继承了这种因时而发的思想传统，《礼记》中有"树木以时伐焉……木不中伐，不鬻于市，季夏之月……树木方盛，乃命虞人入山行木，毋有斩伐"的记载。《周礼·山虞》制定了"仲冬斩阳木，仲夏斩阴木"的礼法制度。《礼记·月令》规定："季夏之月……树木方盛，乃命虞人入山行木，毋有斩伐。草木零落，然后入山林。"在林木茂盛的季节命令山虞入山巡视森林，防止有人盗伐林木，必须要等到草木凋零的冬季才能入山伐木。《管子》载"山林虽广，草木虽美，禁发必有时"及"毋征数泽，以时禁发之"。要合理利用森林资源，遵从自然生发的规律。《周礼·地官》载："凡窃木者有刑罚。"政府对于违反规定而采伐木材者，将予以处罚。及至春秋战国时期，统治者在承袭前代制定的林业保护诸项法律法规外，还加长了对于林木采伐时间，加大了对毁林、焚林等行为的处罚力度。《礼记·王制》载："五谷不时，果实未熟，不鬻于市。木不中伐，不鬻于市。"荀子从市场买卖的角度提出了林木保护的政策，不到时节不能从事相关林产的商品经营，还专门设置了胥师从事商业管理，以纠察和处置商人的不法行为。

先秦时期护林思想还体现在对幼小林木的保护上。如《逸周书·文传》强调："无伐不成材"；《淮南子·主术训》曰："不焚林而猎……草木未落，斤斧不得入山林。"《国语·鲁语上》云："山不槎蘖"，目的是保证幼树生长，保护林木的天然更新，以达到永续利用的目的。

从夏代开始，兴起了社祀①之风，在社前种植树木，以示崇奉，这样的树木被称为社木或社丛。这种对林木神话性的认识是人类长期以来依赖森林获取食物的事实在思想意识上的真实反映。周代对社木有详细的规定。《史记·封禅书》记载："自禹兴而修社祀，后稷稼穑，故有稷祠，郊社所从来尚矣。"先秦时期的兵书《六韬·略地》记载："冢树社丛勿伐。"《论语》载："夏后氏以松"就是指以松树为社木，这一时期的社木神圣不可侵犯。周代对陵园植树和修建都有严格的规定，按照亡者的官阶、身份修建不同的陵园和种植不同的树种，对陵园的面积和树种的数量也有相应的规定，不能僭越。《古微书·礼讳·稽命征》载："天子坟高三仞，树以松；诸侯半之，树以柏；大夫八尺，树以栾；士四尺，树以槐；庶人无坟，树以杨柳。"这种以社木区别身份的风俗在周代盛行。

先秦时期人死后在其坟茔旁种植树木寄托哀思的风俗比较流行。《诗经·甘棠》曾记载这样一则故事，召伯巡行乡邑，断狱甘棠下，后人因思其德，而保护甘棠，以留纪念。《圣贤冢墓记》载："孔子冢茔中树以百数，皆异种，鲁人世世无能名其树者。其树皆弟子持其方树来种之，有柞枌雒离女贞五味毚檀之树"。弟子们为了表达对老师的哀思、怀念和尊敬，搜寻异木上百种种植其墓地旁。

---

① 社祀是一种祭祀土地、林木和农作物的活动，也称为郊祀、社祭。

（二）先秦时期林业管理

先秦时期，人们在长期的生产实践中积累了朴素的林业管理观念，制定了林业管理制度，成立了林业管理机构。殷商时期，国内设置六大职官，其中就有掌握全国山川林泽的木官。《通典·曲礼》载："殷制……天子之六府曰司土、司木、司水、司草、司器、司货、典司六职。"郑玄的解释是：司土，土均也；司木，山虞也；司水，川衡也；司草，稻人也；司器，角人也；司货，卯人也。另外，还设置了六工，即土工、金工、石工、木工、兽工、草工，其中木工负责轮舆等器的制作。其中涉及农、林、水、矿、工商、手工业等职官已设置了，可以看到商代职官设置比较详备，国家管理趋于规范，其中木工的设置也说明周代进入了对木材深度加工时期。《周礼·考工记》还载有："轮、舆、弓、庐、匠、车、梓"等多种木工技术规范。足以说明周代人们已经能够非常熟练地掌握不同工序中的木材使用技术，这是对先秦人类对木材使用认识的总结和深化。

周代是我国林业管理的起始阶段。奴隶主为了创造更好的狩猎条件和环境，逐步开始设置禁区、禁山，起到了保护森林的作用。与此同时，随着人口的增长和经济的发展，统治者制定了大规模的城邑建设，林木需求量大幅度增加，森林破坏日趋严重。统治者为了推行各种政策和法规，开始派驻官员并赋予其相应职能从事管理，继而逐步建立了相应的林业管理体系。据战国时成书的《周礼》记载，周代已设置了负责山林政令、林木贡赋、边境造林、山林防火、森林采伐运输等事务的管理机构和官员。天子封禅的山即为"封山""禁山"，山上的土石草木都属神圣不可侵犯，而且在森林立法、林政管理、林业经营、森林保护等方面都已初步形成体系，森林开发和利用进一步加强。[①]

1. 森林保护机构

周代森林保护主要是森林防火，设立的机构也主要是从事火禁的职官，主要有司烜氏、宫正、司爟。司爟，下士二人、徒六人；宫正，上士二人、中士四人、下士八人、府二人、史四人、胥四人、徒四十人；司烜

氏，下士六人、徒十有二人。

2. 林木培育机构

封人、遂人、掌固、场人、野庐氏和冢人都属于林木种植机构。《周礼·地官·封人》载："封人掌设王之社壝。为畿封而树之。"封人是大司徒领导下负责社壝植树、边界植树的官员，所以种植和保护都城、边界的标示树木是封人的主要职责。畿指周王室直辖之土地，四周以沟壁划定，并植以树木。《周礼·地官·大司徒》："制其畿方千里而封树之。"孔颖达疏："制其畿方千里者，王畿千里，以象日月之大，中置国城，面各五百里。"《周礼·地官·遂人》载："遂人掌邦之野。以土地之图经田野，造县鄙，形体之法。五家为邻，五邻为里，四里为酂，五酂为鄙，五鄙为县，五县为遂，皆有地域，沟树之。"遂人是管辖范围较大的官员，其职务之一是划定邻、里、酂、鄙、县、遂的边界，并植树为标志，近似于国土规划的组织者，并负责国家基层组织规划。《周礼·夏官·掌固》载："掌固掌修城郭沟池树渠之固……凡国都之竟，有沟树之固，郊亦如之，民皆有职焉。若有山川，则因之。"掌固是负责城郭修建加固的官员，职责包括护修建城郭及护城河岸的植树，还包括都城之外树林营造。《周礼·夏官·野庐氏》载："野庐氏掌达国道路，至于四畿。比国郊及野之道路、宿息、井、树。若有宾客，则令守涂地之人聚柝之，有相翔者，诛之……禁野之横行，迳喻者。凡国之大事，比修除道路者，掌凡道禁。"意思就是：野庐氏负责使王国的道路畅达四境巡视检查国郊和野地的道路、庐舍、井和树。如果有宾客，就命令所经过的道路旁庐舍附近的居民聚集起来击柝守卫，发现徘徊观望，想要伺机盗窃的人，就加以惩罚。禁止横穿田野走小道捷径和逾越沟渠堤防。凡王国有大事，考核修治道路者的成绩，掌管有关道路的禁令。可见，野庐氏是负责使王国的道路畅达及驿站管理的官员。宿息为驿站，也称为鄙食、野庐。古代规定每十里设一庐，以供行人饮食，井树皆为驿站所必备。《周礼·地官·囿人》载："场人掌国之场圃，而树之果蓏珍异之物，以时敛而藏之。凡祭祀、宾客，共其果蓏。享，亦如之。"场人为王室苑囿的管理员，负责苑囿内果树、蔬菜的种植、采收，并供应王室祭祀和招待宾客的需要。

需要指出的是，周代掌管墓地相关事宜的有"冢人"和"墓大夫"，这两个职官是不同的。《周礼·春官·冢人》载："冢人掌公墓之地，辨其兆域而为之图。先王之葬居中，以昭、穆为左右。凡诸侯居左、右以前，卿大夫士居后，各以其族，凡死于兵者，不入兆域。凡有功者居前，以爵等为丘封之度，与其树数……凡诸侯及诸臣葬于墓者，授之兆，为之跸，均其禁。"《周礼·春官·墓大夫》云："墓大夫掌凡邦墓之地域，为之图。令国民族葬，而掌其禁令。正其位，掌其度数，使皆有私地域。凡争墓地者，听其狱讼。"由此可见，墓大夫的职责不同，墓大夫是处理墓地所有权纠纷的官员，冢人是对王公诸侯墓葬制度礼仪管理的官员，其职责包括统治阶级内部不同的墓葬礼制及其墓地植树、所植树的树种。

3. 林木管理利用机构

《周礼》作为记述周代政治制度之书，详细记述了周朝各类职官职责。从各种职官职责看，有关林木管理利用的职官大致有如下几种：山虞、林衡、柞氏、司险、闾师。

山虞是负责掌管全国山林统一规划使用的官员。"虞"指测量的意思，"衡"指权衡的意思。《周礼·地官·山虞》载："山虞掌山林之政令。物为之厉而为之守禁。仲冬，斩阳木；仲夏，斩阴木。凡服耜；斩季材，以时入之，令万民时斩材，有期日。凡邦工入山林而抡材，不禁，春秋之斩木不入禁。凡窃木者有刑罚。若祭山林，则为主而修除，且跸。若大田猎，则莱山田之野。及弊田，植虞旗于中，致禽而珥焉。"山虞掌管有关山林的政令，为山中的各种物产设置藩界，并为守护山林的民众设立禁令。仲冬时节砍伐山南边的树木，仲夏时节砍伐山北边的树木。凡制造车量和耒，砍伐较幼小的木材，按时送交负责制造的官。命令民众按规定的时间砍伐木材，不按照规定进行砍伐的要受到刑罚惩处。如果祭祀山林之神，就负责办理和监视，并负责修整扫除，且禁止行人通行。如果王亲自田猎，就芟除山中田猎场周围的草。到停止田猎时，就在猎场中央树起虞旗，在旗下集中所猎获的禽兽而由猎获者割取兽的左耳以待计功。

林衡是掌管巡视林麓，保护林木的官员。据《周礼·地官·林衡》载："林衡掌巡林麓之禁令，而平其守。以时计林麓而赏罚之。若斩材木，则受法于山虞，而掌其政令。"具体负责巡视平地和山脚的林木而执行有关的禁令，合理安排守林的民众，按时核计他们守护平地和山脚林木的成绩而对他们进行赏罚。若要砍伐木材，就要到山虞那里接受所安排的时间，遵守有关政令。《左传·昭公二十年》载："山林之木，衡鹿守之……薮之薪蒸，虞侯守之；海之盐蜃，祈望守之。"其中虞指山虞，衡指林衡。这也进一步印证了林衡的职责。关于山虞和林衡的管理体系，《周礼·地官·山虞》中有这样的记载："山虞每大山，中士四人，下士八人，府二人，史四人，胥四人，徒八十人。中山，下士六人，史二人，胥六人，徒六十人。小山，下士二人，史一人，徒二十人。"还记载了："林衡每大林麓，下士十有二人，史四人，胥十有二人，徒百有二十人。中林麓如中山之虞，小林麓如小山之虞。"

柞氏是负责林木砍伐的官员。《周礼·秋官·柞氏》载："柞氏掌攻草木及林麓。夏日至，令刊阳木而火之。冬日至，令剥阴木而水之。若欲其化也，则春秋变其水火。凡攻木者，掌其政令。"柞氏负责伐除草木及山脚的树林。夏至时，命令剥去山南边树木接近根部的皮而后放火烧；冬至时，命令剥去山北边树木接近根部的皮而后放水淹。如果想使伐除草木后的土质变化改良，就在春秋季节用水渍火烧的办法来进行。凡砍伐树木的事情及人员安排都由柞氏掌管负责。

司险是负责管理国家道路养护，沟渠植树的官员。《周礼·夏官·司马》记载："司险掌九州之图，以周知其山林、川泽之阻，而达其道路。设国之五沟、五涂，而树之林以为阻固，皆有守禁，而达其道路。国有故，则藩塞阻路而止行者，以其属守之，唯有节者达之。"司险掌管九州的地图，以遍知各州的山林、川泽的险阻，而开通其间的道路。在郊野之地设置五沟、五涂，而种植林木，作为阻固，在阻固处都设有守禁，而使道路通达。国家有变故，就设藩篱阻塞道路而禁止行人，用下属守卫要害处，只有持旌节的人才可通行。具体职责包括道路植树和管理，国防险要修建、管理，其管理系统为"司险，中士二人，下士四人，史二人，徒四十人。"

闾师虽是基层政权的管理官员，但负责林业的生产管理也是其重要职责之一。《周礼·地官·闾师》记载："闾师掌国中及四郊之人民六畜之数，以任其力，以待其政令，以时征其赋。凡任民，任农以耕事，贡九谷；任圃以树事，贡草木；任工以饬材事，贡器物；任商以市事，贡货贿，任牧以畜事；贡鸟兽，任嫔以女事；贡布帛，任衡以山事；贡其物，任虞以泽事，贡其物。凡无职者出夫布；凡庶民，不畜者祭无牲；不耕者祭无盛；不树者无椁；不蚕者不帛；不绩者不衰。"闾师掌管国都中及四郊的人民、六畜的数目，派遣劳动力，以等待国家的命令，而按时向他们征收赋贡。凡任用人民：用农民从事耕种的事，贡纳各种谷物；用圃人从事种植的事，贡纳蔬菜瓜果；用工匠从事制作的事，贡纳器物；用商贾从事贸易的事，贡纳财物；用牧民从事畜牧的事，贡纳鸟兽；用妇女从事女工的事，贡纳布帛；用山民从事山林生产的事，贡纳山林的出产物；用川泽之民从事川泽生产的事，贡纳川泽的出产物。没有固定职业的人，出一人的人头税。凡民众不饲养牲畜的，祭祀不得用牲；不耕种的，祭祀不得用谷物；不种树的，丧葬只可用棺而无椁；不养蚕的，不得穿丝绸；不纺织的，丧服前不得缀衰。这其中的圃人种植、工匠制作、商贾贸易、山民从事山林生产都涉及林木的生产、加工和交易等事项。

（三）林业管理特点[①]

1. 建立职能清晰的林业管理机构

先秦时期建立了职能清晰的林业管理机构，其中，山虞和林衡的出现具有划时代的意义，代表着中国历史上首次出现了职能清晰、分工明确的林业管理机构。山虞属于行政机构，负责山林政令，林木、动物、矿石等森林资源取用，以及祭祀、狩猎等开展，均由山虞执掌。林衡为具体的林业执行机构，在山林间执行实地管理任务和法令，执行山虞下达的政令。所以，前者偏重于"立法"职能；后者偏重于"执法"职能，两者分工配合，各司其职，是统治者科学规范管理山林的初始。

2. 林业管理机构层级设置分明

先秦时期设置了多个具有不同职能的林业管理机构，上至位列"三公"的大司徒、大司马，下至无职无品的圃人、场人等，它们的职责和管辖范围都有着明确的规定，相关职官能够很好地各司其职，行使林业管理职能。根据山林川泽情况的不同，在"虞衡"内部也设置了不同的行政结构，提高了林业保护和自然资源合理利用的效率。如川衡，根据大川、中川、小川的不同，配备了级别、结构、规模不同的属吏。这样不仅仅提高了行政效率，更有助于协调区域间的林业管理，使他们相互配合，

---

① 参见邓辉《中国古代林业政策和管理研究》，博士学位论文，北京林业大学，2013 年。

既充分履行了林业管理的职能，这种较细致的分工为后代林业管理机构的
演变提供了依据。

3. 森林资源利用成为林业管理主要职能

先秦时期的林业管理部门注重对森林和动物资源的管理，其中山虞、
泽虞、川衡、林衡的主要工作就是负责森林资源有序利用。这与当时低下
的生产力和恶劣的环境是分不开的。由于生产力水平低下，人们对自然资
源有极大的依赖性，动、植物资源的渔猎樵采在生产生活中占有重要地
位，关系着国家的财政收入，所以先秦时期尤其注重动物资源和森林资源
的规范利用。

二 秦汉时期的林政和管理

秦汉作为统一王朝，国家政治制度和管理机构得到全面完善。这一时
期制定、颁布了一系列林业管理政策，与先秦时期林政相比更加具体化。
秦汉王朝在其逐步建立和发展的过程中，通过一系列法规、诏令，建立了
系统而有效的管理体制。秦汉时期林业发展的第二个表现就是当时已经制
定出了严密的林业法规，突出了以法护林治林的特点，这也是当时林业能
够取得发展的法律保障。

（一）林业政策

秦统一六国，改变了诸侯国纷争割据的局面，统一的社会环境有利于
人口增长。两汉时期，人口增长首次出现峰值，人口的增长势必要求食物
供应同比增长，而发展农业获取的食物与狩猎、采集相比有更大的优势，
所以种植农业迅速发展，农田开垦面积大幅度增加；再加上统治阶级大兴
土木，故毁林开荒进程加快。不少思想家开始反对为奢侈生活而进行的掠
夺性开发。这也是促使当时人们再次重申古训礼法，或借助圣人作为幌子
推行自己的生物保护的思想。

1. 林木保护

秦汉时期，林木保护思想较之先秦相比更加具体、明确。两汉思想家
在继承先秦生态思想的同时，更加明确了森林与农业生产的关系，并能深
刻揭示林业与农业的相互促进、良性发展的关系。西汉初期著名的政治家

晁错就曾经指出："焚林斩木不时，命曰伤地"，伤地就是破坏地力。晁错已经认识到了森林与土地的关系。滥伐森林造成"伤地"，即为现代的水土流失，肥力下降，进而影响农业生产。这也从反面说明了积极的林业生产实践会对谷物种植业产生良好的影响。《齐民要术》记载，仲长统提出了"林茂粮丰"的思想，"丛林之下，为仓庾之坻"。这句话指出了发展林业有利于改善农业生态环境，进而促进粮食生产。这是当时人们对林业与农业相辅相成的关系最深刻的认识。

秦汉时期，人们延续先秦时期的历史思维仍然大肆破坏生物资源，人类直接从森林薮泽中获取资源量日益减少，这促使两汉学者对资源破坏现象大加抨击。《淮南子·本经训》认为，一个王朝走向衰败时，日暮途穷的统治者往往会不择手段破坏森林。他们"构木为台，焚林而田，竭泽而渔……烧燎大木；鼓橐吹埵，以销铜铁；靡流坚锻，无猒足目"。结果必然导致"山无峻干，林无柘梓；燎木以为炭，燔草而为灰；野莽白素，不得其时；上掩天光，下殄地财"。这种穷奢极欲的浪费行为足以"亡天下"。《盐铁论·散不足》指出："宫室奢侈，林木之蠹也。"直接点明大兴宫室建设是破坏森林的首要原因。汉代冶炼实行官营，《汉书·贡禹传》记述了冶炼对森林破坏的情况和后果："铁官皆置吏卒徒，攻山取铜铁，一岁功十万人已（以）上……凿地数百丈，销阴气之精，地藏空虚，不能含气出云，斩伐林木亡有时禁，水旱之灾未必不由此出也。"

经过《礼记》《淮南子》等书的宣传教化及《盐铁论》诸儒的辩论，生物保护的重要性再次得到统治阶级及社会的进一步认可。皇帝发布有关对生物资源的保护法令。汉章帝元和二年朝廷颁布诏令，重申礼经所说的"生杀以时"，并进一步指出"人君伐一草木不时，谓之不孝。"① 把孝和生物保护思想联系起来，传统的保护生物资源礼法很好地塑造了人民的生物保护意识。两汉时期，皇帝颁布保护种树的诏书多达 15 次，② 可见广泛种树已成为两汉统治集团高度关注的事务。颁布诏令强制国民有效利用森林资源成为两汉林木利用的突出特点。

---

① 《后汉书》卷 3《章帝纪》。

② 笔者根据陈嵘《中国森林史料》（中国林业出版社 1983 年版）梳理史料统计及检索《汉书》《后汉书》校对而得。

　　先秦学术思想集大成之作《吕氏春秋》对先秦时期的生物保护思想和礼法作了全面总结。这主要反映在该书"十二纪"，记载如下：

　　　　孟春之月：牺牲无用牝，禁止伐木，无覆巢，无杀孩虫、胎夭、飞鸟，无麛无卵。仲春之月：无竭川泽，无漉陂池，无焚山林。季春之月：田猎毕弋，置罘罗网，喂兽之药，无出九门。孟夏之月：无伐大树。驱兽无害五谷，无大田猎，农乃升麦。仲夏之月：令民无刈蓝以染，无烧炭。季夏之月：令渔师伐蛟取鼍，升龟取鼋。乃命虞人入林苇。树木方盛，乃命虞人入山行木，无或斩伐。无发令而干时，以妨神农之事。孟秋之月：鹰乃祭鸟，始用刑戮。仲秋之月：劝种麦，无或失时。季秋之月：草木黄落，乃伐薪为炭。孟冬之月：水虞渔师收水泉池泽之赋，无或敢侵削众庶兆民。仲冬之月：牛马畜兽有放佚者，取之不诘。山林薮泽，有能取疏食田猎禽兽者，野虞教导之。日至短，则伐林木，取竹箭。季冬之月：修耒耜，具田器。收秩薪柴，以供寝庙及百祀之薪燎。

　　《吕氏春秋》这些条文与20世纪70年代湖北睡虎地出土的秦"田律"有高度重合性。成为后世生物保护律令制定的重要依据。《吕氏春秋》中的"十二纪"的规定是比较全面的生物资源保护管理规定，其中对森林管理是"十二纪"规定的主要内容。

　　秦始皇登泰山封禅途中，看到泰山的森林已不繁茂遂下诏"无伐草木"，禁止任何形式的林木采伐。[①] 云梦秦简中有一个关于秦代林木保护方面的记载："盗采桑叶，臧（赃）不盈一钱，可（何）论？赀徭三旬。"[②] 偷摘了别人的桑叶，价值还不到一钱，就罚三十天徭役。这则史料除了能反映秦朝严刑峻法，侧面也能看到秦朝对林木保护重视程度。秦代制定的《秦律·田律》是我国最早关于农业生产的法令，其中一部分关于生物资源的保护规定，可以说是先秦生态保护思想在《田律》中的集中体现，其中关于森林保护的法令也成为中国第一部真正具有法律意义

---

① 《史记·秦始皇本纪》。
② （清）张鹏一：《汉律类纂》，格致堂排印本1907年版。

的法典。

汉代也制定了严格的毁林处罚法规，汉律《贼律》载："贼伐树木禾稼……准盗论"，规定随意砍伐树木的属于偷盗行为，以偷盗罪处罚。对皇家陵园种植的树木保护更严格。如果有盗伐皇家陵园树木要处死刑。据《太平御览》引《三辅旧事》载："汉诸陵皆属太常，有人盗柏者弃市。"至于两汉关于森林保护的诏令就更多了。居延汉简中有"建武四年五月辛巳朔戊子。甲渠塞尉放行候事，敢言之。诏书曰：吏民毋得伐树木。有无。四时言"①。可见政府保护林木的诏令，在边塞军事基层组织也得到执行。据新疆楼兰出土的相当于汉时的佉卢文书记载，连根砍伐树木者，罚马一匹；而砍断树枝者，则罚母牛一头。② 从对破坏树木者的严惩上，我们可以看出当时对树木的保护是极为严格的。此外，汉末的曹操在军法中也有规定："军行，不得折伐田中五果、桑、柘、棘枣。"③

火灾往往给森林带来极其严重的灾难，为了尽量减少火灾发生的可能，秦时即规定："不夏月，毋敢夜草为灰。"④ 汉代为了保护日渐消失的林业资源，《淮南子·主术训》援引先王之法，也提出了实行"不焚林而猎"，这是很大进步。东汉的王符则从防火的角度提出了保护森林的措施："夫山林不能给野火，江海不能实漏卮，皆所宜禁也。"⑤ 从而达到"草木之发若蒸气"的目的，保证森林资源的再生而无枯竭之患。

2. 林木培育

秦始皇统一六国后，修筑了以咸阳为中心通向全国的驰道，并命令在驰道两侧"树以青松"。虽然《国语·周语》早就有："列树以表道"的礼制，但第一次由皇帝颁布诏令在道路两边种树便是秦始皇。《汉书·贾山传》载："秦为驰道于天下，东穷燕齐，南极吴楚，江湖之上，濒海之观毕至，道广五十步，三丈而树，厚筑其外，隐以金锥，树以青松。"《史记·平津侯主父列传》所谓："松柏夹广路"似乎已经成为交通道路制度的既定内容。行道树的栽植，可以明确划定路界，减少路尘飞扬，夏

---

① 王子今：《秦汉时期的护林造林育林制度》，《农业考古》1996 年第 1 期。

② 林海村：《沙海古卷》，文物出版社 1988 年版，第 122 页。

③ 《通典》卷 149《兵典》。

④ 《睡虎地秦墓竹简·田律》。

⑤ 《后汉书》卷 49《王符传》。

日还可以树荫遮蔽行人。《太平御览》卷 195 引陆机《洛阳记》记述洛阳城中交通道路制度，也说到"夹道种榆、槐树"。《艺文类聚》卷 88 引东汉宋子侯《董娇烧》诗："洛阳城东路，桃李生路旁，花花自相对，叶叶自相当。"而左思的《魏都赋》中所谓"罗青槐以荫涂"，可能是当时较为普遍的情形。汉武帝时候连年征战，徭役繁重，多有从事转运的卒徒"自经于道树"以致"道路死者相望"①。《续汉书·百官志》中强调将作大匠的职责有"树桐梓之类列于道侧"的内容，胡广注曰："古者列树以表道，并以为林囿"，这也说明了行道树的栽植也是林业经营的内容之一，秦汉政府对此是十分重视的。汉俗自长安送别至灞桥皆"折柳赠别"②，说明桥头河岸多植柳，否则便无柳可折。

唐代诗人岑参诗句云："青松夹驰道，宫观何玲珑。秋色从西来，苍然满关中。五陵北原上，万古青濛濛。"他的诗句形容秦行道树的生长状况。秦始皇焚书时，独"所不去者，医药卜筮种树之书"。可见，秦始皇已认识到林木种植的重要性。除了秦朝驰道两边种树，岭南人烟稀少地区道路两旁也种植了青松等行道树。《湖南通志》这样描述秦朝修建的杨越新道"两岸如削，夷险意志，阔五丈余，类大河道"。两千年后，这条道路照常使用，明末诗人邝露有《赤雅》笔记云："自桂城（桂林）北至全湘七百里，皆长松夹道，秦人置郡时所植。少有摧毁，历代必补益之。四时风云月露，任景任怪。予行十日抵兴安，至今梦魂时时见之！"此则史料可推测，秦朝实施的行道树的种植在当时应该全面推广，这种行道树的种树也应该被后代继承和发展，否则，两千年后的明代杨越新道仍然"长松夹道"是不可思议的。

秦代经济林种植面积不断增加，这是林木培育的主要形式。《史记·货殖列传》载："安邑千树枣；燕、秦千树栗；蜀、汉、江陵千树橘；淮北、常山已南，河济之间千树萩；陈、夏千亩漆；齐、鲁千亩桑麻；渭川千亩竹；及名国万家之城，带郭千亩亩锺之田，若千亩卮茜，千畦姜韭：此其人皆与千户侯等。"这则史料说明：枣树、栗树、橘树、萩树、漆树、桑麻、竹子等经济林在西汉已经形成区域经济的主导产业，拥有这些

① 《史记》卷 112《主父偃传》。
② 《三辅黄图》卷 6。

经济林的主人"此其人皆与千户侯等",可见经济林产出之高,获利颇丰。两汉时期施政思想是黄老之术,尤其在武帝之前,屡屡下诏劝课农桑、轻徭薄赋,其中有很多关于种植树木,尤其是大力倡导种植桃树,李树、梨树、柿树、桑树、漆树、竹子等经济林。例如渤海太守龚遂,史称他"劝民务农桑,令口种一树榆"①。东汉时,见诸文献记载的此类官吏更多,以《齐民要术》记载来看:"茨充为桂阳令……教民益种桑、柘……数年之间,大赖其利";"颜裴为京兆,乃令整阡陌,树桑果"。农桑作为古代社会衣食的根本而受到重视。在官吏的积极努力下,汉长安城街道两旁种植着茂盛的槐、榆、松、柏等行道树,林木茂盛,蔽日成荫,展现出一副生态和谐良好的景象。

在坟墓旁种树是林木培育的形式之一。在坟墓上种植树木的习俗始于周代,秦汉时期继承这一传统,并向民间普及。树木常青在某种意义上意味着生命长青。《史记·秦始皇本纪》云:"葬既下……树草木以象山。"《汉书·贾山传》也出现"上成山林。使其后世曾不得蓬颗蔽冢而托葬焉"的记载,其中的"上成山林"的描述再现了秦始皇陵墓树木生长之繁茂。《太平御览》卷954引《三辅黄图》云:"汉文帝霸陵不起山陵,稠种柏树",《西京杂记》亦云:"杜子夏葬长安北四里……墓前种松柏五株,至今茂盛。"可见秦汉诸陵的确植有大量的树木。《汉书·五行志》载,成帝建始四年九月"长安城南有鼠衔黄篙、柏叶,上民冢柏及榆树上为巢",这说明民间冢墓也普遍种树。由秦始皇陵墓的上成山林到汉文帝霸陵稠种柏树,再到民冢柏及榆树,这说明西汉时期,上起皇帝,下至臣民,都崇尚在墓前种植大量柏树。东汉时期,更为盛行。《初学记》卷28引谢承《后汉书》记载,方储遭母忧"弃官行礼,负土成坟,种松柏奇树千余株"。《潜夫论·浮侈》记载当时京师贵戚,郡县豪家,均"造起大冢,广种松柏"。《艺文类聚》卷88引《东观汉记》李询遭父母丧,"六年躬自负土树柏,常住冢下"。又《晋书》曰:"夏侯湛族为盛门,性颇豪侈,侯服玉食,穷滋极珍。及将没,遗命小棺薄敛,不修封树。"②引文虽说是遗命"不修封树",但也从反面证实了正常情况下还是要在坟

---

① 《汉书》卷89《龚遂传》。
② 《晋书》卷82《列传》第52。

墓上修植封树的，否则也无须遗命。《长安志》引《关中记》说汉武帝茂陵仅以"溉树"为职任的工役人员就数以千计。《华阳国志》卷8云："蜀民冢墓多种松柏，宜什四市取，入山者少。"文学作品对此也有反映，如汉代古诗《十五从军征》云："十五从军征，八十始得归。道逢乡里人，家中有阿谁。遥望是君家，松柏冢累累。"诗中描绘的是民间墓地松柏森森的景象。在汉画像石中也可见到一些坟墓树，例如山东微山出土的《出丧图》①，这幅反映丧葬礼仪的画像石中清晰可见坟地上画着的郁郁葱葱的树木，这和"青青陵上柏"的景观不谋而合。可见，在秦汉很长一段时期内的民间坟冢与帝王陵墓中均有较为普遍的体现。《盐铁论·散不足》说："今富者积土成山，列树成林。"王符在《潜夫论》中对此做了记载与批判，如《浮侈篇》载："是生不极养，死乃崇丧……多埋珍宝偶人车马，造起大冢，广植松柏。"也就是说，秦汉时期，墓地种植松柏已不再是统治阶级的特权，而成为一种社会习俗。

种植庭树是我们民族沿袭久远的一个良好习俗，这也是我国林木培育的形式。庭院植树在秦汉时期更为普遍。《睡虎地秦墓竹简·封诊式》记载，某犯人有"一宇二内，各有户，内室皆瓦盖，木大具，门桑十木"。"门桑十木"即指门前有桑树十株。与此相应的还有《汉书·食货志》中的"环庐树桑"的记载。汉代画像石、画像砖中常常有表现宅第周围林木繁盛的画面，大多树种相同，排列规整，这固然有图案设计追求整齐有序的因素，但也很可能是作者描绘住宅周围真实存在的人工林情形。《初学记》卷2引枚乘《柳赋》曰："漠漠庭阶，白日迟迟，呼磋细柳，流乱轻丝。"《古诗十九首》也有"郁郁园中柳""庭中有奇树"的诗句。另据《三辅黄图》记载，汉长安城中"松柏茂盛"，多树"槐与榆"，诸城门之下亦"周以林木"。城中宫殿、官府、第舍的庭院中亦多植树木。如"御史府吏舍百余区"内，"列柏树，常有野鸟数千栖宿其上"②。又如博士舍区内"植列槐树数百行"③。此外，庭院中种植果树在当时也是比较普遍的现象。如《汉书》记载，王吉"少时学问，居长安。东家有大枣

①　江继甚：《汉画像石选》，上海书店出版社2000年版，第99页。
②　《汉书》卷83《朱博传》。
③　《太平御览》卷954引《三辅黄图》。

树垂吉庭中，吉妇取枣以啖吉"①。可见，当时不管是官宦人家，还是普通百姓，其庭院中普遍种植着树木。

林木培育的另一表现形式就是社树的种植。社树形成于夏代，完善于周代。秦汉时代是社树的发展时期。这一时期社树突破统治阶级才能栽植的限制，进一步向基层发展。秦汉时期，社的设置非常普遍，上至中央、郡国，下至县、乡、里等各级行政区划内都设有社。民间自发形成的私社也比较多，一般为十家五家为一社。《白虎通义·社稷》曰："王者所以有社稷何？为天下求福报功。人非土不立，非谷不食。土地广博，不可遍敬也；五谷众多，不可一一祭也。故封土立社，示有土尊；稷，五谷之长，故立稷而祭之也。"因而，社树的种植很普遍。其中最著名的大概就是汉高祖在丰地设置的因种植枌榆而定名的"枌榆社"②了。枌榆社，汉高祖刘邦故里的土地神祠。刘邦起兵反秦时曾于此祷祝，及至获取天下，认为其神灵，遂下令"谨治"。《史记·封禅书》云："高祖初起，祷丰枌榆社。"颜师古注曰："以此树为社，因立名。""后四岁，天下已定，诏御史，令丰谨治枌榆社，常以四时春以羊彘祠之。"《汉书·郊祀志上》载："高祖祷丰枌榆社。"据《史记》记载，汉高祖刘邦初得天下大定，诏令："丰治枌榆社……因县令为公社"，并按时祭祀。章帝章和元年（87）农历八月，遣使祠枌榆社。《汉书·五行志》曰："昌邑王社门有枯树复生枝叶"③，这是王侯之社。《汉书·五行志》还记载乡社的情况："山阳案茅乡社有大槐树。"师古注曰："橐，县名也，属山阳郡。茅乡，橐县之乡也。"这是乡社。当时是选择树木作为土地神的标志，据刘向《五经通义》云，是因为"万物莫善于木，故树木也"。《汉书·五行志》同样记载："兖州刺史浩赏禁民私所自立社。山阳橐茅乡社有大槐树，吏伐断之。"臣瓒曰："旧制二十五家为一社，而民或十家五家共为田社，

① 《汉书》卷72《王吉传》。
② 《史记》卷28《封禅书》。
③ 《汉书》卷27《五行志》第7。

是私社。"①　秦汉的公社、私社都普遍兴种植树木。

3. 林木利用

秦朝是中国历史上第一次大规模进行植树造林的一个时代。秦朝的林木种植，已不局限于先秦时期的经济功能，而是扩展到兼具军事防御作用。秦代大将蒙恬率军击败匈奴后，在沿长城一线种植了大量榆树，从而钳制了匈奴骑兵，史称"树榆为塞"。《汉书·韩安国传》载："蒙恬为秦侵胡，辟数千里，以河为竟，累石为城，树榆为塞，匈奴不敢饮马于河。"这条沿长城而种植的榆树塞就是历史上著名的"榆谿塞"。稠密的榆树使得匈奴骑兵优势难以施展，有效阻止了匈奴南下的步伐。此后历代都采取边塞植树的方式阻止外敌入侵，影响深远。

秦汉时期，由于生产力发展的局限以及人口不断增长的压力影响了当时林业的发展，致使秦汉社会一度出现过开采森林与保护森林交替呈现的社会现象，造林与毁林同时存在，但是当时人们毕竟已经进一步加深了对森林作用的认识，而且林业职官更为完善，林业律令更为严密，人们对林

---

① 《礼记·祭法》在谈到"社"的制度时说：王为群姓立社，曰大社；王自为立社，曰王社。诸侯为百姓立社，曰国社；诸侯自为立社，曰侯社。大夫以下，成群立社，曰置社。郑玄注："大夫以下，谓下至庶人也。大夫不得特立社，与民族居，百家以上，则共立一社，今时里社是也。"孙诒让在《周礼正义》中指出："王侯乡遂都鄙之社并为公社，置社则为私社。""公社"一词见于《吕氏春秋·孟冬纪》和《礼记·月令》。历来注疏家于"公社"皆未得其解。其实"公社"的初义就是聚落共同体祭祀土地神之处。王侯是共同体的代表，所以王侯之社也可以称为"公社"。在共同体瓦解之前，共同体成员是没有"私社"的。孙诒让认为"王侯乡遂都鄙之社并为公社"，民间"置社则为私社"，这个说法并没有错。汉代的"公社"，仅限于县以上的官社和国社。它们的费用是由国家财政负担的，所以"公社"也就是"官社"。边郡屯田的吏卒也有祭社的活动。居延汉简载："檄到宪等循行修治社稷令鲜明当侍祠者斋戒以谨敬鲜絜约省为。""口口农掾戎谓官县以令祠社稷今择吉日如牒书到皆修一治社口口。"这里祠祭社稷的费用也都是由官府支付的。至于民间的里社，其所需费用则由里中居民分摊。《史记·封禅书》载："高祖十年春，有司请令县常以春二月及腊祠社稷以羊彘，民里社各自财以祠。制曰：'可'。"这里把县社和里社作了明确的区别。这种由民间"各自财以祠"的里社，称为"私社"是恰当的。但汉代的"私社"并不限于里社，大凡民间各种形式的结社，都可称为私社。里社和其他一些得到官方支持的私社是合法的，也有一些带有秘密结社性质或触犯封建统治秩序的私社，则为官府所不容。《汉书·五行志》载："建昭五年，兖州刺史浩赏禁民私所自立社。"其所禁者大概就是属于这种非法的社。张晏注："民间三月九月又社，号曰私社。"臣瓒曰："旧制二十五家为一社，而民或十家五家共为田社，是私社。"他们所说的私社，皆与浩赏所禁"民私所自立社"无涉（见林甘泉《秦汉帝国的民间社区和民间组织》，载《中国古代政治文化论稿》，安徽教育出版社 2004 年版）。

业知识的积累和实践也更为丰富，作为社会重要生产部门之一的林业取得了很大发展，所以秦汉时期的林业总体上是一直向前发展的。正是当时林业的不断发展，才促使秦汉时期社会经济各方面繁荣发展。也可以说，林业对秦汉帝国繁荣起到很大的促进作用。

（二）林业管理

秦代选择性地继承先秦有关林业职官的同时也有所创新。取消了周代掌管林务的山虞、林衡等职官，新成立了以少府为主的新的林业管理机构。

1. 林木管理机构

先秦时期负责森林火禁的司烜氏、宫正、司爟在秦汉时期没有设置，其职责可能被其他职官所代替。少府在这一时期承担了主要林业管理职能，其中负责森林木材采伐的限令，负有处罚随意砍伐毁坏林木的森林保护职能，亦属于兼职林木保护机构。

秦汉时期，主管财政经济的机构主要有两个：大司农掌管天下经费，少府之掌管皇帝私奉养。《汉书·百官公卿表》记载，"少府，秦官，掌山海池泽之税，以给供养"，其属官甚多，"有六丞。属官有尚书、符节、太医、太官、汤官、导官、乐府、若卢、考工室、左弋、居室、甘泉居室、左右司空、东织、西织、东园匠十六官令丞。又胞人、都水、均官三长丞，又上林中十池监。又中书谒者、黄门、钩盾、尚方、御府、永巷、内者、宦者八官令丞。"①　其中，参东园、考工室、左弋、太官、又上林中十池监都兼有林木种植、养护及使用职责，武帝太初元年更名东园主章为木工，并明确其职责为"掌大材，以供东园大匠"②。"水衡都尉，武帝元鼎二年初置，掌上林苑，有五丞。属官有上林、均输、御羞、禁圃、辑濯、钟官、技巧、六厩、辩铜九官令丞。又衡官、水司空、都水、农仓，又甘泉上林、都水七官长丞皆属焉。上林有八丞十二尉，均输四丞，御羞两丞，都水三丞，禁圃两尉，甘泉上林四丞。成帝建始二年省技巧、六厩

① 《汉书》卷19上《百官公卿表》。
② 同上。

官。王莽改水衡都尉曰予虞。初，御羞、上林、衡官及铸钱皆属少府。"①
其中的上林苑令、禁圃令及其所属禁圃两尉也都包含森林养护、林木使用
职责。

2. 林木培育机构

大司农在秦汉时期经历了三次改变，在秦朝称为治粟内史，至汉景帝
时期改称为大农令，武帝太初时再次改称为大司农。汉景帝时设大司农管
理农林，汉平帝元始元年（公元 1 年）置大司农桑丞 13 人，以劝农桑并
教民植树。《后汉书·百官志》记载，大司农"掌诸钱谷金帛诸货币。郡
国四时上月旦见钱谷簿，其逋未毕，各具别之。边郡诸官请调度者，皆为
报给，损多益寡"。农林业是基础产业，是国家赋税收入主要来源，对政
权稳定起着重要作用。大司农正是管理农林业的管理机构，掌管着农田、
土地、林业等多种资源和相关的各种事务，"司农领天下钱谷，以供国之
常用"。从上述史料可以看出，大司农与少府职权类似，从事农林管理等
工作，但是两个机构是有区别的，大司农职掌国家或林业政策事务，少府
职掌皇家川泽苑囿事务。

3. 林木管理利用机构

秦汉森林管理利用机构主要有以下几种：少府、将作少府、将作大
匠、水衡都尉及地方林业管理机构。

少府总理皇室所有事务，兼管山林政令、木材采伐、植树和山泽税
收，位列九卿。《历代职官表》载："少府以供养宫禁，位列九卿，凡诸
奉御之职，无所不统。"《汉书·百官公卿表》载："少府，秦官，掌山海
池泽之税，以给供养，有六丞。……王莽改少府曰共工。"《汉书·食货
志》也载："山川园池市肆租税之入，自天子以至封君汤沐邑，皆各为私
奉养，不领于天子之经费。"山林川池包括山岭、草原、沼泽地、江湖河
海水面及其出产的各种矿产、林木、特产、盐、水产的税收。

秦代在少府下置将作少府，负责建造、修缮等事务。《通典·职官》
载："秦有将作少府，掌治宫室。"《汉书·百官公卿表》载："将作少府，
秦官，掌治宫室，有两丞、左右中侯。"汉景帝中元六年（前 151 年）把
将作少府改称为将作大匠，下辖有东园主章（武帝太初元年改称木工）

---

① 《汉书》卷 19 上《百官公卿表》。

和主章长丞。《后汉书·百官志》载："将作大匠一人，二千石……掌修作宗庙，路寝宫室，陵园木土之功，并树桐梓之类，列于道侧。丞一人，六百石，左校令一人，六百石，掌左工徒丞一人，右校令一人，六百石，掌右工徒丞一人。"说明将作大匠机构设置较细致，分工也较明确，职责是主管基础木土工程修建，负责管理修建事务及负责树木栽培和皇宫、宗庙、寝宫、陵园的林木种植养护事务。

（三）林政管理特点

秦汉时期林政和管理与先秦时期相比特点显著：

1. 人工植树技术提高

先秦时期人类都是利用天然的森林获取资源。秦汉时期，随着天然森林分布面积的逐渐减少，人工种植林开始形成，并成为这一时期林业的显著特点。秦汉人工种植树木技术有了很大提高，并出现了当时最为先进的技术。

首先，就栽种的树木品种来说，出现了逐步增加的趋势。人工种植的树种，见之于记载的有：松、柏、桐、梓、杨、榆、柳、楝、槐、檀、楸、竹等；桃、李、杏、枣、栗、梨、柑、橘等果木以及桑、漆等经济林木。史籍中多有"桃园""梨园""橘园""漆园"等记载，反映这些经济林木种植更为普遍。

其次，就林木的繁殖和管理技术来说，当时亦积累了丰富的经验。当时的农林专著《氾胜之书》对汉代的种树之方的总结至为详尽。其中关于树木种植时间，栽培技术如插条法、埋条法，树木的管理技术方面进行详细总结。选时："种树以正月为上时，二月为中时，三月为下时，节气有早晚，地气有南北，物理有迟速，若不以时拘之，是不达情也。考农之种树无时，雨过便栽，多留宿土，记取南枝，是乃种树要法。"栽培技术："凡栽一切树木，大树秃枝，小树不秃枝。凡栽树皆要当萌动生意时压插，春秋时以嫩美条枝屈于地下，于枝跗须断其半，用土封之，候苞开生枝，移植频浇即生。"园林工艺："欲求木直，每年以刀剔肤，气行则伤痕身满而渐直，木之已长，而萌发未已；枝干易于转屈者，以宽绳缩之，不宜太紧，恐伤肤，气脉不贯。"此外，在防虫、根、枝、叶的保养等方面均有详细论述，这无疑反映了当时种树造林和人工育苗的最高水平。东汉农书《四民月令》也记载："尽二月，可剥树枝"，"尽三月，可掩树枝（埋树枝土中令生，二岁以上，可移种之）"也就是《四民月令》中所谓的"剥树枝"，也即今天现代园林术语中的"采条"。

2. 林业成为重要的社会生产主要部门，尤其是经济林业发展繁荣

秦汉时期，林业成为社会生产部门之一，人工种植经济林发展繁荣。秦汉时期的经济林种植大体可以分为两种情况：一是国家种植，当时国家也十分重视经济林的培育，并在许多地方设置果园林场。如云梦秦简所言的"漆园"和《后汉书·百官志》所说的"果园"，这些都属于国家种植的经济林。二是私人种植，如上述司马迁在《史记》所列举"安邑千树枣；燕、秦千树栗；蜀、汉、江陵千树橘；淮北、常山已南，河济之间千树萩；陈、夏千亩漆；齐、鲁千亩桑麻；渭川千亩竹；及名国万家之城，带郭千亩亩锺之田，若千亩卮茜，千畦姜韭：此其人皆与千户侯等"。三是皇亲国戚，如刘秀的外祖父樊重就十分热衷于种植经济林，史载："田至三百顷，竹木成林，六畜放牧，梓漆鱼池，闭门成市。"另外，从《四民月令》的记载可以得知，后汉时期崔寔的田庄中大都种植着柳、榆、枣、竹、柘、漆、桐、梓、松、柏、桑等众多的经济林木。汉末的李衡则"泛洲上作宅种桔千株"。国家和私人都热衷于种植经济林，说明两汉时期经济林产出是比较高的，受到国民普遍重视。

3. 农业和林业协调发展的农业新格局

秦汉在林业生产实践的过程中形成了林业、农业协调发展的农业生产新格局，出现了"环庐树桑，菜茹有畦，瓜瓠果蓏，殖于疆场"① 的多样化种植局面。当时普遍流行的桑田复种既充分利用了土地资源，又使二者各得其利，正所谓"不失地利，田又调熟"②。《氾胜之书·种桑篇》的记载，其做法大致为："五月取椹著水中，即以手渍之，以水洗取子，阴干。每亩以黍、椹子各三升合种之。黍桑当俱生，锄之桑，令稀疏调适，黍熟，获之。桑正与黍高平，因以利镰摩地刈之。曝令燥，后有风调，放火烧之。桑至春生，一亩食三箔蚕。"这段文字虽然说的是如何种桑，但却充分体现了现代农业的复种农业模式，代表了当时最高农业复种水平。

---

① 《汉书》卷24《食货志》。
② 《齐民要术》卷5《种桑柘》条引。

三　林业产权

森林是否受到适当保护，抑或遭受破坏，除了与政府的林政有关外，还与森林产权有关。如果森林属于国有，政府并设有专职管理山林的机构及保护山林的法令，则可以防止滥采滥伐，防止森林火灾，并且有计划地更新林木。当然，如果山林属于国有，但是政府没有严格保护，让人民任意采伐，则森林实际上成为无主资源，最后也会变成濯濯童山。如果森林产权属私人所有，森林资源便是私产，所有者会严加保护，不会被人盗取或造成无谓的损失。林主会砍伐林木，贩卖木材，但一定会适时重新造林植树，不会使山林资源彻底耗竭。私有山林的弊端之一是，有些树种需要很长时间才能成材，但私人寿命有限，不愿投资为这些树种造林。[①] 中国历史早期，在平原的农地私有化之后，所有山林川泽的产权都属于国有。

（一）"公私共利"[②] 向君主私有化转变

无论在渔猎采捕时代，还是农耕时代，森林始终是国计民生不可或缺的重要自然资源。作为自然资源的森林原则上是对所有人无偿开放的，即所谓的"公私共利"。春秋战国时期，随人口的大量繁殖、农耕面积的扩大及频繁战争，森林资源出现了相对萎缩趋势，致使其重要性日益凸显，山林川泽君主私有化日益强化。楚大夫王孙圉在谈到云梦泽时说："金木竹箭之所生也。龟、珠、角、齿、皮、革、羽、毛，所以备赋以戒不虞者也。所以供币帛，以宾享于诸侯者也……此楚国之宝也。"[③] 增渊龙夫曾于 20 世纪 50 年代末指出："从春秋中期至战国，开始出现山泽君主家产化的倾向。"[④] 此时，包括森林在内的一切山林川泽仍由国家直接掌握，

---

①　赵冈：《中国历史上生态环境之变迁》，中国环境科学出版社 1996 年版，第 19 页。

②　"公私共利"的说法是沿用日本学者的学术习惯，而在古代文献中的"与民共之""公私共之""与百姓共之"等概念与"公私共利"意思相一致，故这些概念可以概括为"公私共利"。

③　徐元诰撰，王树民、沈长云点校：《国语集解·楚语下》，中华书局 2002 年版，第 526—527 页。

④　［日］增渊龙夫：《先秦時代の山林藪沢と秦の公田》，《新版中国古代の社会と国家》，东京岩波书店 1996 年版，第 375 页。

由国家设立专职主管山林之政令，控制采伐、征收山泽之税，以富国家。

　　山林川泽国有化趋势在封建帝国时代进一步发展。历代帝王在某些特定时期往往会施行所谓"弛山泽之禁"政策，对于这一政策的理解，《史记·孝文本纪》裴骃集解引韦昭语："弛，废也。废其常禁以利民。"《汉书·文帝纪》颜师古注："弛，解也，解而不禁，与众庶同其利。"可见，"弛山泽之禁"恰好说明山林川泽是经常封禁的，也侧面印证了山林川泽自然资源君主私产化的事实。随着时代的发展，历代君主不断地将原有的一些"公私共利"的山林川泽等自然资源纳入专制权力的控制之下，逐渐扩大其私有领地，以满足各种需要。

　　古代君主私有领地的山林川泽主要分为两大区域：一部分是封闭的禁区，即严禁任何人自由进出的官方禁地，一般设置于京畿地区，又称苑囿、池籞、园池，总称禁苑。禁苑中的自然资源不仅可以为君主提供狩猎所需的野生动物、祭祀用的牺牲，更重要的是可以提供必要的财政支持，如加藤繁所论汉代帝室财政中即有苑囿池籞收入及园税。[1] 从睡虎地秦简《秦律十八种·徭律》以及《龙岗秦简》中关于禁苑的规定来看，禁苑就是一个完全封闭的自然系统，统治者通过各种严厉的措施以保证禁苑内自然资源的私有性。这视为山林川泽君主私有进一步强化的标志。另一部分是位于官方禁地之外，分布于全国各地的山泽禁区，亦是国家财政的重要来源。国家对于这部分山泽禁区的经营，主要分为直接经营与间接经营两种方式。直接经营即国家直接派遣专门官员驱使劳动力从事各种经营项目，从中获利。如《汉书·地理志上》所载之金官、铜官、木官、橘官、湖官、陂官、云梦官等，均为国家派遣至地方进行山林川泽资源开发及管理的官员。此外，国家还将禁区内部分山泽资源的开发权授予某些特定人群，国家通过向他们征收山泽税以获利，即所谓的间接经营。这些人在国家派遣的山泽管理官员的监督下进行各种采集、捕猎、开采作业，以实物或货币的形式，将收获物按照一定比例上缴，这就是山泽税，加藤繁所论汉代帝室财政中的山泽税及江海陂湖税，即是指这部分收入。[2] 自管仲向

　　① ［日］加藤繁：《漢代に於ける国家財政と帝室財政の区別並に帝室財政一斑》，《支那経済史考証》上卷，东京东洋文库1974年版，第35—156页。
　　② 同上。

齐桓公提出"官山海"政策以来，君主"外设百倍之利，收山泽之税"①便成为一贯国策。因此，历代王朝均不曾完全废止山泽税，仅是在税收的名目及税额上略有差异。直至明清时期，在当时的方志上，仍然普遍可见田赋科则中有田、地、山、塘（或荡）等类别，②足见山泽税在整个专制时代的财政收入中始终占有一定比重。③

秦统一六国后，下令"无伐草木"，立为全国性的林木政策，同时设立少府监理林政。

汉代大司农掌山海池泽之税，及盐铁专卖之后，山林川泽之禁令趋严，但仍不时开放。"弛山泽之禁"最早见于《史记·货殖列传》，"汉兴，海内为一，开关梁，弛山泽之禁"。此后历朝经常出现类似的行为。汉高祖二年（前205年），弛山泽之禁；汉文帝十二年（前168年），令弛山泽，并劝民种树；新莽始建国二年（10年），开山泽之防；东汉和帝多次弛山泽之禁。《后汉书·孝和帝纪》中记有以下诏令，永元五年（93年）二月诏："自京师离宫、果园、上林、广成囿，悉以假贫民，恣得采捕，不收其税。"九月，"其官有陂池，令得采取，勿收假税二岁。"永元九年（97年）六月诏："其山林饶利，陂池渔采，以赡元元，勿收假税。"永元十一年（99年）二月："遣使循行郡国，禀贷被灾害不能自存者，令得渔采山林池泽，不收假税。"永元十五年（103年）六月诏："令百姓鳏、寡渔采陂池，勿收假税二岁。"

（二）林业税种设置

古代与林业有关的税种主要有：山场租税、山林特产贡赋、竹木产品市税及关税。④

1. 山场税

山场税是古代国家财政收入重要来源之一。山场税的实质是国家控制

---

① 桑弘羊撰、王利器校注：《盐铁论校注》卷2《非鞅》，中华书局1992年版，第93页。

② 刘翠溶：《中国历史上关于山林川泽的观念和制度》，载曹添旺等主编《经济成长、所得分配与制度演化》，台湾"中央研究院"中山人文社会科学研究所1999年版，第22页。

③ 夏炎：《古代山林川泽利用问题再检讨——"公私共利"原则为中心》，《安徽史学》2013年第6期。

④ 参见肖平、张敏新《我国古代林业税收研究》，《林业经济问题》1998年第6期。

山林所有权，向开采山林者收取的租金。

夏商周时期，土地与奴隶归国王所有，国王可以直接占有奴隶的劳动成果作为财政收入来源；春秋战国时期，私田的合法性得到承认，鲁国首先实行"初税亩"，按土地面积及产量征收田赋。此时，山林川泽仍由国家直接掌握，齐国管仲指出："为人君而不能谨守其山林、菹泽、草莱，不可以立为天下王。"管仲还进一步指出："泽立三虞，山立三衡，国之山林也，则而用之。"当时齐国已按照山林川泽等自然资源属于国有的原则，向生产者征收山场租税。管仲一方面设官管理山林，按时"禁发"，禁止进山伐木和开放进山用材时间，另一方面对伐用木材，按把、握、围分为三等，并按使用者贫富程度差异征租税。由国家设立专职主管山林之政令，控制采伐、征收山泽之税，以富国家，是重要的财政方针。可见，山泽资源已成为霸王之资。

秦汉时期，征收山场税已十分普遍。史载，王莽始建国二年，开山泽之防，收盐、铁、山泽之利，诸采取名山大泽众物者税之。山场税在以后历朝历代时征时免。其实质没有多大改变，发展到近代，仍占据十分重要地位。

2. 山林特产贡赋

山林特产贡赋是一种原始的税收形式，具有不定量、不定率的特点。夏代的"任土作贡"，各地林特产品无偿地献给夏王朝。当时湖北荆州的贡品有香椿、柘、圆柏、侧柏、美竹、橘、柚等物，通过江河水运至帝都。

3. 市税及关税

对山林产品征收市税及关税，早在春秋战国时期就已十分盛行。市税是对山林产品销售进行征税，关税是对山林产品出入关口征税，征税对象十分繁杂，主要为木材、竹材、漆、茶叶、木竹制品、水果蔬菜、野生动物皮毛等。《齐语》记管仲相桓公时，鱼盐两项主要产品特准自由出口而不上税，以鼓励与境外的贸易，其他一般商品均要收税。为促进与其他诸侯国的商品贸易，齐国还不止一次利用诸侯会盟之机，约定彼此减轻关市之税，创造双方互惠条件，"三会诸侯，令曰：田税百取五，市赋百取二，关赋百取一"。秦汉时，市税、关税法律制度已形成，规定如果商人不从关卡通过而绕道偷税，司关可没收财货并处罚。后代对此亦多有规定。如宋代法律亦明文规定：应算物货而辄藏匿，为官司所捕获，没其三分之一，贩卖而不由官路者罪之。

（三）税收特点

古代林业税收收入是服务于国家行政职能及王室成员消费的。比如各种山珍供王公贵族享用，竹木产品用于宫室修建及支撑军需，如东汉"冠恂为河内伐竹淇川，治矢百余万以益军资"。秦汉时期林业税收特点如下[1]：

1. 对林业税收十分重视，将其视为财政收入之重要来源

收山泽之利，增加国家财政收入，是当时林业税收政策的基本目标，"官山海"是这一政策思想的集中体现。"官山海"的主要内容是针对山泽产品，特别是盐、铁、茶等进行专卖，由民间生产、官收、官运、官销，通过向生产者收取租税，产品加价销售，再向消费者征"税"，将其中厚利收之国有；至于林木渔猎等零星分散产品，则不实行专卖，而是对资源丰富的山泽实行"禁发"，控制租金收入，对山泽产品贩运销售，设关置卡，收取市税关税，以保障国家财政。

2. 对山林产品课以重税

当时国民经济由第一产业支撑，财政收入来源少。周代，人们就认识到"以九赋敛财贿"的重要性，认为"山林川泽之产，竹木之类，皆天地自然之利，有国家者之所必资也；竹木之产，所在有之"。《周礼》载："凡任地，国宅无征，田廛二十而一，近郊十一，远郊二十而三，甸、稍、县、都皆无过十二，唯漆林之征二十而五。"春秋时对手工业和商业管制更加严厉，认为商业存在高利盘剥，会加速农民贫困化，会与农业争夺劳力，因而对山泽产品必须征高税。

3. 对林业税收也时有减免

这种减免主要是迫于灾荒之年生存压力，皇帝下诏免山林租税及竹木税。史载，汉文帝时旱蝗为灾，弛山泽之禁。这种弛山禁、减租税实为安抚百姓、度过荒年的权宜之计。

总之，秦汉林业税收政策的主要目的是敛财聚富，增加国家财政收

---

① 参见肖平、张敏新《我国古代林业税收研究》，《林业经济问题》1998年第6期。

入，几乎没有运用税收工具来刺激林业生产的目的。对资源丰富的山林实行封禁，多是为了控制租税收入，与今天的森林保护概念有很大不同，开山弛禁，减免租税，也只是为了缓和社会矛盾，无助于林业的持续发展。

第 五 章

政府行为对森林的影响

　　政府行为相对于自然人的行为而言，具有法制性和强制性。在国家政策指导下的政府行为，诸如国家人口政策、战争等行为对森林产生极大的影响。先秦两汉时期的政府行为中，尤其以鼓励生育的人口政策、战争、大规模的土木营建活动及苑囿修建对森林产生很大影响。

一　人口对森林的影响

　　人口对其所居住地的环境影响巨大，尤其是人口数量的多寡和人口密度大小。历史时期人类对森林数量的影响很大程度上归咎于人口的不断增加，当然这并不是否认人口对社会发展的积极意义。在没有良好的林政前提下，历史时期人口政策、人口增长、开荒等都是森林面积消减的主要因素。

（一）鼓励生育的人口政策

　　传统社会，历代大都实施鼓励生育的人口政策。因为人口的增加，不仅可以增加政府财赋收入，而且可以提供充足的兵源。

　　春秋诸侯分裂割据时代，各诸侯国为富国强兵，莫不将增加人口作为第一要务。孔子说："地有余而民不足，君子耻之"，提倡施仁政于民，"则四方之民，襁负其子而至矣"。管子主张"相地而衰征，则民不移"。墨子将二十而娶，十五而嫁视为"圣王之法"。越王勾践颁布过鼓励人口增殖的政策："令壮者无取老妇，令老者无取壮妻；女子十七不嫁，其父母有罪；丈夫二十不娶，其父母有罪。将免者以告，公令医守之。生丈夫，二壶酒，一犬；生女子，二壶酒，一豚；生三人，公与之母；生二子，公与之饩。当室者死，三年释其政；支子死，三月释其政；必哭泣葬埋之如其子。令孤子、寡妇、疾疹、贫病者，纳宦其子。"这道法令，比较全面地规定了男女法定的婚嫁年龄、生育奖励措施、徭役免除条件及丧子抚恤制度。这项制度使得越国人口大增，国力强盛。出现了"十年不收于国，民俱有三年之食"①。

战国是我国历史上人口增长第一个飞跃期。先秦诸子提出了许多发展人口的主张。儒家学派的代表人物孟子云："诸侯之宝三：土地、人民、政事"，把繁衍后代看作是人们"奉先思孝"的首要前提，要求成年男女及时婚配，做到"内无怨女，外无旷夫"。荀子也强调："士之与人也，道之与法也者，国家之本作也。"各国统治者对人口增殖极为重视，秦商鞅公然以邻为壑，"徕三晋之民"，魏国不得不颁布"奔命律"及"户律"以进行抵制。魏惠王并以"邻国之民不加少，寡人之民不加多"而深为忧虑。但此时对人口增长的论述，已不同于春秋时期。由于人口的繁衍，商鞅在提倡增加人口时，已指出人口与土地必须保持平衡的问题："民过地，则国功寡而兵力少；地过民，则山泽财物不为用"，主张"民胜其地者，务开；地胜其民者，事徕"，并提出保持人口与土地两者平衡的比例："地方百里者，山陵处什一，薮泽处什一，溪谷、流水处什一，都邑、蹊道处什一，恶田处什二，良田处什四，以此食作夫五万"，并称为"制土分民之律"。到了战国后期，集法家思想之大成的韩非，云及当代人口时，谓古者"人民少而财有余，故民不争"，"今人有五子不为多，子又有五子，大父（祖父）未死而有二十五孙，是以人民众而货财寡，事力劳而供养薄，故民争，虽倍赏累罚而不免于乱"。韩非所在的韩国，战国早期即已"地狭而民众"，"其土不足以生其民"，到了韩非生活的时代，人口与土地不平衡的情况更为突出，因而他一反以前思想家因人口稀少而鼓吹人口增殖的常态，为人多而深感忧虑。从商鞅开始提出人口与土地的数量必须保持平衡，至韩非主张人口的增长不得大于财货的增长，这些思想正是在战国时期人口大量增长的背景下产生的②，反映时人对人口

①　《国语》卷20《越语上》。

②　王育民：《先秦人口刍议》，《上海师范大学学报》（哲学社会科学版）1990年第2期。

增长的理性认识。

从战国到西汉，期间经过群雄割据和秦的统一战争。秦始皇好大喜功，连年征战，造成陈胜吴广农民起义。后来刘邦、项羽争夺天下，楚汉战争不断。上述一系列的战争对人口损耗严重。

西汉统一后，由于连年战争的严重破坏，人民生活异常困苦。为了稳定统治和社会发展，西汉政府着手战后重建。摆在当政者面前的首要问题就是恢复社会经济。为此，统治集团采取了诸如轻徭薄赋、释放奴婢、招抚流亡、兵士复员等一系列措施。在人口问题上，也实施了一些促进人口增长的政策，具体表现为奖励生育、惩罚不嫁、放黜宫女等。高祖六年（前200年）下诏："民产子，复勿事二岁。"[1] "勿事"，颜师古注曰"不役使也"，也就是免除徭役。惠帝六年（前189年）诏云："女子年十五以上至三十不嫁，五算。"依汉律规定，每人年出120钱之赋，也就是一算。"唯贾人与奴婢倍算。今使五算，罪谪之也。"[2] 五算之罚，罪同流徙戍边。可见对晚婚的惩罚之重。

西汉促进人口增长的措施中，见之于史书记载最多的就是释放宫女，让她们嫁作人妻，生儿育女。文帝前元十二年（前168年），"二月，出孝惠皇帝后宫美人，令得嫁"[3]。文帝后元七年（前157年），帝崩未央宫，遗诏曰："无禁取妇嫁女……归夫人以下至少使。"应劭注曰："夫人以下有美人、良人、八子、七子、长使、少使，皆遣归家。"[4] 景帝后元三年（前141年），帝崩，遗诏曰："出宫人归其家，复终身。"[5] 哀帝即位之初，即下诏："掖庭宫人年三十以下，出嫁之。"[6] 平帝崩，遗诏曰"其出媵妾，皆归家得嫁，如孝文时故事。"[7]

西汉鼓励人口增长的政策还在法律上有所体现，那就是对犯罪女子的

①　《汉书》卷1下《高帝纪》第1下。
②　《汉书》卷2《惠帝纪》第2："女子年十五以上至三十不嫁五算。应劭曰：'《国语》越王勾践令国中女子年十七不嫁者，父母有罪，欲人民繁息也。汉律人出一算算百二十钱，唯贾人与奴婢倍算，今使五算，罪谪之也。'"
③　《汉书》卷4《文帝纪》第4。
④　同上。
⑤　《汉书》卷5《景帝纪》第5。
⑥　《汉书》卷11《哀帝纪》第11。
⑦　《汉书》卷12《平帝纪》第12。

宽容。景帝曾明确指出："孕者未乳……颂系之。"颜师古曰："乳，产也"，"颂读曰容。容，宽容之，不桎梏"①，就是对怀孕的犯罪女子的宽宥。而对那些未曾有孕的犯罪女子，法律亦规定不收审关押，而是以罚款代之，其目的就是方便女子出嫁进而受孕生育。如平帝元始元年（1 年）制诏："天下女徒已论，归家，顾山钱月三百。"如淳注之说："已论者，罪已定也。令甲，女子犯罪，作如徒六月，顾山遣归。说以为当于山伐木，听使入钱顾功值，故谓之顾山。"对如淳的解释，颜师古表示认同，"如说近之。谓女徒论罪已定，并放归家，不亲役之，但令一月出钱三百，以顾人也"②。

东汉初年，人口在天灾、战乱中急剧减少，"战斗死亡，缘边四夷所系虏，陷罪，饥疫，人相食，及莽未诛，而天下户口减半矣"③。应劭在《汉官仪》中说："世祖中兴，海内人民可得而数，裁十二三。边陲萧条，靡有孑遗。"④ 初登帝位的刘秀，为恢复生产与发展人口，效仿西汉人口政策，先后采取了诸如释放奴婢、宽宥犯罪女徒等一系列措施。如建武三年（27 年）刘秀下诏："女徒雇山归家"⑤，释放犯罪女徒；之后，刘秀又两次因奴婢问题下诏，禁止杀死和伤残奴婢，要求释放奴婢："天地之性人为贵，其杀奴婢，不得减罪。""敢灸灼奴婢，论如律，免所灸灼者为庶人。"两年后，再诏曰："益州民自八年（32 年）以来被略为奴婢者，皆一切免为庶人；或依拖为人下妻，欲去者，恣听之；敢拘留者，比青、徐二州以略人法从事。"⑥

东汉初年重视发展人口的政策，为后代君主所履行，如殇帝延平元年（106 年）针对"宫人岁增"⑦ 不利民间人口增殖之情，诏"掖庭宫人，皆为庶民"⑧，令宫女嫁人生育。东汉时期，人口迅速增长。光武帝中元 2年（57 年）户数 4279634，人口 21007820；桓帝永寿 3 年（157 年）户

① 《汉书》卷 23《刑法志》第 3。
② 《汉书》卷 12《平帝纪》第 12。
③ 《汉书》卷 24 下《食货志》第 4 下。
④ 《后汉书》卷 33《郡国志》第 23。
⑤ 《后汉书》卷 1 上《光武帝纪》第 1 上。
⑥ 《后汉书》卷 1 下《光武帝纪》第 1 下。
⑦ 《后汉书》卷 4《殇帝纪》第 4。
⑧ 同上。

数 10677690，人口 56486856。[1] 东汉人口的增长，是与东汉的人口政策有密切关系的。

稳定的政治形势和国家行之有效的人口政策，对西汉的人口恢复和增长起到了巨大的作用。到"文景之治"时，人口已恢复到战国时的数量。"后数世，民咸归乡里，户益息，萧、曹、绛、灌之属或至四万，小侯自倍"。[2] 兹列表 5—1，以观汉初人口增长之大端：

表 5—1 　　　　　　　　　　　　汉初人口增长情况

封邑及侯名	初封户数	国除时间	国除时户数	年限	增加倍数
平阳　曹参	10600	元鼎二年（前 115 年）	23000	约 85 年	2 倍有奇
曲逆　陈平	5000	元光五年（前 130 年）	16000	约 70 年	3 倍有奇
酂　萧何	8000	孝文后元四年（前 160 年）	26000	约 40 年	3 倍有奇
曲周　郦商	4000	孝文后元六年（前 158 年）	18000	约 40 年	4 倍有奇

　　资料来源：本表引自李剑农《中国古代经济史稿》第 1 卷，武汉大学出版社 1991 年版，第 232 页。

在生产力较低的传统社会里，人口就是生产力，鼓励生育繁殖一直被历代所信奉。人口的多寡是检验各国实力的主要指标。先秦两汉时期的鼓励生育繁殖，使常年遭受战争损耗的人口不断得到恢复、增长。这是先秦两汉时期我国人口数量保持持续增长的主要原因。秦汉成为中国历史第一次人口增长高峰期也不难理解了。

（二）人口增长

人口是传统社会发展的一根主要杠杆。一般而言，在传统社会里某个区域人口越多，人口密度越大，社会经济就越发达。人口密度和人口数量与社会经济发展呈现正相关，但若是不能正确处理人类与环境的关系，那么反而会对其居住地的环境变化起着巨大的反作用。

在石器时代，黄河和长江中下游地区都已有了初步的农业发展，但受

---

① 梁方仲：《中国历代人口、田地、田赋统计》，上海人民出版社 1980 年版，第 20 页。
② 《史记》卷 18《高祖功臣侯年表》第 6。

生产技术的影响，为了获得充足的食物，各部落不断改换生活地，进行
"游牧"或"游农"，即使进入阶级社会后的夏、商时代，这种情况仍然
存在，所以人口的增长不可能很快。据宋镇豪研究，夏初人口240万人—
270万人，商初人口400万人—450万人，晚商780万人。① 西周末年在千
万人左右，到东周庄王十三年人口的数量远远超过1180万人，人口数量
最多是在战国中期，达到2600万人。② 晋朝皇甫谧所写的《帝王世纪》
里面保存大量的史料和传说，其中就有先秦时期人口数字，但早在800年
前就失传了。南朝刘昭在给《后汉书》作注时引用过《帝王世纪》的资
料，其中就有三个先秦人口数字③，列表5—2。

表5—2　　　　　　　　　　　　先秦人口数

朝代	帝纪	公元	口数	资料来源
夏	禹除	前2140年	13553923	《帝王世纪》
周	成王前期	前1063—前1057年	13714923	《帝王世纪》
	庄王十三年	前684年	11847000	《帝王世纪》

《帝王世纪》三个数据不可能是当时全国人口数量的统计。中国历史
上最早的户口统计始见《国语》。周宣王三十九年（前789年）在千亩原
败于姜戎，为补充兵源和增加财赋收入而进行了我国历史上见于记载的第
一次人口普查，史称"既丧南国之师，乃料民于太原"。仲山父谏阻说：
"民不可料也？无故而料民，天之所恶也。""料"为数的意思，"料民"

① 宋镇豪：《夏商人口初探》，《历史研究》1991年第4期。
② 路遇、滕泽之：《中国人口通史》，山东人民出版社2000年版，第46页。
③ 《后汉书·郡国志》刘昭注引《帝王世纪》称："……及禹平水土，还为九州，今《禹贡》是也。是以其时……民口千三百五十五万三千九百二十三人至于涂山之会诸侯，承唐虞之盛，执玉帛亦有万国……及夏之衰，弃稷弗务。有穷之乱，少康中兴，乃复禹迹。孔甲之至桀行暴，诸侯相兼。逮汤受命，其能存者三千余国，方于涂山，十损其七。民离（罹）毒政，将亦如之。殷因于夏，六百余载，其间损益，书策不存，无以考之。由遭纣乱，至周克商，制五等之封，凡千七百七十三国，又减汤时千三百矣。民众之损，将亦如之。及周公相成王，致治刑错，民口千三百七十一万四千九百二十三人，多禹十六万一千人，周之极盛也。其后七十余岁，天下无事，民弥以息。及昭王南征不反，穆王失荒，加以幽王之乱，平王东迁，三十余载。至齐桓公二年，周庄王之十三年，五千里内，非天下九嫔之御，自世子公侯以下，至于庶民，凡千百八十四万七千人。"

即为统计户口。当时周王朝在南方战场战败，就想在北部地区把人口数搞清楚多征收赋税，多摊派些兵役，以便重振国威。大臣仲山父坚决反对，并进一步说："古者不料民而知其少多。"因为有"司民"之官负责把出生、死亡之数登记在版；"司商"之官掌握赐族授姓，合定姓氏；"司寇"之官掌握犯人数量；还有其他"牧""工""场""廪"等官职分别掌管所属的饲养、制造、保管、出纳人员的情况，因此人数的多少和出生死亡情况都很清楚，又何必去料民呢？① 周宣王不听劝告，还是坚持料民。这段史料说明，在此之前户口统计是国家各个部门分别进行，但各个系统没有综合统计。周宣王料民看来是我国历史上第一次有王室在局部地区进行全面人口清查，所以才引起大臣的反对，也被史家认为是西周灭亡的原因之一。如果这段记载有一定真实性的话，那就说明在夏禹②或周成王时代都没有进行过全面的料民，统计资料从何而来呢？因此《帝王世纪》中的人口数据可能是皇甫谧以前的学者的一个推测，或者是汉晋时代人们对远古中国大陆人口的一般推测，估计 1000 万左右。③

公元前 770 年进入诸侯分裂割据的春秋时期，各诸侯为了增强国力，鼓励生育作为国策，结果使春秋人口数量迅速发展。春秋时期，常以兵车若干乘作为国家大小的标志。据《司马法》兵车 1 乘，马 4 匹，甲士 10 人，步兵 20 人，每兵车五乘有辎重车 1 乘，后勤兵 25 人。卫国被狄攻破时，有兵车 30 乘，全国 5000 人，约每 5 人中有一人服兵役，依此类推，大的诸侯国即所谓"千乘之国"，人口约在 17 万人，最大的晋国兵车4000 乘，人口也不超过 70 万人。春秋后期各诸侯国估计共有兵车 2.5 万乘，当有士兵 87.5 万人，总人口 450 万人左右。④

① 《国语》卷 1《周语上》。

② 对于夏王朝的人口数量估算争议较大，王育民认为：建立在原始生产力水平及强制性劳动基础上的奴隶社会，其人口自然增长率极低，倘若为封建社会年均增长率之半，即 0.75‰，则由春秋后期的 450 万人上溯，公元前 21 世纪的夏王朝初期，当为 135 万人，恰好是《帝王世纪》所载夏禹时 1355 万余人的 1/10。以此类推，公元前 16 世纪的商朝初期为 196 万人。公元前 11世纪的西周初期为 285 万人［见王育民《先秦时期人口刍议》，《上海师范大学学报》（哲学社会科学版）1990 年第 2 期）。尚志发则以兵车数量推算春秋后期人口数量达到 7000 万—1 亿人（见尚志发），《春秋后期人口新证》，《求是学刊》1984 年第 2 期］。

③ 赵文林、谢淑君：《中国人口史》，人民出版社 1988 年版，第 15 页。

④ 王育民：《先秦时期人口刍议》，《上海师范大学学报》（哲学社会科学版）1990 年第 2 期。

战国时期完成了奴隶制到封建制的过渡，人口的增长也在历史上出现了第一次飞跃。铁制工具的普遍运用，社会生产力大大提高，整个社会呈现出与春秋时期迥然不同的景象。从"千家之城"到"万家之邑"；从"土旷民稀"到"邻邑相望"；从"地遍卤、人民寡"到"地狭民众"；从"地有余而力不足"到"其土不足以生其民"。再加上新兴地主阶级通过变法运动，对旧的经济基础与上层建筑进行了一系列的改造。中国人口即由春秋后期的 450 万人猛增至 2000 万人，两个半世纪间增加了 3.4 倍。年均增长率为 1.5‰，与中国封建社会两千多年间人口年均增长率 1.5‰正不谋而合。①

秦王朝在统一以前，即已有了比较完善的普查人口的上计制度。出于征发徭役的需要，秦始皇十六年（前 231 年）"初龄男子书年"②，即将男子的年龄正式列为户口登记的内容。二十六年（前 221 年）秦灭六国，结束了诸侯的长期分裂割据局面。全国四十多个郡守都直接听命于中央，更具备了当时进一步实施全国性人口调查、统计的条件和基础。秦朝上计制度已推广全国。历史记载也证实了秦时已有全国户口资料。刘邦入咸阳时，萧何"收秦丞相御史律令图书藏之"，于是刘邦"具知天下陁塞、户口多少、强弱处，民所疾苦者，以何得秦图书也"。萧何并造石渠阁以收藏"入关所得秦之图籍"③。以后在楚汉之争中，萧何以丞相身份留守关中，"事计户口转漕给军"④，即利用秦时留下的郡县户籍，征发士卒、粮饷。高祖六年（前 201 年），汉高祖南过原燕国南陲曲逆县（今河北保定西南旧完县）时，"顾问御史：曲逆户口几何？对曰：始秦时三万余户"⑤，御史能奏知秦时户口，都是证明秦朝已经有全国性的人口统计数据。萧何所收秦图籍，东汉班固撰《汉书·地理志》时还有所称引。西晋初，司空裴秀曾说："今秘书既无古之地图，又无萧何所得"⑥，说明萧何所收秦图籍，可能在东汉末时亡佚，秦时人口数字因以失传。

---

① 王育民：《先秦人口刍议》，《上海师范大学学报》（哲学社会科学版）1990 年第 2 期。
② 《史记》卷 6《秦始皇本纪》。
③ 《汉书》卷 39《萧何传》。
④ 《史记》卷 53《萧相国世家》。
⑤ 《汉书》卷 40《陈平传》。
⑥ 《晋书》卷 35《裴秀传》。

　　秦始皇统一全国时（前221年），全国总人口大约2000万人。① 据郭沫若的《中国史稿》统计，战国时期的人口当在3000万左右。秦统一中国后，由于始皇帝好大喜功，对外征伐不断，对内土木工程不辍，导致秦朝人口总数非但没有增长，反而大幅度下降，使秦时的人口由战国时的3000万人下降到2000万人，其中每年有青壮年男劳力300余万人从事各种徭役。②

　　西汉是我国历史上第一次人口大发展的时期，也是见于历史文献最早并有准确的户口统计数字的时期。继秦代的苛政、秦末农民起义和楚汉战争的多年战乱，以及自然灾害的频繁，汉初人口减耗严重。全国人口尚不足1500万人，"天下初定，故大城名都散亡，户口可得而数者十二三，是以大侯不过万家，小侯五六百户"③。汉高祖刘邦采取一系列措施，如解兵归农、释放奴婢、奖励生育、轻徭薄赋等，旨在恢复社会经济发展，历经文景之治，到汉武帝时期，社会经济发展一度达到西汉前期历史最高峰。

　　《汉书》无西汉前期的人口记录。《史记·高祖功臣侯者年表》及《汉书·高祖功臣表》载有部分侯国初封及国除时的户数，可以反映本阶段人口增殖率的大致情况。高祖六年（前201年）封文终侯萧何于南阳郡的酂（今湖北均县东南）8000户，文帝元年（前179年）增封300户，景帝二年（前155年）国除时增至26000户，年平均增长率达25.5‰，这是增长率最高的侯国；又封懿侯灌婴于颍川郡的颍阴（今河南许昌）5000户，文帝元年（179年）增封3000户，武帝元光元年（前134年）国除时增至8400户，年平均增长率为0.9‰，这是增长率低的侯国，总计可考的二十三侯国年平均增长率约13.5‰。④《汉书》虽不见武帝时期人口的记载，但如根据西汉前、后期人口增长情况，可以推断武帝末年的人口数字当在3200万左右。⑤

　　① 赵文林、谢淑君：《中国人口史》，人民出版社1988年版，第22页。
　　② 林剑鸣：《秦汉史》（上册），上海人民出版社1989年版，第163页。
　　③ 《史记》卷18《高祖功臣侯年表》第6。
　　④ 葛剑雄：《西汉人口地理》，人民出版社1986年版，第19—23页。
　　⑤ 王育民：《中国历史人口·历史时期中原及其周围地区的人口》，载《中国历史地理概论》（下册），人民教育出版社1987年版。

西汉时期人口继续增长，至平帝元始二年①（2 年）人口增长形成第一个高峰，总数高达 5959 多万人。《汉书·地理志》记载："自高祖讫于孝平，民户千二百二十三万三千六十二，口五千九百五十九万四千九百七十八，汉极盛矣"，颜师古注："汉之户口，当元始时最为殷盛"。

东汉建国后，因为历经多年战争，"海内人民可得而数，裁十二三。边陲萧条，靡有孑遗，郭塞破坏，亭队（隧）绝灭"②，所谓"户口减半""裁十二三"虽是蠡测之词，并非确数，但在短短二三十年间，人口损耗之重，下降幅度之大。光武帝经过三十三年的努力，到他统治的最后一年，中元二年（57 年），增加到户数 4279634，人口 21007820③。这是东汉时期最早的人口记录。其户口数恢复到西汉时的 1/3 以上。东汉时期，具有明确人口记载的时代兹列表 5—3④，以观大端。

表 5—3　　　　　　　　　东汉人口情况

帝纪	公元	户数	口数	资料来源	口户比
光武中元二年	57	4279634	21007820	《后汉书·郡国志》刘昭注引伏无忌所记	4.91
明帝永平十八年	75	5860573	34125021	伏无忌所记	5.82
章帝章和二年	88	7456784	43356367	同上	5.81
和帝永兴二年	105	9237112	53256229	同上	5.77
安帝延光四年	125	9647838	48690789	同上	5.05
顺帝永和中	136—141	10780000	53869588	《后汉书·郡国志》刘昭注《汉官仪》	5
顺帝永和五年	140	9698630	49150220	《后汉书·郡国志》	5.07
顺帝建康元年	144	9946919	49730550	伏无忌所记	5
冲帝永嘉元年	145	9937680	49524183	同上	5

---

① 《汉书》行政区划以元始年间为断，钱大昕《廿二史考异·侯国考》提出以成帝元延年间（前 12—前 9 年）为断。周振鹤在《西汉诸侯王国封域变迁考》（载《中华文史论丛》1982 年第 3、4 辑）则认为《汉书》郡国区划均以元延年间为断。考虑到《汉书》体例不一，元始二年距元延年间仅十余年，姑从旧说元始二年数。

② 《后汉书》卷 203《郡国志》5，刘昭注引应劭《汉官》。

③ 《后汉书》卷 203《郡国志》5，刘昭注引《伏无忌记》。

④ 赵文林、谢淑君：《中国人口史》，人民出版社 1988 年版，第 52 页。

续表

帝纪	公元	户数	口数	资料来源	口户比
质帝本初元年	146	9384227	47566772	同上	5.09
桓帝永寿二年	156	16070906	50066856	《帝王世纪》	1.9
桓帝永寿三年	157	10677960	56486856	《晋书·地理志》	5.29

综上所述，先秦两汉时期我国人口发展总体上呈上升的趋势，人口增加势必扩大对粮食需求量，而增加粮食产量除提高亩产量外，最有效的方法就是增加耕地面积。两汉时期中原土地已开垦殆尽，更多耕地则来源于毁林、毁草，这必然对生态环境，尤其是森林产生巨大影响。

（三）人口压力下的森林生态

春期战国时期各国人口和农田面积普遍增加，加上连年不断的战争及焚林而猎等不合理的资源开发方式，给自然环境造成很大压力，森林生态危机日益突出。《孟子·告子上》中说，牛山的森林只因为靠在都城边而被砍成濯濯童山。《墨子·公输班》提到的宋国无长木等史料都是具体表现。

战国时期封建制取代奴隶制，为社会生产力的发展开辟了道路。由于铁农具、牛耕在农业上的广泛使用，既促进了农田的大量开垦，又提高了耕作技术，社会经济大大发展，春秋时期原散于各国之间的"隙地"，陆续得到开发。大小城邑和新的居民点，如雨后春笋般地涌现出来"千丈之城，万家之邑相望也"，"三里之城，七里之郭"比比皆是。时齐国已是"邻邑相望，鸡鸣狗吠之声相闻，而达乎四境"；魏国则"庐田庑舍，曾无刍牧牛马之地。人民之众，车马之多，日夜行不休，已无异于三军之众"。战国时期各国都城的规模很大，《战国策·齐策》记载齐都"临淄之中七万户"，大街之上，"车毂击，人肩摩，连衽成帷，举袂成幕，挥汗成雨"，反映了封建社会早期城市人来人往熙熙攘攘的繁华景象。据考古发掘，当时临淄由大小二城组成，大城周二十公里，小城周五公里，"面朝后市"，规模宏伟。赵都邯郸、韩都郑、燕下都武阳等几座战国古都遗址，也颇具规模，都有手工业作坊和市场，反映了战国时期大城市"百工居肆"、商业繁盛的面貌。其他见于记载的如楚都郢"车毂击，民肩摩，市路相排突，号为朝衣鲜而暮衣弊"①。居民点的扩展和城邑、都城的扩大，除了能正面反映当时人口的增多，也从侧面验证了人口压力下生态环境逐步恶化。

战国时期人口的增长甚至已影响到国家的稳定及社会的安定。据《韩非子·五蠹》载："丈夫不耕，草木之实足食也；妇人不织，禽兽之皮足衣也。不事力而养足，人民少而财有余，故民不争。是以厚赏不行，重罚不用，而民自治。今人有五子不为多，子又有五子，大父未死而有二十五孙。是以人民众而货财寡，事力劳而供养薄，故民争；虽倍赏累罚而不免于乱。"《商君书·徕民》载："秦之所与邻者，三晋也；所欲用兵者，韩、魏也。彼土狭而民众，其宅参居而并处，其宾荫贾息，民上无通名，下无田宅，而恃奸务末作以处……此其土之不足以生其民也，似有过秦民之不足以实其土也。意民之情，其所欲者田宅也，而晋之无有也，信秦之有余也。"商鞅成功地利用了敌国地狭人稠的弱点，诱使敌国人民到秦国来开垦种粮，使秦国富强。对此，杜佑曾有经典评价："鞅以三晋地狭人贫，秦地广人寡，故草不尽垦，地利不尽出。于是诱三晋之人，利其田宅，复三代无知兵事而务于内，而使秦人应敌于外。故废井田，制阡陌，任其所耕，不限多少。数年间，国富民强，天下无敌。"② 上述史料说明，三晋地狭民稠被秦国利用招徕移民被史家认为是三晋灭亡原因之一，但从侧面反映一个现实，韩国面积狭小、人口密度增加必然带来生态危机和社会危机。

西汉时期，黄河中下游地区经济发达，人口众多，部分地区出生态危机。《史记·货殖列传》描述："长安诸陵，四方辐辏并至而会，地小人众"；"关中之地，于天下三分之一，而人众不过什三，然量其富，什居其六"；"昔唐人都河东，殷人都河内，周人都河南。夫三河在天下之中，若鼎足，王者所更居也。建国各数百千岁，土地小狭，民人众"；"中山地薄人众"；"邹、鲁滨洙泗……无林泽之饶。地小人众"；"沂、泗水以北……地小人众，数被水旱之灾"，等等。上述史料表明：黄河中下游地区，尤其是关中平原、关东地区很多地方存在"地小人众"的问题。个

---

① 《太平御览》卷776引桓谭《新论》。
② （唐）杜佑：《通典》卷1《食货一·田制上》。

别地区因为"无林泽之饶"，生态危机可能更为严重。就个体农民而言，人口增长超过其所拥有的土地能供养的人数，必然无法再养活。大约在汉武帝时，民间即存在"生子辄杀"①的溺子惨剧。

西汉人口的增长，农耕面积的扩大是汉代森林消失的主要原因之一。"公元2年，河南人口达到1500多万人，形成历史上第一次人口高峰。若按西汉统计人均垦田为14亩计，也约占有（今制）1.4亿—1.5亿亩垦田，即便是折半估算，也近于清末垦田，或占现今耕地面积的70%！可以说，平原可耕地大多辟作农田，乃至于一些陂泽湖沼也耕垦了，西汉末第一次出现了耕垦相对饱和状况。西汉时，中原是全国人口最密集地区，三圃制的推广，人口增殖，土地垦僻，丘陵、平原地区的天然森林所余无几，同时人工栽培林木也进一步发展，故有'安邑千树枣……河济之间千树荻，陈、夏千亩漆'之说。而且武帝瓠子堵口，'颓林竹兮楗石菑'，东汉'冠恂为河内伐竹淇川，治矢百余万以益军资'，淇园的人工栽培的竹林仍很茂密，直至魏晋，该处都设有司竹监。"②《汉书·地理志》记载荆扬地区皆"伐木而树谷，燔莱而播粟，火耕而水耨"，"民食鱼稻，以渔猎山伐为业"。长期下去，对生态环境也具有很强的破坏作用。另外，三峡地区的生态环境在先秦时还是原始森林密布，渔产丰富，但在秦汉时期，却由于人类的活动而受到影响。此时植被开始供本地人采樵、煮盐、建城镇、烧木肥田之用，也开始供朝廷和其他地方使用，以致造成山崩现象。③

随着秦汉时期中国历史上第一次人口增长高峰的出现，人口压力下的农业受到严峻挑战，同时随着生产力的发展，生产技术的提高，人类对自然的作用力增强。伐木垦田，除草种谷已经成为常态。秦汉时期不断破坏自然资源的活动使生态环境趋于恶劣，导致黄河水患在这一阶段频繁发生，两汉时期共决口十六次，其中五次导致改道。④并且汉时的黄河已是"兼浊河之名"，达到"一石水六斗泥"⑤的程度。秦汉时期出现了我国

---

①　《汉书》卷27《禹贡传》。

②　徐海亮：《历代中州森林变迁》，《中国农史》1988年第4期。

③　武仙竹：《三峡地区的环境变迁与三峡航运》，《四川文物》1998年第6期。

④　倪根金：《秦汉环境保护初探》，《中国史研究》1996年第2期。

⑤　《水经注·河水一》。

森林生态破坏的第一个高潮。

（四）开荒垦殖与森林消减

开荒垦殖是历史时期森林削减的另一主要原因。我国最古老、最原始的开荒垦殖方式是焚烧草木。人类在金属工具发明之前，石器时代的伐木除草比较费时费力。烧去地面上的草、木则比较容易，也是古人常用的开荒方式，焚烧草木不仅能轻松铲除地面覆盖物进行耕种，而且烧后的草木灰也是天然的土壤肥料，更为重要的是还能驱赶林中的动物，有时候还能直接得到烧熟的野兽肉。

中国上古中关于火的传说往往是与垦荒密切相关。神农氏尝百草教民稼穑，是农业的创始者，然而神农氏又成炎帝，即也是火神。张守节注释《史记·五帝本纪》时说："神农氏姜姓……有圣德，以火德王，故号炎帝。"《左传》两次言及此事。昭公十七年记曰："炎帝以火纪，故为火师而火名。"哀公元年也曾记曰："炎帝为火师，姜姓其后也。"《大戴礼记·五帝德》记载说舜："使益行火，以辟山莱。"《孟子》总结道："当尧之时，天下犹未平，洪水横流，泛滥于天下。草木畅茂，禽兽繁殖，五谷不登，禽兽逼人。兽蹄鸟迹之道，交于中国。尧独忧之，举舜而敷治焉。舜使益掌火，益烈山泽而焚之，禽兽逃匿……后稷教民稼穑，树艺五谷。"说的都是一件事情，即舜命令益用火焚烧山林，以获得耕地。据此可见，刀耕火种在我国古代起源很早，其对农业生产及生态环境的影响自然也很深远。从这段史料可见原始农业的起源过程：先焚林，一来驱除林中之兽，二来清除草木，然后辟为农田，种植五谷。

《周礼·秋官》有两职官掌握焚林而田。一为"柞氏"，其职责为"掌攻草木及林麓。夏日至，令刊阳木而火之。冬日至，令剥阴木而水之。若欲其化也，则春秋变其水火。凡攻木者，掌其政令"。另一为"薙氏"，其职责为"掌杀草。春始生而萌之，夏日至而夷之，秋绳而芟之，冬日至而耜之。若欲其化也，则以水火变之。掌凡杀草之政令"。《管子》对这种现象有所记载，"至于黄帝之王，谨逃其爪牙，不利其器，烧山林，破增薮，焚沛泽，逐禽兽，实以益人"。《周礼·秋官》有两个官职具体掌管焚烧草、木，进行耕种，指导人们在合适的季节砍伐焚烧相应的树木，可见这已经升到了国家政令的地位，也表明国家对这项事务的重视程度之高。在这种政策的鼓励和督促下，各级官员定会不遗余力，刀耕火种，发展农业。但是先民只知道放火烧林，却不懂得如何控制火势，一旦燃烧，便只能任其燃烧直至自然熄灭。所以先民们在焚林而田的时候绝不会做出需要耕种多少而烧出多少的决定，往往是烧毁了大片的草木却只能利用其中一小部分。

《诗·大雅·旱麓》记载："瑟彼柞棫，民所燎矣。"汉代郑玄笺："柞棫之所以茂盛者，乃人燅燎，除其旁草。"这里我们不仅看到了当时刀耕火种的场面，还使我们看到了砍伐树木的种类。《左传》对此记载更多，如桓公七年"春二月己亥，焚咸丘"。杜注曰："焚，火田也。"再如昭公十六年记载郑国东迁至虢、郐时，"庸次比耦，以艾杀此地，斩之蓬蒿藜藋"①。为了发展农业生产，先民对灌木丛生的虢、郐之地进行了砍伐。襄公十四年载姜戎氏首领言曰："（惠公）赐我南鄙之田，狐狸所居，豺狼所嗥。我诸戎除剪其荆棘，驱其狐狸豺狼。"② 这也是在追溯其先民在南鄙之田砍伐荆棘、发展农业的历史。类似的记载还出现在《盐铁论·轻重篇》里，说的是齐国初建时，面临着同样的情形："昔太公封于营丘，辟草莱而居焉。"

可见，在当时众多诸侯或地区内刀耕火种是非常普遍的一种做法，其最为直接的目的就是获得耕地。《管子·轻重甲篇》说得非常明白："齐之北泽烧，火光照堂下。管子入贺桓公曰：'吾田野辟，农夫必有百倍之利矣'。"意思是齐国为了发展农业生产而放火焚烧北泽，这种做法不仅没有受到批判，还得到了赞同，如管仲就因此向齐桓公祝贺田野得到开辟，农民可以多收入百倍的作物。齐国如此，其他国家应该也大抵如此。而《礼记·王制》则记载有关于火田的规定："昆虫未蛰，不以火田。"说明周人经过长期的实践，已经发现了火田所适用的季节，这对于这种生产方式的推广，无疑起到了很大的作用。

上古时代没有良好的耕具时，只能用火焚林，开垦农田，以火焚之灰做肥料，种植农业。因为不用耜或犁翻耕土地，只利用地表一层的肥力，生长农作物，不出几年地力便会耗尽，产量下降，古人不明白原委，以为

---

① 洪亮吉：《春秋左传诂》，中华书局1987年版，第724页。
② 同上书，第52页。

天降灾难，不得不迁地避祸，另辟新田。这种农业的长期休耕制，其他国家地区也有类似经验。[①] 上古时期的帝王都邑经常迁徙，夏、商、周三代值得注意的是频繁的人口迁移。史称夏后氏十迁、周人七迁。殷人的迁移则更加频繁，仅史籍可征的就有 16 次，殷人自称"不常宁""不常阙邑"。土地肥力下降，迁徙到别处焚林而田或许是主要原因。傅筑夫认为，殷人迁移无常系旧都邑不能继续生存，殷人是游农经济，每隔若干年地力减退，产量严重下降，人民不得不迁至他处，另辟一片新地。解决粮食问题，维系种族繁衍，是当时人口迁移的根本原因。[②] 这种解释与世界原始农业起源非常符合。以当时的环境与农业生产技术来看，游耕说更接近实情。

周朝建立后，封邦建国，这些诸侯国在其封地建立城邑，并以放射型方式向四周增辟农田。《尔雅·释地》记载："邑外谓之郊，郊外谓之牧，牧外谓之野，野外谓之林，林外谓之坰。"这是开展放射型的农业理想化的描述。具体步骤就是以邑为中心点，一层一层地放火焚烧林地，按照人口需要扩展农田，农耕带外围则任其生长野草及次生灌丛，作为牧区，最外围则是未烧到的林地，留作防卫林及辖区边界线。当人口逐渐增加时，这些放射型的开发圈便逐层向外扩展。在人口最稠密的地区，各城邑的外围林地已全部消失，各诸侯辖区农田彼此接壤。[③] 这种情况在《战国策》里得到全面反映，并对这种放射型的农业生产模式做过描述。《战国策·赵策》说道："古者四海之内，分为万国；城虽大，无过三百丈者；人虽众，无过三千家者。"后来随着人口增加，各城邑便相接壤了，曾经作为边界线的林地已经不复存在，对此《战国策·赵策》又说道："今千丈之城万家之邑相望也。"

随着人口的增加，已经找不到新的林地可供焚烧，这也促使一些部落

---

① 赵冈：《中国历史上生态环境之变迁》，中国环境科学出版社 1996 年版，第 6 页。

② 傅筑夫：《中国经济史论丛》（上册），生活·读书·新知三联书店 1980 年版，第 23—51 页。关于上古帝王频繁都迁有各种说法，黎虎提出了与傅筑夫相反的说法（黎虎《殷都屡迁原因试探》，《北京师范大学学报》1982 年第 4 期；黎虎《游农不能解释殷都屡迁的原因》，《中国社会经济史研究》1987 年第 3 期）。也有人认为是"躲避河患"（李民《殷墟的生态环境与盘庚迁殷》，《历史研究》1991 年第 1 期）。

③ 赵冈：《中国历史上生态环境之变迁》，中国环境科学出版社 1996 年版，第 7 页。

不再迁徙，开始定居下来从事耕种，恢复土地肥力实施休耕。休耕的前提仍然是为了焚烧次生植被。《尔雅·释地》记载："田，一岁曰菑，二岁曰新田，三岁曰畲。"孙星炎注："菑，始灾杀其草木也。"灾杀就是以火烧除的意思。《诗诂》曰："一岁为菑，始反草也；二岁为畲，渐和柔也；三岁为新田，谓已成田而尚新也。"简言之，休耕农作制度就是三年一循环的休耕制度。每块农田耕作一年，休耕二年，田中任由野草杂木生长，然后再以火将野草及杂木烧去，利用其灰烬为肥料，来年耕种，开始下一个循环。直到明代还很受欢迎。徐光启在《甘薯疏序》中说道："耕获菑畲，时时利赖其用。"

春秋战国时期，虽然人口增长迅猛，但相对于广阔的平原，人口总体数量还是有限的，开垦农田只需在平原地带，所焚烧的林地也大都是平原地区的森林。战国时代虽然有山区森林遭破坏，但不是为了耕种。《孟子》记载："牛山之木尝美矣，以其郊于大国也，斧斤伐之，可以为美乎？是其日夜之所息，雨露之所润，非无萌蘖之生焉，牛羊又从而牧之，是以若彼濯濯也。人见其濯濯也，以为未尝有材焉，此岂山之性也哉？虽存乎人者，岂无仁义之心哉？其所以放其良心者，亦犹斧斤之于木也；旦旦而伐之，可以为美乎？"从这段描述可以看出，牛山之所以成濯濯之山，是因为其处于国都附近，人民"旦旦而伐之""牛羊又从而牧之"的原因。

两汉时期江南地区采用"火耕水耨"[①] 水稻种植方式。《史记·货殖列传》记载："楚越之地，地广人稀，饭稻羹鱼，或火耕而水耨……江淮以南无冻饿之人，亦无千金之家。"张守节正义："风草下种，苗生大而

---

① 学者对"火耕水耨"有较多争议：日本学者西鸠定生认为先秦时期江淮地区稻作农业的实际情况可以用火耕水耨来加以概括。简单说来，火耕水耨是把地里前一年的枯草用火烧掉，再把水稻直插田中，待发芽后苗长七八寸时，割除杂草再灌水灭绝，可见当时那里还没有育秧移栽。（西鸠定生《中国古代农业的发展历程》，《农业考古》1981 年第 1 期）这一说法与应劭之注相似。阎万英认为："所谓火耕水耨，即用火焚烧地面的草木以肥地，然后耙之。浸之漫灌，把草沤烂在水里，农业生产技术落后，耕作粗放"。（阎万英《西汉时期我国农业区域概貌》，《农业考古》1981 年第 2 期）古代的"火耕水耨"是有多种含义的。其一，是指草莱初创时的焚草辟地和灌水耕耨的耕作方式。这种方式是比较原始粗放的。其二，火耕与水耨是两种不同的耕作方式，古籍将之连称，但实际是两回事。火耕主要是指耕种前的焚草肥田活动。（林蔚文《百越民族的农业生产》，《农业考古》2004 年第 1 期）

草生小，以水灌之，则草死而苗无损也。"汉代桓宽《盐铁论·通有》云："燔莱而播粟，火耕而水耨。"《汉书·武帝纪》记载："江南之地，火耕水耨。"颜师古注引应劭曰："烧草下水种稻。草与稻并生，高七八寸，因悉芟去，复下水灌之，草死，独稻长，所谓火耕水耨。"应劭为东汉人应该有机会亲自观察过这种耕作方式，其说法可信度很高。清朝人沈钦韩进一步补充了应劭所忽略的细节，这是最节省人力的种稻方法。这种稻田是年年种植，不像畲田休耕制下有很高的野草，用火烧的主要是上年留下的稻秆。沈钦韩在其所著的《补注》中曰："火耕者，刈稻了。烧其槁以肥土，然后粗之，稻人职，夏以水殄草而芟夷之。"这种说法是很正确的。出土的汉墓画像砖可以证明。当时人收割稻谷的时候，只收割穗头，弃稻秆于田内，供来年春天焚烧。①

"火耕水耨"不应该单纯地概括为南方水稻耕种方式，它应该是在南方不同地区实施的两种农业生产方式，即一为火耕，另一为水耨。《盐铁论·通有》说：荆扬之地"伐木而树谷，燔莱而播粟，火耕而水耨，地广而饶财……"这段史料点明了东南沿海沿江之地是存在"燔莱而播粟，火耕而水耨"两种不同的生产方式。"燔莱而播粟"显然是旱地作物粟的种植，"火耕而水耨"才是水稻种植。《晋书·食货志》载："往者东南草创人稀，故得火田之利"，也点明了东南之地存在火耕方式。

不难这样想象火耕的后果：大量葱葱郁郁的森林草木植被焚烧干净，大片的林地变成了耕地，这直接导致生态环境的面貌发生了根本变化。同时，众多的以树林为栖身地的禽兽失去了乐园，被迫远走他乡另觅栖息进食之地，这是对生态环境的间接影响，但这种影响是存在的。还需要指出的是，由于周代农业生产水平的落后，在施肥技术还没有出现之前，土地的墒情在一年内难以为继，也就是说通过刀耕火种得到的耕地一年后就失去了肥力，难以在上面继续种植庄稼。于是人们就再次刀耕火种，开辟另外的耕地，如此恶性循环，必将烧掉砍掉越来越多的树木草丛，赶跑吓跑越来越多的飞禽走兽，导致生态环境发生巨大的变化。②

秦汉时期，南方各地越人在土地开垦方面也做出积极的努力。这些地

---

① 刘盘修：《火耕新解》，《中国经济史研究》1993 年第 2 期。
② 李金玉：《刀耕火种对周代生态环境的影响》，《农业考古》2013 年第 3 期。

区或地处东南沿海，土地肥沃，或僻处山间野谷，地力贫瘠，但是随着农业生产力的逐步提高，土地开垦活动也渐渐开展起来，他们或通过伐木树谷、燔莱播粟，或通过水耨种稻，最终收获较丰。史称"荆扬南有桂林之饶，内有江湖之利……伐木而树谷，燔莱而播粟，火耕而水耨，地广而饶财"。各地越人伐木辟地，披荆斩棘开垦农田。"火耕水耨"是中国原始农业的耕作方式，从先秦历经秦汉而不息，一直延续到明清时期，甚至今天的一些地区和民族仍然采用这种生产方式。这种耕作方式对森林产生的巨大破坏作用谁也不能否定的，这也极大地影响了森林生态环境，乃至影响到了中国历史时期环境变迁过程。① 但讨论这种生产耕作方式并不是否定它在历史上起到的积极作用，而是尽可能客观再现这种生产方式对森林生态产生过的消极影响。

（五）移民屯垦与森林消减

　　移民屯垦对生态环境影响是巨大，尤其是对屯垦所在地的植被破坏是毁灭性的。屯垦所在区域必然是有草木生长的地方，草木生长意味着或降水量丰沛或地下水蕴藏丰富。草木无法生长的地区当然也就不可能被垦为田地。

　　秦统一天下后，进行了大规模的移民实边。如公元前215年，大将蒙恬率大军收复河套以南地区。随即在那里设置了44个县，迁徙内地数万人来此屯垦，把牧地变为农田，改变当地植被。此后，秦朝经常组织大批

---

　　①　关于刀耕火种对生态环境是否造成影响在学术界还存在一定分歧。蓝勇认为："在远古时期，蛮荒四野，人少兽多，人类利用火种方式烧山，使猛兽出没威胁人类基本生存的森林部分变成耕地，这无论从哪个方面来看都应是一种进步，自然不可简单地与今天的'乱砍滥伐'造成水土流失挂上号"（蓝勇《"刀耕火种"重评——兼论经济史研究内容和方法》，《学术研究》2000年第1期）与他相反，李根蟠则认为刀耕火种对生态环境造成了影响，"原始农业以砍烧林木获得可耕地和灰烬为其存在前提，它的积极意义在于开始了人类通过自己的活动增殖天然产品的过程，开拓人类新的活动领域和空间，但它在进行生产的同时，破坏了自身再生产的条件"。（李根蟠《试论中国古代农业史的分期和特点》，载《中国古代经济史诸问题》，福建人民出版社1990年版，第98页）苏秉琦与李根蟠持相同观点："旧石器时代几百万年，人与自然的关系是协调的，这是渔猎文化的优势。距今一万年以来，从人类文明产生的基础——农业的出现，刀耕火种，毁林种田，直到人类发展到今天取得巨大成就，是以地球濒临毁灭之灾为代价的。中国是文明古国，人口众多，破坏自然较早也较严重。"（苏秉琦《中国文明起源新探》，三联书店1999年版，第181页）

移民，在"戍边郡"的名义下，越过农牧分界线，向黄河中上游流域的畜牧业区的陕北、宁夏、陇西和河套平原等地进军。再如秦始皇三十五年（前212年），"徙五万家于云阳"。云阳在今泾水上游的陕西淳化县北。秦始皇三十六年（前211年），"迁北河、榆中三万家"①，北河指黄河流经河套地区的一部分，榆中则是指河套东北阴山向南一带。秦时移民，除南方、关中等地移民定居下来外，北方边地的移民在秦末农民战争中大多离去，史载："戍边者皆复去"，匈奴"复稍度河南，与中国界于故塞。"②

两汉时期的移民大都是政府有目的有组织进行的，主要分为"强干弱枝"的移民关中和在"戍边郡"名义下而实行的移民边地两个类型。葛剑雄研究认为：西汉一代从关东徙入关中的人口累计数近30万人，而至西汉末年，在关中的关东移民后裔约121.6万人，几乎占三辅人口的一半；因关东移民多为地主官僚，非生产人口比例很高。总人口尤其是非生产人口的增长速度大大超过了当地粮食增产的速度，每年需要由关东输入的粮食越来越多，造成困难。在西汉中期关东人口激增、地少人多的情况下，这种迁移对于解决关东人口的相对过剩起到了一定的作用。③ 关中众多的移民，给当地的生态环境造成了很大的影响，首先就是垦荒增产，加大农业投入。如水利设施的建设，而这些设施又间接地对黄河流域的生态产生了影响。其次是关中环境污染严重，如噪声、灰尘等。班固《西都赋》描述当时的长安"九市开张，货别隧分，人不得顾，车不得旋，阗城溢国，旁流百廛，红尘四合，烟云相连"。此描述虽能表现当时的繁华，但同时也让人感到长安城里灰尘、烟雾及噪声污染的严重。

武帝时是西汉王朝最强盛的时期，对外征战频繁，移民活动亦随着对外战争的捷报频传而屡屡进行，并在徙民地设置农官，进行垦殖。具体而言，有以下几次：

元朔二年（前127年）卫青逐走匈奴收复河南地，置朔方、五原郡，"募民徙朔方十万口"④。

① 《史记》卷6《秦始皇本纪》第6。
② 《史记》卷110《匈奴列传》第50。
③ 葛剑雄：《西汉人口地理》，人民出版社1986年版，第150—162页。
④ 《汉书》卷6《武帝纪》第6。

元狩四年（前119年），关东连年遭受水灾，"乃徙贫民于关以西，及充朔方以南新秦中七十余万口"①。

元狩五年（前118年），"徙天下奸猾吏民于边"②。

元鼎六年（前111年），为保证战争需要的粮食供给，"于上郡、朔方、西河、河西开田官、斥塞卒六十万人，戍田之"。颜师古注曰："开田，始开屯田也。斥塞，广塞令隙。"③ 此条与元狩四年所述及的"关以西，及充朔方以南新秦中"，大致相当于泾渭北洛上游与山陕谷地流域的原是畜牧区的广大地区，新秦中大致相当于"河南地"。

天汉元年（前100年），"发谪戍屯五原"。④

屯田的发展以牺牲天然植被为代价。移民到达后，因建亭筑塞及生活必需，也会对森林进行大规模的砍伐。如汉宣帝时赵充国在祁连山南麓实行军屯，"伐材木大小六万余枚，皆在水次"，"大小六万余枚"，可见当时的屯田丝毫不会考虑生态环境问题，并且赵充国还总结了"不出兵留屯十二事"，其中第六为："以闲暇时下所伐材，缮治邮亭，充入金城。"⑤为解决人民的生活问题，西汉在移民的同时，大力提倡垦荒。到平帝元始二年，全国垦田面积达827053600亩，口数达59594978，仅黄河中下游的朔方、司隶州、豫州、冀州、兖州人口占全国人口的49.17%。⑥ 人口的剧增对资源的需求也相应增大，尤其是对人口密集的黄河中下游地区，对资源的开发达到了近乎掠夺式的地步。森林、草原等植被遭到了破坏，水土流失严重，黄河水道泥沙比重增大，导致河患频繁，黄河改道，黄河中下游流域地区出现了生态环境恶化高潮。

在边地移民的影响下，本来从事游牧业的匈奴也学会了农业生产。卫律曾经与单于谋划"穿井筑城，治楼以藏谷，与秦人守之"⑦。这其中的打井、筑城、生产粮食都是农业生产的典型标志。武帝末年，匈奴的经济

---

① 《汉书》卷24下《食货志》第4下。
② 《汉书》卷6《武帝纪》第6。
③ 《汉书》卷24下《食货志》第4下。
④ 《汉书》卷6《武帝纪》第6。
⑤ 《汉书》卷69《赵充国传》。
⑥ 梁方仲：《中国历代人口、田地、田赋统计》，上海人民出版社1980年版，第4—14页。
⑦ 《汉书》卷94《匈奴传》第64。

生产方式已经是农牧混合经济体了，并且农业发展水平已有一定的规模，并对其经济生活产生严重的影响。匈奴杀李广利后"会连雨雪数月，畜产死，人民疫病，谷稼不熟"，使"单于恐"。师古曰："北方早寒，虽不宜禾稷，匈奴中亦种黍穄。"①

　　降至东汉，农业生产方式开始后退，游牧生产方式渐居主导地位。因光武帝忙于国内统一战争，无暇顾边，只好放弃对边疆八郡的管辖，罢省定襄郡，徙民于西河；徙雁门、代郡、上谷等郡吏民六万余口于居庸、常山以东。据《后汉书·南匈奴列传》记载，此时匈奴"转居塞内"，"入寇尤深"，曾于建武二十年（44 年）一度进抵上党、扶风、天水等郡，"北边无复宁岁"②，匈奴成为东汉政府的边患。建武二十六年，因匈奴南单于内附，东汉政府恢复了对北地等八郡的统治，内徙边民陆续"归于本土"，史载："建武二十六年（50 年）……秋，南单于遣子入侍……于是云中、五原、朔方、北地、定襄、雁门、上谷、代八郡民归于本土。遣谒者分将施刑，补理城郭，发遣边民在中国者布还诸县，皆赐以装钱，转输给粮食……时城郭丘墟，扫地更为，上乃悔前徙之。"③ 内附南匈奴单于率部内迁于边郡。到章、和二帝时，又有大量北匈奴降附，散居北方边郡。除此以外，尚有一定数量的羌、乌桓、胡、休屠等少数民族迁往黄河中游的边郡地带，据统计，其数有百万之众。④ 这些内迁少数民族，除为数极少的从事农业外，绝大多数从事畜牧业生产。东汉中后期，由于中央政府与少数民族政权的摩擦增大，战争屡有发生，居住在边地的居民纷纷南迁，出现了"城邑皆空""塞下皆空"的情景。汉民撤退，羌胡趁机填此空白，这完全可以看作是农牧生产方式的又一次转换。汉献帝时蔡琰被虏入胡十二年，最有可能观察到边民的生活、生产方式。她在《悲愤诗》曾写道："历险阻兮之羌蛮"，把西河故地匈奴单于庭一带说成："人似禽兮食臭腥……胡笳动兮边马鸣"，这很可能说明当时的西河之地游牧生活

---

① 《汉书》卷 94《匈奴传》第 64 上。

② 《后汉书》卷 119《南匈奴传》第 79："造战车，可驾数牛，上作楼橹，置于塞上，以拒匈奴。"

③ 《资治通鉴》卷 44，《汉纪》36。

④ 谭其骧：《何以黄河在东汉以后会出现一个长期安流的局面》，《学术月刊》1962 年第 2期。

方式居主导。

　　据统计，先秦时期我国的人口长期维持在 1100 万—1300 万人，在饱经战乱之后的西汉初年人口降至五六百万人。汉平帝元始二年，人口增至 5959 万人，增加近 10 倍，是我国历史上人口第一次快速增长时期。当时有耕地 3847 万公顷，较汉初耕地增加 6.4 倍。农耕区的西北界远至新疆、河西走廊、银川平原及内蒙南部，西部扩大到西宁、成都一线。① 这些地区从土壤、气候、地形等因素来看，是农牧皆宜的过渡地区。再加上农耕地区的生活习惯，这些移民到达边疆后，仍操旧业，而且政府常常是"先为室屋，具田器"②。武帝时，移民到达迁移地后，政府"皆予犁牛"，让他们屯田，以便"冬夏衣廪食，能自给而止"。③ 内地移民来后大肆垦荒屯田，使这里的屯田面积迅速增加，农业区域扩大，"北益广田至眩雷为塞"④。眩雷塞在西河郡的西北边，约在今内蒙古伊克昭盟杭锦旗的东部，而这一地区今天已是属于农牧过渡地带，自此以西，即不可能再从事农业。可见当时的垦区事实上已扩展到了自然条件所容许的极限。⑤ 昭宣以后，匈奴已降，边衅既息，北边人口增长更快，到平帝二年时，山陕峡谷、泾水北洛上游的人口多达202 万人。⑥

　　比较两汉人口分布区域，可以看到：西汉人口主要集中在黄河中下游地区。以元始二年为例，朔方、司隶州、豫州、冀州、兖州、青州、并州七州的人口占全国人口的 59.78%，而南方各州人口相对稀少；降至东汉，黄河流域人口急剧下降。以司隶州为例，其人口由西汉元始二年（2年）的 6682602 人减少到东汉永和五年（140 年）的 3106161 人，而降幅

---

　　① 王乃昂、颉耀文、薛祥燕：《近 2000 年来人类活动对我国西部生态环境变化的影响》，《历史地理论丛》2002 年第 3 期。

　　② 《汉书》卷 49《爰盎晁错传》第 19。

　　③ 同上。

　　④ 《汉书》卷 94 上《匈奴传》第 64 上。

　　⑤ 谭其骧：《何以黄河在东汉以后会出现一个长期安流的局面》，《学术月刊》1962 年第2 期。

　　⑥ 此数据依据梁方仲《中国历代户口、田地、田赋统计》（上海人民出版社 1980 年版，第16 页）"西河郡口数 698836、上郡口数 471286、北地口数 210688、安定郡口数 143294、天水郡口数 261348、陇西郡口数 236824"计算而得。

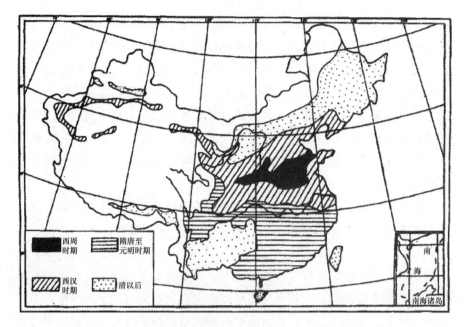

图 5—1 历史时期我国传统农耕区扩展及其对天然植被的破坏

(引自叶笃正《中国的全球变化预研究》，气象出版社 1992 年版，第 15 页。)

最大的是西北边郡地区，如西河、陇西、朔方、上郡、北地等郡的降幅都在 90% 以上，甚至还大于这一幅度。西河、陇西、五原、上郡在西汉元始二年时的人口密度为每平方千米 15.9 人、8.8 人、14.3 人、13.5 人，到东汉时期则分别降为 0.4 人、0.7 人、1.4 人、0.6 人，其他的如金城、云中等地，人口下降幅度也不低于 80%。[①] 而东汉时期人口减少最多的边郡大都处在黄河中游，这一地区几乎是黄土高原和黄土丘陵，黄土深厚，地形起伏不平，故一经开垦，面蚀与沟蚀同时并进，水土流失就很严重，如天水、陇西二郡位于渭水上游，北地郡位于泾水上游，上郡位于北洛河上游和山陕峡谷流域。而这些地区与黄河下游河道安危关系最为密切，据谭其骧研究：边区十郡范围内人口数不过 32 万人，而这一地区正是总数百万人左右的羌胡等族的主要分布区，人口的增减与分布地区的变化，直

---

① 梁方仲：《中国历代人口、田地、田赋统计》，上海人民出版社 1980 年版，第 31—32 页。

接影响着生态环境的变化。北方特别是黄河中下游地区人口的减少，人对自然的干预程度就大为减轻，生态资源在西汉肆虐开发后得到一个恢复之机，黄河流域的水土流失程度减轻，黄河也进入了一个相对安流的时期。① 到了东汉后期，政府不得不放弃在边境已设的许多郡县，承继西汉时的屯田区基本不复存在，当地居民以少数民族为主。已屯垦的农田在少数民族的生产方式经营下，又复变为草原牧场，已遭秦、西汉时屯垦破坏的天然植被逐渐得到恢复，黄河中游的水土流失减少，生态开始呈现出良性状态。

　　边地屯田在当时边境防御确实起到了积极作用。同时也要承认，适度的人口密度和适当的屯田垦荒举措也是改善生态环境的一种方式，如将"河南地"称为"新秦中"，言下之意，"河南地"是另外一个"秦中"，可见此地农业之发达。但是不当的垦殖及农牧生产方式的反复转换，其结果必会破坏生态平衡，使局部生态环境出现恶化趋势。如土地沙化、水土流失。关于这一点，既可以从黄河中游的流域的地质特征来考察，同时考古资料也给予了证明。黄河中游大部分处在黄土的覆盖下，黄土高原由于是风积形成的，所以结构松散、孔隙很多、易溶蚀崩塌，因其处在东南沿海与西北内陆之间，正是我国来自太平洋的东南季风暖湿气流向西北吹送的通道中，其气候带有明显的过渡性，为我国东南沿海温暖湿润的季风气候向西北内陆干旱气候过渡的半湿润半干旱的温带大陆性气候，400 毫米等降水线大致与外长城相伴。黄土高原大部分地区降水量少，日照时间长，蒸发量大，干旱问题突出。生态的脆弱性加上滥垦、滥伐、滥牧等不合理的人类活动，使黄土高原的植被遭到严重破坏。中国历史上生态恶化的第一次高潮出现秦汉时期。秦汉时期的屯垦使晋北陕北的森林遭到大规模的破坏。黄土高原自古以来的广种薄收的轮荒制度，农谚是"不整百垧，不打百担"。再加上农业的季节转换，而这期间正是大风盛行的时期，因此极易造成土地沙化。② 西汉元始二年的垦田达 827053600 亩。③其中新增耕地不少来自生态系统较为脆弱的地方，如西北垦区。而在这些

---

　　① 谭其骧：《何以黄河在东汉以后会出现一个长期安流的局面》，《学术月刊》1962 年第 2 期。

　　② 吴传钧：《中国经济地理》，科学出版社 1998 年版，第 310—318 页。

　　③ 梁方仲：《中国历代人口、田地、田赋统计》，上海人民出版社 1980 年版，第 4 页。

地方毁林毁草垦辟，不仅极易出现沙漠化，而且所造成的严重水土流失，还导致西汉"河患"频仍，谭其骧曾言："历史时期一地区的植被情况如何，主要决定于生活在这地区内的人们的生产活动，即土地的利用方式。如果人们以狩猎为主，天然植物可以基本上不受影响。畜牧与农耕两种生产活动同样都会改变植被的原始情况，而改变的程度后者又远远超出前者。因为人们可以利用天然草原来从事畜牧，只要放牧不过度，草原即可以经久保持，而要从事农耕，那就非得先把原始森林和草原加以砍伐或清除不可。"① 侯仁之、俞伟超通过对乌兰布和沙漠的考古发掘认为：乌兰布和沙漠北部数以千计的汉代墓葬并不是出征将士的墓葬，而是当地居民的墓葬，可以设想在 2000 多年前，汉代最初的移民，正是在一片原始大草原上，把一望无际的处女地开垦起来。朔方郡设立之初，沿边不断有军事冲突，人民生活不安定。汉宣帝即位以后，呼韩邪单于于甘露二年（前 52 年）归汉，汉王朝采取怀柔政策，长期的边疆纷争转为和平安定的局面，史称"朔方无复兵马之踪，六十余年矣"②。这六十余年是汉王朝北边诸郡自开辟以来人口最为繁庶、农业最为发达的时期，不过沿边诸郡的农垦数量，由于缺乏记载，很难估计。大量史料记载可以间接反映当时边郡的农产是颇有余裕。汉宣帝甘露二年，呼韩邪单于款五原塞，三年至长安，汉王朝"宠以殊礼"并厚加赏赐。《汉书·匈奴传》称："单于就邸月余，遣归国……汉遣长乐卫尉高昌侯董忠。车骑都尉韩昌，将骑万六千，又发边郡士马以千数，送单于出朔方鸡鹿塞。昭忠等留卫单于，助诛不服，又转边谷米糒前后三万四千斛，给赡其食。"③ "三万四千斛"合今 68000 斗，约 200 万斤。④

　　如果可以把沿边诸郡汉族人口的增减，看作是农业盛衰的一种反映，那么根据《汉书·地理志》和《后汉书·郡国志》的记载，比较一下五原、云中、定襄、朔方、雁门、上各、代、北地八郡人口的变化是有意义

---

　　① 谭其骧：《何以黄河在东汉以后会出现一个长期安流的局面》，《学术月刊》1962 年第 2 期。

　　② 《后汉书》卷 119。

　　③ 《汉书》卷 94《匈奴传》第 64。

　　④ 侯仁之、俞伟超、李宝田：《乌兰布和沙漠北部的汉代垦区》，载《历史地理学的理论与实践》，上海人民出版社 1979 年版，第 83—86 页。

的。从表5—4可以看到，自前汉至后汉以及八郡人口数字都有减少的趋
势，但北边八郡尤为剧烈。

表5—4 　　　　　　　　　　　　北边八郡人口数量

人口 郡 时代	五原	云中	定襄	朔方
前汉	231328	173270	163144	136628
后汉	22957	26430	13571	7843
增（＋） 减（－）	－208371	－146840	－149573	－128785

人口 郡 时代	雁门	上谷	代	北地	汉王朝各 郡总计
前汉	293454	117762	278754	210688	59594978
后汉	249000	51204	126188	18637	49150220
增（＋） 减（－）	－44454	－66558	－152566	－192051	－10444758

与此相反，后汉一代自建武二十六年（50年）南匈奴入居上述八郡
后，一直到和帝永元二年（90年），在前后40年间，其人口总数，竟从
原来的四五万人增加到23.7万余人。这与同一地区汉族人口的锐减，形
成了鲜明的对比，可以推测后汉时期北边八郡的农业较之前汉已经大为衰
退。[①] 这段时期可以看作是北方八郡草原植被的恢复时期。

侯仁之等经过实地勘察认为，汉代朔方郡西部的汉代垦区长期经营
后，终于被迫放弃，其原因既不是流沙的侵袭，也不是由于任何其他自然
原因的威胁，主要是由于汉族人口的退却。汉以后，这一地区始终为游牧
民族所占有，汉族势力即使在盛唐时期，也没能越过河套达到这里。因
此，现在所见这一地区的人类活动遗址上，除去大量汉代陶片和汉代器物

----

① 侯仁之、俞伟超、李宝田：《乌兰布和沙漠北部的汉代垦区》，载《历史地理学的理论
与实践》，上海人民出版社1979年版，第89—90页。

的散布外，极少发现后代文物的遗存。现在这一带地方已经是一片荒漠景象。可以这样说，汉代开垦之前，这一地区是一望无际的干草原，北面阴山上则林木覆盖。在历史的进程中，整个地区的气候可能逐渐变得干旱起来，不过其变化速度是非常缓慢的。到汉代移民在这里着手垦荒的时候，水源也还比较丰沛，因此在比较安定的社会条件下，汉代垦区也就稳定地发展起来。但是，随着社会秩序的破坏，汉族人口终于全面退却，广大地区之内，田野荒芜，这就造成非常严重的后果，因为这时地表已无任何作物的覆盖，从而大大助长了强烈的风蚀作用，终于使大面积的表土破坏，覆沙飞扬，逐渐导致了这一地区沙漠的形成。①

秦汉政府主导下的移民实边是西北地区森林生态破坏的直接原因。《汉书·食货志》记载汉武帝在"上郡、朔方、西河、河西开田官，斥塞卒六十万戍田之"。有学者考证，居延垦区每个农业劳动力一般都要耕种34 亩土地，这样合计起来，垦区开垦的农田就是一个非常大的数字。② 这些开垦的农田不可能源于荒漠或者戈壁，而必然是取自植被良好的地区，因为植被良好意味着有足够的水源及土质肥沃，这些地区要么是草原，要么是森林，只有除草伐林才能开垦出可耕种的农田。可以想象，秦汉两朝都进行过大规模的移民实边，西北垦区的出现是以付出更多的草原和林地为代价。可以说汉代居延垦区的衰落是西北生态恶化的集中反映。

二 宫室修建对森林的破坏

我国古代建筑技术最突出的特点是木结构的广泛运用。近年来考古发掘材料证明，不仅仅中原最早开始建造木结构房屋，就是远在西北地区的甘肃也已开始了建造木结构的房屋。最明显的例证就是秦安大地湾一期文化遗址发掘材料。秦安大地湾一期文化即新石器时代早期，距今约 7800 年至 7350 年。当时林业已经在人们生产生活中占有重要地位，开始了木材的生产加工利用，有 3 座圆形半地穴式房子遗迹为证，屋顶可复原为圆

① 侯仁之、俞伟超、李宝田：《乌兰布和沙漠北部的汉代垦区》，载《历史地理学的理论与实践》，上海人民出版社 1979 年版，第 92 页。

② 参见倪根金《汉简所见西北垦区林业——兼论汉代居延垦区衰落之原因》，《中国农史》1993 年第 4 期。

锥状，每座面积 6—7 平方米。①

随着社会的发展，房屋建筑规模相应增大，房屋结构日益复杂，砍伐利用木材的数量和加工的技术水平均有发展。大地湾仰韶文化早期（绝对年代为距今 6000—6500 年），"房屋仍为半地穴式，形状变为方形和长方形，面积增至 20 平方米左右"，"此类房屋可复原成四坡式屋顶"，是供部落首领居住的。发现 32 个柱洞，内径横断面为 0.36 米×0.20 米，出现了长方形房柱。说明房屋结构较前复杂，木材的加工技术也较前发展一步，并有了专门用于木材砍伐加工的石斧等。仰韶文化中期（绝对年代为距今 5500—6000 年）用木材修建的房屋遗址约有数十座，房屋面积又有扩大，"有的达 60 多平方米，营造技术较前进步，以开始使用木骨泥墙"②。在建筑用料中，已开始使用"枋木"。③ 建筑用料中有了"木板"④。显示出木材的加工技术又有新的发展。在马家窑文化（距今 5300—4000 年前）后期，用木材修建的房屋有"双套间和多套间结构"。⑤

秦汉时期，综合使用木材、砖瓦作为主要建筑材料已相当成熟。⑥ 中国封建皇帝历来重视兴建宫室苑囿，这种大兴土木工程的行为破坏当时的森林生态。大量宫室的建设对林木造成巨大的消耗，对局部生态造成了消极的影响。

秦始皇在统一六国过程中，每亡一国，就仿该国的宫殿式样在咸阳兴建同样的宫殿，"每破诸侯，则写其宫室，作之咸阳北坂"⑦，以致"南临渭，自雍门以东至泾、渭，殿屋复道周阁相属"⑧。对此，《庙记》载云："北至九嵕、甘泉，南至长杨、五柞，东至河，西至汧渭之交，东西八百

---

① 李非等：《葫芦河流域的古文化与古环境》，《考古》1993 年第 9 期。

② 郑乃武：《大地湾遗址》，载《中国大百科全书（考古学）》，中国大百科全书出版社 1988 年版，第 563 页。

③ 张鹏川、郎树德执笔：《秦安大地湾遗址 1978 年至 1982 年发掘的主要收获》，《文物》1983 年第 11 期。

④ 赵建龙执笔：《秦安大地湾 405 号新石器时代房屋遗址》，《文物》1987 年第 11 期。

⑤ 张习孔：《中国历史大事编年·远古至东汉》。北京出版社 1987 年版，第 536 页。

⑥ 白寿彝：《中国通史》第四卷，上海人民出版社 1989 年版，第 586 页。

⑦ 《史记》卷 6《秦始皇本纪》第 6。

⑧ 同上。

里，离宫别馆相望属也。"① 灭六国后，于公元前 220 年，又"作信宫渭南"，后改信宫为极庙，"自极庙道通郦山，作甘泉前殿"②。公元前 212 年，秦始皇又以"咸阳人多，先王之宫廷小"为借口，步周文、武二王之后尘，建"帝王之都"，"乃营作朝宫渭南上林苑中"。该宫规模之巨，"可受十万人。车行酒，骑行炙，千人唱，万人和"③，其前殿乃阿房宫，"前殿阿房，东西五百步，南北五十丈，上可以坐万人，下可以建五丈旗。周驰为阁道，自殿下直抵南山。表南山之颠以为阙。为复道，自阿房渡渭，属之咸阳，以象天极阁道绝汉抵营室也"④。封建帝王的大兴土木对生态的负面影响是巨大的。阿房宫修建时，秦始皇曾令"发北山石椁，乃写蜀、荆地材皆至关中"⑤。而木材的取处远到蜀、荆，且木材的用量惊人，后人赋诗"蜀山兀，阿房出"，去掉诗歌的夸张成分，也足以说明类似阿房宫一样的宫殿建设耗材如此之巨，关中已经无法找到适合的木材，而必须从蜀、荆之地远途运送。

关于秦朝用材取自西北的史料可以从放马滩出土的地图看到一些信息。考古工作者于 1986 年在甘肃天水放马滩一号秦墓出土七块木板地图，第二块木板（M1：9）中除了大松、大柽、杨谷、柏谷等地名外，尚有"大松材""多材木"等标记，而且集中在北流水系的右侧，表明该地是主要的松木砍伐区，另在森林注记附近，注明若干里程数字，可能以此反映林区距都邑、川道间的不同距离。第三块木板（M1：12）A 面注明地名十二处，其中九员地区"阳有劍木"，"北有灌夏百锦"；上辟谷"阳尽柏木"；下辟谷"榆林，去谷口可五里"；舆溪与下杨谷间"阳尽柏木"；舆溪"去口可八里，大椁材"。第四块木板 A 面（M1：21），除上下杨等地名外，上获思与下获思等地都标明"有劍木"；B 面，亦出现枞、柏等木材名称。放马滩所在邽丘地区距秦都已相当遥远，蕞尔小邑，自身林业砍伐量不会很大。该地图如此注重林木分布及道里距离，或与秦大兴宫

---

① 《史记正义》卷 6《秦始皇本纪》第 6。
② 《史记》卷 6《秦始皇本纪》第 6。
③ 《历代帝王宅京记》卷 3。
④ 《史记》卷 6《秦始皇本纪》第 6。
⑤ 同上。

室，用材范围扩及该地有关。①

公元前 200 年，刘邦抵长安，遇"萧何治未央宫，立东阙、北阙、前殿、武库、大仓。上见其壮丽，甚怒，谓何曰：'天下匈匈，劳苦数岁，成败未可知，是何治宫室过度也！'何曰：'天下方未定，故可因以就宫室。且夫天子以四海为家，非令壮丽亡以重威，且亡令后世有以加也。'上悦"②。汉代的宫殿也很多，仅见于《汉书》等的记载，就有未央宫、长乐宫、长门宫等41座，其中"未央宫周回二十八里，前殿东西五十丈，深十五丈，高三十五丈……台殿四十三，其三十二在外，其十一在后宫。池十三，山六，池一、山一亦在后宫，门闼凡九十五"。宫内宫殿、台榭、楼阁、池泽、假山齐全，是一个环境清幽雅静的园林。再如，武帝于元狩三年（前120年）和元鼎二年（前115年）两次"大修昆明池"③。《三辅旧事》言该池面积达332顷，而《三辅旧图》说其周围为40里，池内有数十艘弋船、百艘楼船，其面积之大足窥一斑。另外，许多贵族也"缮修第舍，连里竟巷"④。如梁孝王"筑东苑，方三百里，广睢阳七十里，大治宫室，为复道，自宫连属于平台三十余里"⑤。

先秦两汉时期，统治阶级的大兴土木工程建设是我国古代森林面积消减的主要原因之一。先秦时期的"构木为巢"是出于基本的生活需要，对树木的损耗可以忽略。秦统一后大兴土木工程则是完全出于个人欲望和权势的满足，这种个人因素却对森林产生极大的破坏作用，更有甚者，秦始皇有"一怒秃湘山之举"。公元前 219 年，他渡淮浮江，抵湘山祠，"逢大风，几不得渡……始皇大怒，使刑徒三千皆伐湘山树，赭其土"⑥。秦始皇的一怒之举对森林破坏是何等巨大。

---

① 曹婉如：《有关天水放马滩秦墓出土地图的几个问题》，《文物》1989 年第 12 期；何双全：《天水放马滩秦墓出土地图初探》，《文物》1989 年第 2 期。
② 《汉书》卷 1 下《高帝纪》第 1 下。
③ 《汉书》卷 24 下《食货志》第 4 下。
④ 《后汉书》卷 108《宦者列传》第 68。
⑤ 《汉书》卷 47《文王传》第 17。
⑥ 《史记》卷 6《秦始皇本纪》第 6。

三　战争对森林的影响

（一）火攻的运用

由于战争往往是不择手段地摧毁对方的工程设施和资源，长期的和平建设成果可能遭到毁灭性的破坏，那些被战火摧毁的森林植被和动物种群也可能无法恢复。同时也给环境带来了很大的破坏。

中国历史上战争频繁。据鲁史《春秋》的记载：仅仅记在鲁史的 242 年里，列国间军事行动凡 483 次[1]。发生在战国时期的战争共有 230 次。尽管很多战争并没有记载对生态环境的破坏，但从现有的文献记录中却可以了解战争对生态环境破坏的严重性，尤其是对森林的破坏更为剧烈。

在冷兵器时代，为防止周围的树木为敌所用，敌我双方在守备地区常常将树木全部砍光。《墨子》对此做了详细记载。《备城门》云："除城场外，去池百步，墙垣树木小大俱坏伐，除去之。"《号令》曰："去郭百步，墙垣、树木小大尽伐除之。外空井，尽窒之，无令可得汲也。外空室尽发之，木尽伐之……当遂材木不能尽内，即烧之，无令客得而用之。"《杂守》曰："材木不能尽入者，燔之，无令寇得用之。"

在战争中，摧毁战败国的自然资源是冷兵器时代战争的主要目的之一，诸如林木、庄家禾苗、牲畜等大量刈杀。《墨子·非攻下》记载："入其国家边境，芟刈其禾稼，斩其树木，堕其城郭，以湮其沟池，攘杀其牲口，燔溃其祖庙。"《墨子·天志下》记载："是以差论爪牙之士，比列其舟车之卒，以攻罚无罪之国，入其沟境，刈其禾稼，斩其树木，残其城郭，以御其沟池，焚烧其祖庙，攘杀其牺牲。"

《管子·霸形》非常明确地记载了楚和宋、郑之间的一场战争对生态环境的破坏。"楚人攻宋、郑，烧焫熯焚郑地，使城坏者不得复筑也，屋之烧者不得复葺也。令其人有丧雌雄，居室如鸟鼠处穴。要宋田夹塞两川。使水不得东流，东山之西，水深灭垝，四百里而后可田也。"《战国策·齐五》记载："袭魏之河北，烧棘沟，坠黄城。"《左传》襄公十八年"赵武、韩起以上军围卢，弗克。十二月戊戌，及秦周，伐雍门之萩……

---

[1] 范文澜：《中国通史》（第一册），人民出版社 1978 年版，第 130 页。

己亥，焚雍门及西郭、南郭。刘难、士弱率诸侯之师焚申池之竹木。壬寅。焚东郭、北郭。"《战国策·魏三》也记载："秦十攻魏，五入国中，边城尽拔。文台堕，垂都焚，林木伐，麋鹿尽，而国继以围。"

自战国起，为阻止游牧民族南下，历代统治者都奉行"烧荒防边"法，于每年秋季草木枯萎时，将塞外数百公里内的草原植被全部放火烧光。此法一直沿用到明清。① 使用这种方法防边，秦汉边塞当不例外。随着战争的规模越来越大，破坏程度也是随之加剧。如"晋楚城濮之战晋侯伐有莘之木以益其兵"；"崤之役，先轸刊木以阻秦师"；"诸侯伐郑，晋魏绛斩行栗"；"公孙衍谓义渠事曰，中国无事于秦，则秦之所恃者马，马之所恃者草，近年烧荒，秦不得南下牧马矣"。两汉时期，主要有两次农民战争、楚汉战争、东汉末年的军阀混战及其一些局部的两汉政府和北方少数民族政权之间的战争，这些战争中多次使用火攻。

总之，秦汉时期的战争波及的范围主要在黄河流域，仅今天陕西境内的战争，秦汉时就有 201 次，江南地区战争也由先秦时的 87 次骤增至秦汉时期的 168 次。有人曾对秦汉时的战争的地域分布进行了考察，发现此期的战争有一显著的东—西走向分布带，基本上与今天的陇海—兰新线一致，② 即现在的黄河流域一带。

战争中火攻战术的运用，对生态破坏最为严重，下列材料则反映了火攻战术的惊人破坏力：

"项羽引兵西屠咸阳，杀秦降王子婴，烧秦宫室火三月不灭。"③

"斩首虏万余级，遂至寘颜山赵信城，得匈奴积粟食军，军留一日而还，悉烧其城余粟以归。"④

"赤眉遂烧长安宫室……民饥饿相食死者数十万，长安为墟。"⑤

"焚烧车重三万余两。"⑥

---

① 顾炎武：《日知录》卷 29《烧荒》。
② 施和金：《中国历史地理》，南京出版社 1993 年版，第 262 页。
③ 《史记》卷 7《项羽本纪》第 7。
④ 《史记》卷 111《卫将军骠骑列传》第 51。
⑤ 《汉书》卷 99 下《王莽传》第 69 下。
⑥ 《后汉书》卷 101《皇甫嵩传》。

"袁术乃烧南宫欲讨宦官";"卓自屯留毕圭苑中,悉烧宫庙官府居家,二百里内无复孑遗。"①

"黄巾十万焚烧青兖。"②

"一战破贼,燔烧屯坞,徐兖二州,一时平夷。"③

"击零昌于北地,杀其妻子,得牛马羊二万头,烧其庐落,斩首七百余级。"④

"以汉有备,乃引去,复数寇钞边郡,焚烧城邑,杀略甚众。"⑤

稍后还有火烧博望坡、吴蜀彝陵之战、陆逊火烧刘备连营等,这些火攻的恶果不仅对地表植被造成严重的摧残,而且对林中的野生动物资源造成毁灭性的灾难。

当然,秦汉时期为战争而筑城固边、植树为塞的记载也时有发现。秦朝为了国防和军事目的而增大规模植树造林,"蒙恬为秦侵胡,辟地千里,以河为竟,累石为城,树榆为塞,匈奴不敢饮马与河"。对于"树榆为塞",《汉书》引如淳注曰:"塞上种榆也。"⑥杨宾在《柳边纪略》记载:"自古边塞种榆,故曰榆塞。"⑦榆树成长为密林,成为有效阻滞匈奴骑兵南下的绿色屏藩。汉武帝时代,对这一人工林带又延长加宽,这就是《汉书·伍被传》所说到的"广长榆"⑧。史念海认为:"这是当时的长城附近复有一条绿色长城,而其纵横宽广却远远超过了长城之上。"此防卫线"乃是大规模栽种榆树而形成","现在兰州市东南有一个榆中县,其设县和得名,当与这时栽种榆树有关"⑨。另外如函谷关附近的"松柏之

① 《后汉书》卷102《董卓传》。

② 《后汉书》卷104上《袁绍传》。

③ 《后汉书》卷112下《唐檀传》。

④ 《后汉书》卷117《西羌传》。

⑤ 《后汉书》卷119《南匈奴传》。

⑥ 《汉书》卷52《韩安国传》。

⑦ 《蒙古游牧记》卷之一《哲里木盟游牧之所在·科尔沁》。

⑧ 《汉书·伍被传》记载:"广长榆开朔方,匈奴折伤。"颜师古注引如淳曰:"'广'谓斥丈之也,'长榆'塞名,王恢所谓'榆树以为塞'者也。"颜师古认为:"长榆在朔方、即《卫青传》所云'榆溪旧塞'是也,或谓之'榆中'"。

⑨ 史念海:《河山集·二集》,三联书店1981年版,第254页。

塞"与"桃林之塞"①（位于今河南灵宝县境内），也是为军事目的而种植的防御林。同样是为了军备，匈奴军却以大量砍伐林木为代价，丁灵王卫律曾向匈奴壶衍鞮单于建议"穿井筑城，治楼以藏谷"，即使"汉兵至，无奈我何"。单于同意后即"穿井数百，伐材数千"，"治楼以藏谷，与秦人守之"。颜师古注曰："秦时有人亡入匈奴者，今其子孙尚号秦人。"② 筑城、治楼皆需大量的木材，匈奴此举对森林的破坏可见一斑。

（二）武器耗材考察

竹子以其收缩量小、高反弹性和高柔韧性，在古代冷兵器的制作中占有一席之地。弓矢的使用对竹木的消耗也是惊人的。

《汉书·匈奴传下》记载："匈奴有斗入汉地"，"生奇材木，箭竿就羽"。《太平御览》卷958引《风俗通》曰："柘材为弓，弹而放快。"匈奴民族"儿能骑羊，引弓射鸟鼠；少长则射狐兔，用为食。士力能弯弓，尽为甲骑"，"其长兵则弓矢，短兵则刀铤"③。从以上记载可以看出：匈奴成年男性，每人至少拥有一张弓即"长兵"，用以狩猎、作战等，即使儿童也能骑羊弯弓射鸟鼠。平时狩猎所射出的箭矢很难找回，如若射中禽兽，箭矢还能重得再用。人手一弓再加上若干支箭矢，所用木料已经很多。弓矢使用量最大的应该是在战争中，公元前129年，李广率军出击匈奴，起初汉军"千弩俱发"，匈奴军"应弦而倒"；后匈奴军"遮道急攻陵，陵居谷中，虏在山上，四面射，矢如雨下。汉军南行，未至鞮汗山，一日五十万矢皆尽"④；公元前120年李广率汉军四千骑出右北平进入匈奴左地后，左贤王率匈奴四万骑"急击，矢下如雨，汉兵死者过半，汉

---

① 《水经注》卷四《河水》中说桃林"周武王克殷，休牛之地矣"，"文公十三年，晋侯使詹嘉守桃林之塞，处此以备秦"，《水经注》卷四《河水》引《三秦记》曰："桃林塞在长安东四百里，若有军马经过，好行则牧华山，休息林下；恶行则决河漫延，人马不得过矣"；《荀子》卷11《强国篇》第十六曰："剗然有苓而据松柏之塞。"唐朝杨倞注曰："松柏之塞，谓赵树松柏与秦为界。"

② 《汉书》卷94上《匈奴传》第64上。

③ 《史记》卷110《匈奴列传》第50。

④ 《汉书》卷54《李广苏建传》第20。

矢且尽"①。李陵败降之前，所率汉军在匈奴骑卒八万余人"追射"下，"且战且引"，又"南行数日"，后与匈奴"步斗树木间"；战斗最激烈时"战一日数十合"，"一日五十万矢皆尽"，由于箭尽而后援不至，乃"各鸟兽散"。②此战汉军使用的箭矢最少也要百万支以上，再加上匈奴军也大量发射了箭矢，故此次战役至少使用箭矢数百万支。这只是一支四千人的偏师。卫青、霍去病等人率军出塞与匈奴战，动辄"十余万人""十余万骑"。所用箭矢数量是何其巨大。

那么弓箭的使用到底能耗费多少木材呢？首先需要明白秦汉时期，军队装备主要是什么。《汉书·百官志》引《汉官仪》曰："尉、游檄、亭长皆习设备五兵。五兵：弓弩、戟、盾、刀剑、甲铠。"五兵中，弓弩居首。弓弩是当时战争中的主要远射武器。如上文所说，匈奴是人手弓弩一副，矢若干。居延简中，有大量关于箭、镞的记载。③这说明箭镞是汉代军队中重要的装备。秦汉时期的军队装备中弓箭比例是多少，史无记载。但从历史来看，秦汉时期的战争多发生在西北，尤其是两汉时期的汉匈之战，而西北之地形正适宜骑兵与远射战具——弓箭的使用。如前引，匈奴人最擅长使用弓箭，为了战胜匈奴，汉军当然也会把弓箭大规模用来装备军队。从《汉书》和《后汉书》中看，汉匈之间的战争大量使用弓箭。我们姑且以汉军每人配备弓一副，箭二十支计。

那么，每一张弓到底能用多少木材呢？根据考古资料所知，先秦两汉时期用竹子作为主体或者是部分构件的兵器有竹弓、竹箭杆、积竹柄戟等。在河南固始侯古堆楚墓中曾出土有多件兵器，其中发掘出的大部分为弓箭，弓背为毛竹片，箭杆则是实竹茎；竹弓背还有制作出来单层与双层两种，分别是长弓和短弓，还有漆画加以描绘，甚为精致。④此外在信阳长台关的一号楚墓出土3件竹弓、信阳长台关的二号楚墓中出土1件竹

① 《汉书》卷54《李广苏建传》第20。
② 同上。
③ 参见中国社会科学院考古研究所《居延汉简（甲乙编）》，中华书局1980年版。
④ 河南省文化局文物工作队：《河南固始侯古堆楚墓发掘简报》，《文物》1981年第1期。

弓①、南阳淅川下王岗一号楚墓发掘出 5 件竹弓②、淮阳楚墓的发掘中也有 2 件竹弓③，这些竹弓都是由 2—4 根竹片叠合而成的，形成了中部宽且厚，两端则又窄又薄，通体都是由麻布包裹着，丝线缠绕捆扎，并髹有黑漆。在南阳淅川下寺春秋一号楚墓中共出土了 47 件竹箭杆，其中有残长 60 厘米的为 4 件，残长 52 厘米的有 20 件，还有 23 件残长仅为 30 厘米④。河南上蔡郭庄楚墓的发掘中，出土的竹矢箙是由两片半圆形的竹片合制而成的，在矢箙里还放有数支带箭杆的箭。⑤ "积竹柄"则是青铜戈、矛、戟等长兵器的手柄，一般是用一根木棒外面包有 1—2 层细长的竹片，并用丝线缠绕紧实，又在上边相间交叉的涂上黑漆和红漆。南阳淅川下王岗二号楚墓曾出土有 2 件"积竹柄"的戈和 1 件"积竹柄"的矛⑥，在南阳淅川徐家岭 11 号楚墓也曾出土有 1 件"积竹柄戟"⑦。可见，竹作为冷兵器时代的制作材料已经被广泛使用。《淮南子》之《原道》《兵略》记载，用淇园之竹做成的箭是上乘品，称"美箭"。东汉初年，汉光武帝刘秀就曾命河内太守寇恂"伐淇园之竹，为矢百余万……转以给军"。淇园的竹子被大量使用，制作成优良上等的兵器，有力保障了光武帝北征燕代的军事活动。⑧ 以上资料可知，先秦时期发掘的是短弓为主，长弓少见。

两汉时期的弓箭考古发掘中获得的材料虽然不多，但长弓基本形状得以还原。现就以发表的研究成果总结如下：马王堆 3 号墓中发现复合弓的模型，其中一张木弓全长 142 厘米。另外两张竹弓较短，一张全长 126 厘米，另一张残长 113 厘米⑨。刊江胡场五号墓中出土两张弓，一张是竹木制的复合弓，通长 129 厘米，弓弣部是一个"⌒"状的厚木，长约 44 厘

① 河南省文化局文物工作队：《信阳长台关楚墓发掘报告》，《考古》1958 年第 2 期。

② 河南省文物考古研究所：《河南淅川县下王岗遗址西周遗存发掘简报》，《考古》2010 年第 7 期。

③ 河南省文物考古研究所：《河南淮阳马鞍冢楚墓发掘简报》，《文物》1984 年第 10 期。

④ 河南省文物考古研究所：《河南省淅川县下寺春秋楚墓发掘报告》，《文物》1980 年第 10 期。

⑤ 河南省文物考古研究所：《河南上蔡郭庄楚墓发掘简报》，《考古》2005 年第 9 期。

⑥ 河南省文物研究所：《淅川下王岗》，河南文物出版社 1988 年版，第 13 页。

⑦ 河南文物管理局：《河南淅川县徐家岭 11 号楚墓》，《考古》2008 年第 5 期。

⑧ 王紫瑞：《古代河南地区竹子的利用及影响》，硕士学位论文，郑州大学，2012 年。

⑨ 何介钧等：《马王堆汉墓》，文物出版社 1982 年版，转引自杨泓《中国兵器论丛》（增订本），文物出版社 1985 年第 2 版，第 214 页。

米，两端宽 4.5 厘米，中宽 1.4 厘米，厚 1.7 厘米。另一张竹弓长 116 厘米，中间宽 2.3 厘米，厚 0.8 厘米。[①] 新疆尼雅曾出土一张东汉时期的弓，长 130 厘米。[②]

综合以上可以看到，汉代的弓长为 120—145 厘米，均宽为 1.4—2 厘米，均厚为 0.6—1.5 厘米。都取其中间值，则一张弓耗木为：132.5 厘米 × 1.7 厘米 × 10.5 厘米 = 2365.125 立方厘米 = 0.002365125 立方米。

再算一支箭的耗材。箭分四部分：镞、杆、羽、栝。

镞，位于箭首，是箭的杀伤部位。已发掘的大多是商周时代的。如山西夏县东下冯遗址发现一个铜镞长 7 厘米；[③] 甘肃灵台白草坡西周墓出土镞 227 枚，镞长 6.2 厘米。[④] 安阳殷墟西区墓葬中发掘 438 枚，其中半数以上长 6.5 厘米。[⑤] 关于汉代的镞长笔者还没有见到公布的成果。可以说汉代的镞应和商周时期的镞相差不大，姑且以 6.5 厘米计。

而汉代整支箭的长度则有发现。居延遗址中发现两支完整的箭，竹竿，三棱镞，全长 67 厘米。[⑥] 阜阳汝阴侯夏侯灶墓中发现有十二支芦苇秆做的模型箭，装有三棱形角镞，全长 82.4 厘米。[⑦] 新疆尼雅出土四支木箭，长 80 厘米。总而观之，汉代的箭长度应在 67—83 厘米，取其中间值 80 厘米为宜。

羽为飞禽的羽毛，确保飞行稳定，导向准确。羽是捆绑在箭杆的尾部。栝位于箭杆尾部，中有小槽，用以扣弦。羽、栝都是固定在箭杆的尾部。

综上所述，汉代的箭总长 80 厘米，减去镞长 6.5 厘米，剩余木杆长

---

① 扬州博物馆等：《江苏刊江胡场五号汉墓》，《文物》1981 年第 11 期。

② 新疆维吾尔族自治区博物馆：《新疆民丰县北大沙漠中遗址墓葬区东汉合葬墓清理简报》，《文物》1960 年第 6 期。

③ 东下冯考古队：《山西夏县东下冯遗址东区、中区发掘简报》，《考古》1980 年第 2 期。

④ 甘肃博物馆文物队：《甘肃灵台白草坡西周墓》，《考古学报》1977 年第 2 期。

⑤ 石璋如：《小屯殷代的成套兵器》，《历史语言研究所集刊》，1950 年台北版，转引自杨泓《中国古兵器论丛》（增订本），文物出版社 1985 年第 2 版，第 198 页。

⑥ 甘肃居延考古队：《居延汉代遗址的发掘和新出土的简册文物》，《文物》1978 年第 1 期。

⑦ 何介钧等：《马王堆汉墓》，文物出版社 1982 年版，转引自杨泓《中国兵器论丛》（增订本），文物出版社 1985 年第 2 版，第 214 页。

73.5 厘米。汉代箭杆直径约长 1 厘米。故一支箭杆所用木材就是：3.14 ×
0.5 平方米 × 73.5 = 57.6975 立方厘米 = 0.0000576975 立方米。

汉代一个军士所装备的一副弓，箭二十支，共耗材：0.002365125 +
0.0000576975 × 20 = 0.003519075 立方米。

其次，秦汉时期的军队数量到底有多少呢？根据胡宏起研究，两汉兵
力如下：

表 5—5　　　　　　　　　　　两汉兵力

兵别 ＼ 时期	西汉	东汉	备注
中央军	10 余万人	1.2 万人	西汉为汉武帝时期及其以后的数字
郡国兵	42 万—70 万人	14.4 万人	西汉战时可征发近百万人或更多；东汉战时也大为增加
边防兵	约 15 万人	至少 2.4 万人	西汉为汉武帝时期的数字，元鼎年间曾达 60 余万人。汉宣帝时下降为 2 万人左右
属国兵	4 万人	11 万人	东汉的少数民族兵数量在汉和帝以后有较大减少
合计	71 万—99 万人	29 万人	

资料来源：胡宏起《汉代兵力论考》，《历史研究》1996 年第 3 期。

黄今言先生认为，秦汉时期全国总兵力大约保持在 80 万—100 万人
之间。[1] 根据胡宏起的研究，两汉兵力平均为 50 万—64 万人。和黄先生
相比，数目偏少。取二者平均数，两汉平均兵力 65 万—82 万人较为接近
史实。取其中间数，故以两汉兵力 73 万人为计算单位。

所以，两汉军士装备仅弓箭所耗木材为：73 万 × 0.003519075 立方米 =
2568.92475 立方米。

在两汉 426 年间，弓箭耗材至少在 2568.92475 立方米 × 426 =
1094361.9435 立方米。取其整数，两汉弓箭耗材总数应不少于 1094000
立方米。

这个数字还只是成品弓箭的耗材量，若把战争中使用过的及军库里存

① 黄今言：《汉朝边防军的规模及其养兵费用之探讨》，《中国经济史研究》1997 年第 1 期。

储的，另外还有加工弓箭的废料等这些都加上，会远高于这个数字。

　　1094000 立方米又能破坏多少亩林地呢？亩蓄材量因树种不同而有差异。据新疆林业勘察设计院的航拍调查，1958 年塔里木盆地胡杨林面积为 52.86 万公顷，1979 年降至 28.05 万公顷，总蓄积量由 1958 年的 540 万立方米减至 128.16 万立方米，减少 76.27%。① 按这个数字计算，1958 年的蓄积量每亩约 0.681 立方米，到了 1979 年，因这期间的大量砍伐，每亩蓄积量降至 0.305 立方米。如此低的蓄积量不仅与人为的滥伐有关，也与胡杨林生长在干旱地区、林木稀疏有关。秦岭地区每亩森林面积的林木蓄积量是 4.8 立方米。② 1982 年全国林业统计资料给出的每亩森林面积的林木蓄积量是 4.7 立方米。③ 如果以每亩森林面积的林木蓄积量是 4.7 立方米来计算，那么 1094000 立方米就是：1094000 立方米/4.7 立方米约等于 232766 亩。因此可以说，两汉时期森林面积的缩减，应与战争密不可分，而森林面积的减少，对两汉时期局部地区的气候变化、灾害的发生也有一定的因果关系。

　　除了战场上火攻的运用、武器的制造外，还有大型战船、战车的制造、城池的修建、边防军士的生活燃料等都在大量耗费着林木。史载，元狩三年（前 120 年），汉武帝在长安西南挖建了方圆四十里的昆明池，打造楼船，训练水军。④ 楼船“高十余丈，旗帜加上，甚壮”⑤，楼船是一种具有多层建筑和攻防设施的大型战船，外观似楼，故称楼船。《释名》中有对楼船的记述：“其上屋曰庐，像庐舍也。其上重屋曰飞庐，在上故曰飞也。又在其上曰爵（雀）室，于中侯望之如鸟爵之警视也”⑥，“可载万人，舡上起宫室”⑦，一船万人，明显有夸张成分。也有记载“一艘载一千人”⑧，就以此数为计，该船也相当庞大。《后汉书》也载，公孙述

---

① 转引文焕然等《中国历史时期植物与动物变迁研究》，重庆出版社 1995 年版，第 73 页。
② 周云庵：《秦岭森林的历史变迁及其反思》，《中国历史地理论丛》1993 年第 1 期。
③ 《农业统计》，中国统计出版社 1985 年版，第 241 页。
④ 《汉书》卷 6《五帝纪》。
⑤ 《汉书》卷 24 下《食货志》下。
⑥ 《释名》卷 7《释船》。
⑦ 《太平御览》卷 769《舟中》。
⑧ （唐）段成式：《酉阳杂俎》卷 10《物异》。

盘踞在汉中时，曾经打造十层赤楼帛兰船。① 史料还记载，东汉军队"造战车，置于塞上，以拒匈奴"，这种战车体积庞大，"可驾数牛"；并且极高，"上作楼橹"。《后汉书·南匈奴传》注曰："'橹即楼也'，《释名》：'楼无屋为橹也。'"② 制造这种战车所需木材必定很多。自公元前 133 年至公元 91 年，汉匈之间一直存在着连绵不断时激时缓的战争，这些都必须大量使用弓箭、楼橹等，所需木材必定是靠砍伐林木取得。

　　《墨子·鲁问》记载："须臾刘三寸之木，而任五十石之重。"《韩非子·外储说左上》云："墨子曰：'用咫只之木，不费一朝之事，而引三十石之任，致远力多，久于岁数。'"体现了先秦两汉造车技术的高超。山东嘉祥洪山汉画像石有以表现地主田庄中工匠制作车辆为题材的画面，正是在用木料制造车轮。《北堂书钞》卷 141 引《风俗通义》曰："桑车榆毂，声闻数里。俗说：凡人揉桑作车，又以榆为毂，牢强朗彻，声响乃闻数里。"此外，《说文·木部》所谓："檃，木也，可以为大车轴。"《周礼·考工记》云："一器而工聚焉者，车为多。"《续汉书·舆服志上》曰："一器而群工致巧者，车最多。"秦汉制车技术，可以集中体现当时木材加工和木器制作的最高水平。秦汉时期的运输活动，常常集中数以万计的运输车。匈奴浑邪王来降"汉发车三万两（辆）迎之"。《汉书·酷吏传·田延年》记载，为营建昭帝陵，"大司农取民牛车三万两（辆）为僦，载沙便桥下，送致方上"。《盐铁论·国疾》说："车器难就而易败。"当时从事转运者往往"近者数千里，远者过万里，历二期"。居延汉简中确实常可看到关于车辆"折伤"的记录，例如：

　　（1）被甲渠正月尽三月四时出折伤牛车二两吏失亡以□□（甲附 30）

　　（2）闰月余直轴十一折□（52.30）

　　（3）其六十五两折伤卅二两完（582.16）

---

① 《后汉书》卷 43《公孙述列传》。
② 《后汉书》卷 119《南匈奴传》第 79："造战车，可驾数牛，上作楼橹，置于塞上，以拒匈奴。"

从例（3）可知，从内地驶至西北边地的运车，"折伤"率高达49.23%。汉武帝推行均输制度时，规定"召工官治车诸器"。居延汉简中有"为罢卒治车"（13.33A）以及"□下为车五百廿五两"（262.8）等内容。车辆制作及修理无疑都需要大量的优质木材。

除了战车制造耗费大量的木材，民间车船的制造也是耗费林木的一个原因。两汉时期的民间车船制造技术也相当成熟，一般中等庄户都拥有至少一辆车及放置车的专用设施。王褒《僮约》中说到庄园中僮仆的职责之一就包括"持斧入山，断轹截辕"。汉时期车辆制造已经十分普遍。有些地方官"课民以闲月取车材，使转相教匠作者""一二年间，家家有丁车、大牛"。①《隶释》卷15《郑子真宅舍残碑》："车舍一区万□□"，以及汉代画像石所见"车含"画面，反映一般家庭多已拥有乘车及专用的停放车辆设置。有的官僚富家中甚至有专业"造车匠"。《后汉书·应奉传》李贤注引谢承《后汉书》："（应）奉年二十时，尝诣彭城相袁贺，贺时出行闭门，造车匠于内开扇出半面视奉，奉即委去。后数十年于路见车匠，识而呼之。"辽宁辽阳三道壕西汉村落遗址中，六处农民居住遗址有五处发现残车具。②

总之，上述论述只是根据现有研究成果对秦汉时期木材耗费的个案考察。由于具体材料的缺乏，难以对烧制陶器、砖瓦、居民建筑用材、煮盐业、酿酒业等方面进行考察。可以说，在秦汉四百多年的历史中，上述考察的数据只能是当时木材耗费的极小的一部分，虽是极小一部分，但其对木材损耗却是非常巨大的。

四 森林保育

苑囿是森林保育的重要形式。中国历代帝王都有建造苑囿的嗜好。它们是中国古代劳动人民智慧的结晶和宝贵的历史文化遗产，也是美轮美奂的名胜景观，体现了中国古典园林造园艺术的卓越成就。苑囿一个突出的特点就是崇尚自然，模仿自然，苑囿中广植林木花草、遍养飞禽鸟兽，是

① 《三国志·魏书·仓慈传》注引《魏略》。
② 李文信：《辽阳三道壕西汉村落遗址》，《考古学报》1957年第1期。

具有现代意义的生物园。苑囿创造人与自然的和谐之美。

(一) 苑囿概述

中国古代苑囿有着悠久的历史，早在商周时期，就开始了囿的营建。商纣王在位期间，他大兴土木营建园林——囿。《史记·殷本纪第三》记叙了商纣王在囿中荒淫无耻的生活："益广沙丘苑台，多取野兽蜚鸟置其中。慢于鬼神。大勣乐戏于沙丘，以酒为池，悬肉为林，使男女倮，相逐其间，为长夜之饮。""厚赋税以实鹿台之钱，而盈钜桥之粟。益收狗马奇物，充仞宫室。"

公元前 11 世纪，周文王筑灵台、灵沼、灵囿，其中灵囿最负盛名。周文王时的灵囿，① 方圆七十余里。春秋战国时期，"楚庄王筑层台延石千重，延壤百里"②。吴王夫差筑"姑苏台"，郑国筑"原囿"，秦国建"具囿"，鲁国筑"朗囿"③。各诸侯之间相互攀比，建囿之风盛极一时。这一时期的囿大者不过百里，小者四十里左右。除了利用自然的山陵、水池外，已开始出现少量的人造假山、池塘。

从秦朝起，囿已被称为苑或苑囿。公元前 221 年，秦始皇统一中国后，便开始大规模兴建苑囿。秦代最早营建的苑囿是上林苑。秦始皇十分迷信神仙方术，他在上林苑中挖池筑岛，引渭水入池以作海，池中象征海上的神山蓬莱山，山上建有"兰池宫"。

秦汉不仅大兴宫室，而且广建苑囿园池。秦代有上林苑、甘泉苑、宜春苑、具囿、兔园、兰池、浴池、酒池、镐池、牛首池等。④《史记》记载："始皇引渭水为长池、东西二百里，南北二十里，筑土为蓬莱山，刻石为鲸，鱼长二百丈。"⑤ 两汉时期，国运祚长，建筑的苑囿亦较多。有名的囿苑，西汉的长安有上林苑、御宿苑、游乐苑和犁园诸苑，东汉的洛阳有芙蓉园、濯龙园、西苑、上林苑等。西汉长安上林苑是汉武帝在秦朝的上林苑的基础上修建的，周围 300 里，大致含今长安县、户县及蓝田县

---

① 姜晓萍：《中国传统建筑艺术》，西南师范大学出版社 1987 年版，第 63 页。

② 刘策：《中国古代苑囿》，宁夏人民出版社 1983 年版，第 3 页。

③ 同上。

④《三辅黄图》卷 4《苑囿》。

⑤《太平寰宇记》卷 26《关西道》2。

的一部分。《三辅黄图》记载上林苑情况："《汉旧仪》曰:'上林苑方三百里,苑中养百兽,天子秋冬时射猎取之。'帝初修上林苑群臣远方各献名果异卉三千余种种植其中。"① 仅梨树就有十余种:青梨、紫梨、大谷梨、翰海梨、缥叶梨、金叶梨、细叶梨、东王梨、紫条梨。司马相如在《上林赋》中写道:"于是乎卢橘夏熟,黄甘橙楱,枇杷橪柿,享奈厚朴,樗枣杨梅,樱桃蒲陶,隐夫薁棣。"由于苑囿池园中花草树木、禽兽鸟鱼众多,实际上既是动物也是植物园,对一定生物起到应有的保护作用,并创建了一种新型的生物保护的形式,可以说是中国具有古典主义的生物园。

秦汉时期的苑囿是皇家主导下的园林。"囿",一般被中国园林史家公认为最早的园林形式。这种园林形式本就具备一定经济功能:"祭祀、丧纪、宾客,共其生兽、死兽之物"②。"囿,所以域养禽兽也。"③《说文解字》将"囿"解释为"苑有垣也"④。"苑"的出现,基本可认定在秦汉时期。《汉制考》:"古谓之囿,汉家谓之苑。"⑤ 字面上"苑"与"囿"区别不大,但从秦代已经出现的上林苑、宜春苑的特点来看,此时的"苑",已经开始告别殷周古朴的"囿游之乐",而发展为华丽壮大、宫苑结合的园林建筑群。而汉代,尤其是较兴盛的西汉,恰恰是苑囿这种古老园林形式发展到高潮的时期。西汉的皇家苑囿,除了占地广大之外,最大的特点,就是它是观赏园林,但仍具有上古园林的生产等功能,甚至凭借它的庞大规模将其多种功能发展到了极致。⑥ 汉武帝刘彻将秦代上林苑进行了修造,建成后的上林苑占地十分广阔,苑中还开凿了许多称作池的湖泊,其中昆明池面积最大,方圆40里。汉武帝还在建章宫北建太液池,这是一个碧波荡漾面积宽广的水域,池中筑有高达20丈的渐台,并在水中堆出蓬莱、方丈、瀛洲三座神山。这三座神山的出现,被后世奉为皇家

① 《三辅黄图》卷4《苑囿》。
② 李学勤:《十三经注疏》,北京大学出版社1999年版,第423—424页。
③ 罗文宗:《诗经释证》,陕西人民出版社1995年版,第357页。
④ (东汉)许慎撰:《说文解字》,中华书局1963年版,第129页。
⑤ (明)王应麟撰:《汉制考》,商务印书馆1973年版,第44页。
⑥ 尹北直、张法瑞、苏星:《中国早期园林的农业功能及其现实意义——以西汉皇家苑囿为例》,《古今农业》2008年第2期。

园林经典，为历代仿效的一池三山的苑囿经典模式。

（二）古典苑囿的生态经济功能

中国古代园林起源于对动植物的驯养、种植及对人类自身生活空间的改造。因此早期的中国古典园林和中国传统农业产生了千丝万缕的联系，甚至直接服务于农业本身①，赵过在皇家苑囿中实验代田法而后推广便是证据。《诗经·大雅·灵台》曰："王在灵囿，麀鹿攸伏；麀鹿濯濯，白鸟翯翯。王在灵沼，于牣鱼跃。虡业维枞，贲鼓维镛。于论鼓钟，于乐辟雍。鼍鼓逢逢，蒙瞍奏公。"②《诗经·鲁颂·泮水》曰："思乐泮水，薄采其藻。鲁侯戾止，其马蹻蹻。其马蹻蹻，其音昭昭。载色载笑，匪怒伊教。思乐泮水，薄采其茆。鲁侯戾止，在泮饮酒。既饮旨酒，永锡难老……翩彼飞鸮，集于泮林。食我桑黮，怀我好音。"③ 王和鲁侯能在苑囿中过着惬意的生活，这与苑囿具有的保护生物资源的功能是分不开的。

当然，这些苑囿中除有大量的动物外，也有为数众多的植物。《诗经·魏风·园有桃》曰："园有桃，其实之殽……园有棘，其实之食。"④当时的人们广泛利用桃子和枣子。苑囿中除了桃树、枣树外，还有其他的树种。《诗经·鸿雁之什·鹤鸣》曰："乐彼之园，爰有树檀，其下维萚……乐彼之园，爰有树檀，其下维榖。"⑤ 从诗中可知当时园里种植有檀树和榖树。另外，关于种植檀树的记载也见于《诗经·郑风·将仲子》："将仲子兮，无踰我园，无折我树檀。"⑥《诗经·齐风·东方未明》曰："折柳樊圃，狂夫瞿瞿"⑦。说明当时种植有柳树。《战国策·赵策·苏秦纵燕之赵始合纵》记载："大王诚能听臣……楚必致桔柚云梦之地。"⑧ 这说明楚国云梦有橘、柚之树。《史记·老子韩非列传》曰："庄

---

① 尹北直、张法瑞、苏星：《中国早期园林的农业功能及其现实意义——以西汉皇家苑囿为例》，《古今农业》2008 年第 2 期。
② 阮元校刻：《十三经注疏·毛诗正义》，中华书局 1980 年版，第 525 页。
③ 同上书，第 611—612 页。
④ 同上书，第 357—358 页。
⑤ 同上书，第 433 页。
⑥ 同上书，第 337 页。
⑦ 同上书，第 350 页。
⑧ 《战国策》卷 19。

子者，蒙人也，名周。周尝为蒙漆园吏，与梁惠王、齐宣王同时。"庄子曾任蒙国漆园吏职官，作为漆园吏替蒙国国君管理漆园。专门设置漆园吏的史实，说明当时蒙国一些苑囿中种植有大量的漆树。上述案例只是文献所记载的有关苑囿中栽植大量植物的历史史实。近年来出土文献中可以见到此类记载。《龙岗秦简》简38记载："诸取禁苑中柞、棫、檤、椅产叶及皮□。"这是一条禁止取禁苑中柞、棫、檤、椅树及其这些树的叶及皮的法令。很显然，能保留文献中并见之于文字记载的植物毕竟还是少量的，大量植物是在文献中看不到的，但这并不能抹杀先秦两汉时期苑囿中大量植物存在的客观史实。

这些苑囿的设置，在改善局域内的生态环境，保护生物资源的多样性方面起到很重要的作用。局域内生态良好是这些苑囿产生经济效益的生态前提。无论是正常的社会生存条件下或者是发生农业灾害的条件下，时人都能从苑囿中获取经济利益或以其作为生活来源之一。《周礼·地官·载师》记载："凡任地，国宅无征，园廛二十而一，近郊十一，远郊二十而三，甸稍县都皆无过十二，唯其漆林之征二十而五。"[1] 此史料表明：国家从漆园所获之利远远高于其他的地方所获之利，同时也表明漆在当时社会经济中所占的地位之重要。考古发掘材料向人们展示，人们很早就懂得了使用漆，无论是日常的生活用品，抑或是国君的宫殿，在装饰美化过程中往往要用到漆，所以漆的买卖在当时的经济交往中是常见的现象，有时甚至作为贡品进贡。《尚书·禹贡》[2] 曰："济、河惟兖州……厥贡漆丝，厥篚织文。""荆、河惟豫州……厥贡漆、枲。"[3] 另外《周礼·夏官司马》也有记载："河南曰豫州，其山镇曰华山，其泽薮曰圃田，其川荥雒，其浸波溠，其利林漆丝枲。"[4] 豫州的漆非常出名，分别见于《尚书》和《周礼》的记载。漆的买卖可以获得很大的经济效益，因此就不难理解为什么蒙国要专设漆园吏去管理漆园了。据《战国策·西周策》记载：

① 阮元校刻：《十三经注疏·周礼注疏》，中华书局1980年版，第726页。
② 关于《禹贡》成书年代之说争论颇多，这里采用杨宽先生的观点。杨宽先生曰："《禹贡》，《尚书》中的一篇，是战国中期以后假托夏禹治水的地理书。"（杨宽《战国史》，上海人民出版社1955年版，第11—12页）。
③ 阮元校刻：《十三经注疏·尚书正义》，中华书局1980年版，第147—150页。
④ 阮元校刻：《十三经注疏·周礼注疏》，中华书局1980年版，第862页。

"周君之魏求救，魏王以上党之急辞之。周君反，见梁囿而乐之也。綦母恢谓周君曰：'温囿不下此，而又近。臣能为君取之。'反见魏王，王曰：'周君怨寡人乎？'对曰：'不怨。且谁怨王？臣为王有患也。周君，谋主也。而设以国为王扞秦，而王无之扞也。臣见其必以国事秦也，秦悉塞外之兵，与周之众，以攻南阳，而两上党绝矣。'魏王曰：'然则奈何？'綦母恢曰：'周君形不小利，事秦而好小利。今王许戍三万人与温囿，周君得以为辞于父兄百姓，而利温囿以为乐，必不合于秦。臣尝闻温囿之利，岁八十金，周君得温囿，其以事王者，岁百二十金，是上党每患而赢四十金。'魏王因使孟卯致温囿于周君而许之戍也。"梁囿和温囿皆为魏国所有，两者为魏国提供的经济财物是十分可观的。秦汉苑囿的经济功能还有如下典型材料加以验证。《盐铁论·园池》中一段文字证明了这种生产功能，"诸侯以国为家，其忧在内；天子以八极为境，其虑在外。故宇小者用菲，功巨者用大。是以县官开园池，总山海，致利以助贡赋；修沟渠、立诸农，广田牧，盛苑囿。太仆、水衡、少府、大农，岁课诸入，田牧之利，池籞之假……困乏之应也。虽好省事节用，如之何其可也……三辅迫近于山、河，地狭人众，四方并凑，粟米薪菜，不能相瞻。公田转假，桑榆菜果不殖，地力不尽。愚以为非。先帝之开苑囿池籞，可赋归之于民，县官租税而已。假税殊名，其实一也。"[1] 在这里苑囿的角色除了培养生物多样性的"园林"性质外，更大意义上是看作一种土地利用方式，文献中作者将开园池、总山海、广田牧、盛苑囿并举，赋予了农业生产的性质。《汉旧仪》载："（上林）苑中养百兽。禽鹿尝祭祠祀，宾客用鹿千枚，麛兔无数。钬飞具缯缴。以射凫雁，应给祭祀置酒，每射收得万头以上，给太官"；"上林苑中，昆明池、镐池、牟首诸池，取鱼鳖，给祠祀，用鱼鳖千枚以上，余给太官。"[2] 苑囿因其强大的经济功能，在供应皇家等消费外，剩余部分亦出现交易现象。"武帝作昆明池，欲伐昆吾夷，教习水战。因而于上游戏养鱼，鱼给诸陵庙祭祀，余付长安市卖之。"[3] 卫宏的《汉旧议》记载："武帝时，使上林苑中官奴婢，及天下贫民赀不满

① 王贞珉：《盐铁论》，吉林文史出版社1995年版，第119—121页。
② 孙星衍等辑、周天游点校：《汉官六年》，中华书局1990年版，第83页。
③ 葛洪撰，周天游校注：《西京杂记》，三秦出版社2006年版，第5页。

五千徙置苑中养鹿。因收抚鹿矢，人日五钱，到元帝时七十亿万，以给军击西域。"① 上述史料表明，上林苑中仅鹿一项的经济收入就十分惊人，那么整个上林苑的所有收入就可想而知了。汉朝上林苑所经济收入从侧面证明秦朝苑囿获利也是不差的。这表明这些苑囿不仅能够为国家祭祀提供足够的麛兔凫雁鱼鳖鸟兽，而且还有剩余以供给宫中。史载，伙飞在上林苑中猎获在禽牲数量可达到"岁万头"之多。② 可见苑囿所具有的巨大的农业生产性功能。

上林苑中除了丰富的麛、兔、凫、雁、鱼、鳖、鸟、兽等飞禽走兽外，还有丰富多样的植物，天然植被覆盖良好，人工种植的经济林郁郁葱葱，繁茂无比，简直就是一个国家森林公园。辞赋家司马相如对上林苑植物繁茂的景况留下了一段精彩描述："于是乎卢橘夏孰，黄甘橙楱，枇杷橪柿，享柰厚朴，樗枣杨梅，樱桃蒲陶，隐夫薁棣，榙荔枝，罗乎后宫……沙棠栎槠，华枫枰栌，留落胥邪，仁频并闾，欃檀木兰，豫章女贞，长千仞，大连抱，夸条直畅，实叶葰楙，攒立丛倚，连卷樀栊，崔错癹骫，坑衡閜砢，垂条扶疏，落英幡缅，纷溶箾蒋，猗狔从风，莅萉喗歘，盖象金石之声，管籥之音。"③ 可见，上林苑中林木品种之丰，数量之繁。

苑囿除了为国家提供强大的经济支持外，在灾年之际苑囿以其多样性的物种、良好的生态对灾害起到缓解的作用。《国语·周语中》曰："周制有之曰：'列树以表道，立鄙食以守路。国有郊牧，疆有寓望，薮有圃草，囿有林池，所以御灾也。'"《韩非子·外诸说右下》："秦大饥，应侯请曰：'五苑之草著，蔬菜橡果枣栗，足以活民，请发之。'"当然，苑囿的救灾功能不仅仅体现灾年的发生之际，就是平时也可以养活部分人。如《管子·问第》曰："问理园圃而食者几何家……其就山薮林泽食荐者几何？"④ 上述史料表明，苑囿的经济功能或者能起到救灾减灾的作用，其前提必须是苑囿里面的动、植物正常发展，生态良好。这也从侧面反映出

① 孙星衍等辑：《汉官六种》，中华书局 1990 年版，第 83 页。

② 范晔：(唐) 李贤等注：《后汉书（简体字版）》，中华书局 2005 年版，第 908 页。

③ 司马迁：《史记》，中华书局 1982 年版，第 3028—3029 页。

④ 戴望：《管子校正》卷 9，载《诸子集成（第 5 本）》，中华书局 2006 年版，第 147—148 页。

先秦至秦汉时期，苑囿在维护生物多样性起到了重要的作用。

秦汉时期的苑囿自然植被覆盖良好，人工种植物品种丰富，不仅具有生物多样性特征，更具有农业生产的经济功能，不仅能提供皇家所必须的麏、兔、凫、雁、鱼、鳖、鸟、兽等飞禽走兽，而且还能提供杏、桃、李、梨、柑橘、橙、枇杷、龙眼、荔枝、槟榔、橄榄等瓜果时蔬。在灾荒之年还能为人民缓解饥馑，一定程度上缓和了社会矛盾，有利于社会安定。

第 六 章

社会生活对森林的影响

森林的破坏只有极小部分是由于自然因素造成的，大多数是由于人类的破坏。人类自身的行为对森林产生很大影响。对于人类为了生存而不断砍伐林木，以建造房屋、取得燃料、烧制器皿等，这些行为是经常性的。被清除砍伐的林区有的可以自我更新，长出再生林，有的因为过度砍伐或者方法不对以致林木无法再生，森林便将永远消失。因此，历史时期农业生展对森林破坏是最为严重，可以说是一次性的破坏。原因是在人口增长的压力下，人类为了增加粮食种植面积而大量铲除植被，辟为农田，历代耕种。因此农田与林地存在着竞争性关系，此消彼长。这两种方式对森林的破坏"都是人口的函数，人口愈多，消耗量也就愈多，破坏的程度与范围也愈甚"①。

一 建筑用材的消耗

先秦时期频繁的宫室营建对森林产生重大影响。西周时期对城池的建造规模有严格限定，如西周初期建成的成周规模在《逸周书·作雒解》中记载："城方千七百二十丈，郛方七十里。"这是天子之城的规模。其他诸侯国的城池也是有规模限制："大县城方王城三之一，小县立城，方王城九之一。"城池的建造严重消耗着自然资源，尤其是森林资源，而森林在先秦时期被看作是国富标准之一，如此一来，就产生了建设城池被看作于国家不利的观点，这种思想在《左传》中就有体现，隐公元年祭仲

---

① 赵冈：《中国历史上生态环境之变迁》，中国环境科学出版社 1996 年版，第 69 页。

曰："都城过百雉，国之害也。先王之制，大都不过参国之一，中五之一，小九之一。"杜注注曰："方丈曰堵，三堵曰雉，一雉之墙长三丈，高一丈。侯伯之城方五里，径三百雉，故其大都不得过百雉。"

中国传统建筑以木结构为主，这必定耗费大量的良木巨材。《诗经》中大量存在着砍伐林木的记载，如《国风·魏风·伐檀》："坎坎伐檀兮，置之河之干兮……坎坎伐辐兮，置之河之侧兮……坎坎伐轮兮，置之河之漘兮。"再如《小雅·伐木》："伐木丁丁，鸟鸣嘤嘤。出自幽谷，迁于乔木……伐木许许……伐木于陂。"尽管《诗经》多有想象成分，但在河两岸的高地上砍伐树木应是不争的事实。

先秦时期过度的砍伐，优良的木材在局部地区已经很难寻觅，"越王乃使木工三千余人，入山伐木"，但"一年，师无所幸，作士思归"。结果是伐木队伍找了一年，竟然连合适的木材都找不到。长期的过度砍伐所造成的森林资源枯竭，由此可见一斑。①

在最高统治者宫室之好的影响下，对豪华宅第追求成为两汉上层社会的追求。《吕氏春秋·骄恣》记载："齐宣王为大室，大益百亩，堂上三百户，以齐之大，具之三年而未能成。"《秦会要订补》卷24则记载："秦穆公居西秦，以境地多良材，始大宫观……是则穆公时，秦之宫室已壮大矣。惠文王初都咸阳，取岐、雍巨材，新作宫室，南临渭，北踰泾，至于离宫三百，复起阿房，未成而亡。"汉成帝时"五侯群弟，争为奢侈"，"大治第室，起土山渐台，洞门高廊阁道，连属弥望"②。东汉时"奢侈逸豫务广第宅"③依然不减。樊宏"所起庐舍，皆有重堂高阁"④，侯览"起立第宅十有六区，皆有高楼池苑，堂阁相望，饰以绮画丹漆之属，制度重深僭类宫省"⑤。所谓"豪人之室，连栋数百"，"高堂邃宇，广厦洞房""殚极土木，互相夸竞"⑥，赵充国进军羌地，以"其间邮亭

---

① 转引李金玉《周秦时代生态环境保护的思想与实践研究》，博士学位论文，郑州大学，2006年，第63页。

② 《汉书》卷98《元后传》。

③ 《汉书》卷10《成帝纪》。

④ 《后汉书》卷32《樊宏传》。

⑤ 《册府元龟》卷670《内臣部·诬构》。

⑥ 《后汉书》卷34《梁冀传》。

多坏败"，于是"缮乡亭，浚沟渠，治湟狭以西道桥七十所"，为此"入山伐材木大小六万余枚"①。东汉时佛教盛行，寺院建筑也耗用了大量的材木。《后汉书·陶谦传》记载，笮融在徐州、鲁南等地"大起浮屠寺，上累金盘，下为重楼，又堂阁周回，可容三千余人"。堂阁宅楼、佛寺道观等建筑形态成为山林消耗的重要形式之一。

《淮南子·主术训》对当时的奢靡社会现象做了详细描述："一日而有天下之富，处人主之势，则竭百姓之力，以奉耳目之欲，志专在于宫室台榭，陂池苑囿，猛兽熊罴，玩好珍怪。是故贫民糟糠不接于口，而虎狼熊罴厌当豢；百姓短褐不完，而宫室衣锦绣。"

《盐铁论》对此有论："饰宫室，增台榭，梓匠斫巨为小，以圆为方，上成云气，下成山林"②，"采椽不斫，茅茨不翦，无斫削之事，磨砻之功。大夫达棱楣，士颖首，庶人斧成木构而已。今富者井干增梁，雕文槛楯。"③"竞起第宅，楼观壮丽，穷极伎巧"④，"屋皆徘徊连属。重阁修廊，行之，移晷，不能遍也"⑤。从而认为这是造成当时"木材不足用"的主要原因，与先秦时"不饰宫室，则材木不可胜用"⑥形成迥然不同的对比，所以贤良文学派痛斥曰："宫室奢侈，林木之蠹也。"⑦

修建宫室园囿都需要大量的砖瓦，作为制陶业中的一部分，秦汉砖瓦制造比较发达。据《三国志·魏志·董卓传》注引华峤《后汉书》云："卓曰：武帝时，居杜陵南山下，有成瓦窑，数千处，引凉州材木东下以做宫室，为功不难。"裴注引《续汉书》云："杜陵南山下，有孝武故陶处，作砖瓦一朝可办。"上述引文可见，今终南山下有官窑众多，烧制官瓦。可以肯定，烧制砖瓦对林木的消耗也是巨大的，但关于砖瓦的具体耗材量，因缺乏相关史料，实难做量化分析。

除了修建宫室耗费大量森林之外，修建栈道也耗费大量木料。西汉开

---

① 《汉书》69《赵充国传》。
② 《盐铁论》卷1《通有》。
③ 《盐铁论》卷6《散不足》。
④ 《后汉书》卷78《宦者列传》第68。
⑤ 《西京杂记》卷3。
⑥ 《盐铁论》卷1《通有》。
⑦ 《盐铁论》卷6《散不足》。

褒斜道将沿线的林木大量破坏。蜀道未通之先，木材外运，困难颇多。秦蜀栈道相通，为沿途砍伐运送木材提供了极大方便。左思《蜀都赋》中说："良木攒于褒谷。"可见褒斜道上不乏良材巨木。修栈道消耗木材有两个方面：

一是燔山凿石需用大量的木材作燃料。当时科学不发达，也没有炸药，在石山上去石开道要历尽千难万险，于是古人便想出了"燔山凿石"的方法。东汉永平年间开凿的石门隧道，光绪年间城谷县开凿的五门石峡等，均采用这种方法。在当时的背景下，唯此法而别无他求。为了开通栈道，不遗余力，"唯计其成，不必顾其费"。用大量木材煅山烧石，造价过高，役费太大。鉴于秦汉时期这方面的史料缺乏，只能以后世史料来佐证秦汉时期栈道修建对木材损耗的情况。道光年间，尚书贾公捐金募工修复汉中至凤县一段栈道，合用释夫、民夫、名匠计690813人。"修险碥凡五千二百丈有奇。险石路二万三千八十九丈有奇。险土路一千七百八十一丈有奇。险偏桥一百一十八处，计一百五十七丈。去偏桥而垒石以补之，自江而至岸高三丈许，共长六十五丈二尺犷凡十五处。修水渠一百四十五道，毁石三十二处，其一百五十六丈六尺。去当路山根大石二百八十九处，垒石木栏干一百二十三处，凡九百三十八丈有奇。"① 如此浩大复杂的工程，全靠积薪石间，炽火烧之。唐代文学家柳宗元在《江运记》里写道："即山儳工，由是转巨石，仆大木，焚以炎火，沃以食酸，推其刚坚，北为灰烬，畚锸之下，易甚朽壤，乃辟乃垦，乃宣乃理"，可见，烧石开道，绝非"大木"而不能使巨石开裂，以至化为灰烬朽壤。数万人入山开道，夜以继日，烧山焚石，架设板屋，取暖做饭，样样都得取用林木。

二是架设栈道本身亦需大量柱材和板材。"栈道千里，通于蜀汉"，当年蜀道不只一条，千里之说亦非确数。当时栈道的形式是在崖壁上凿成30厘米见方（蜀道上此孔遗迹随处可见），深50厘米的孔洞，大致分上中下三排，以木柱插入洞中，铺板成路。中排木柱为铺木板的支架；下排木柱系中排的撑柱；上排木柱用以搭遮雨棚。远望栈道，如悬空小阁，既壮观又漂亮。栈道之宽度可使汉代车辆并行而有余地。"大石塞途者，烧

_____

① 道光《留坝县志》卷1。

以薪，浇以醋，碎以巨锤，峭壁无可施力者，凿孔横巨木覆以板，钳以钉，洞深不能逾越者，亦架长檩，覆巨板，羊肠一线而壁立千仞，虞驿递者逸而蹶也，缭石槛木栏，作拦马墙，此栈道之所由也。"[1] 千里连云栈阁，全用木柱木板构成，且以"巨木""巨板"为用，其用量之大，恐难详其数。据记载乾隆三十年，曾请架大修栈道，四十余年间"沿栈山林开垦略尽"[2]，足见栈道修建对木材耗损多么严重。

二　厚葬风俗对森林的影响

古代华夏族极重丧葬礼仪。孔子说："生事之以礼，死葬之以礼，祭之以礼。"孟子则更强调送终丧礼的重要性，他认为："养生者不足以当大事，惟送死可以当大事。"注云："孝子事亲致养，未足以为大事；送终加礼则为能奉大事也。"在专门记载先秦礼制的《仪礼》和《礼记》中，丧礼所占的比重相当大，并根据死者生前的身份尊卑和血缘关系的亲疏而有着一系列严密繁琐的规定。在远古旧石器时代中晚期，我国就开始出现墓葬。我国迄今为止发现最早的墓葬属于距今约 1.8 万年的山顶洞人，周围散布着赤铁矿粉末[3]。随着生产力的发展，人们渐渐产生了分工，从而也就有了贫富分化，财产逐步集中到一部分人手中，他们或其亲属死后，为了表示其身份，就把相当多的生活用品和死者埋在一起。在浙江余杭长命乡反山墓地 11 座良渚墓葬发现随葬品 1200 余件，玉器就占90% 以上，其中一座墓出土玉璧就达 53 件，最大的玉琮重 6.5 公斤，堪称"琮王"，在乐都柳湾墓地发现三座男女合葬墓，其中一例女性被捆绑而葬，二例是生殉。这种以大量珍贵的手工艺品，甚至用人来陪葬的墓葬，足以说明此时的厚葬风气至少已经萌芽了。到了秦代，厚葬之风也很盛行。汉代推行孝道制度，孝是一个人加官晋爵的途径，而葬亲是一种孝的表现，所以，很多人都为了显示其孝行，都努力实行厚葬。由于统治者大肆提倡孝道，使得孝道观念深入人心，致使构成孝观念基本含义之一的

---

①　光绪《新修凤县志》（1）。

②　周云庵：《秦岭森林的历史变迁及其思考》，《中国历史地理论丛》1993 年第 1 期。

③　贾兰坡：《山顶洞人》，龙门联合书局 1953 年版。

送死过程，日益隆盛，厚葬之风也随之日益地盛行。《盐铁论·散不足》载："世人四以奢侈相高，虽无哀戚之心，而厚葬重币者则以为孝，显名立于世，光荣著于俗，故黎民相慕效，以致发屋卖业。"甚至把三年之丧延至六年。东汉安帝薛包"行六年服"。以致造成"厚葬靡财风气贫民，久服丧生而害事"[①] 的结果，从而也大大推动了厚葬的飞速发展。厚葬之风一直是中国丧葬的主要特征之一。

（一）棺椁耗材个案探讨

古代厚葬风气，由来已久。厚葬不仅体现在葬品上，也体现在棺椁体积上。据《庄子·天子篇》和《荀子·礼论篇》记载："天子棺椁七重，诸侯五重，大夫三重，士再重。"根据身份不同所用木材也有严格限定，《丧大记》记载："君松椁，大夫柏椁，士杂木椁。"《墨子·节葬下》云："此存乎王公大人有丧者，曰棺椁必重，葬埋必厚，衣衾必多，文绣必繁，丘陇必巨；存乎匹夫贱人死者，殆竭家室；存乎诸侯死者，虚车府，然后金玉珠玑比乎身，纶组节约，车马藏乎圹，又必多为屋幕。鼎鼓几梴壶滥，戈剑羽旄齿革，寝而埋之。"可见，先秦时期厚葬风俗不仅在王公贵族中盛行，而且在黎民百姓中也很普遍，弥漫整个社会。

针对宫室、厚葬等糜烂社会风气，《管子·立政》提出了"节用"号召，"度爵而制服，量禄而用财。饮食有量，衣服有制，宫室有度，六畜人徒有数，舟车陈器有禁。修生则有轩冕、服位、谷禄、田宅之分，死则有棺椁、绞衾、圹垄之度。"厚葬对布、森林资源造成巨大浪费，严重影响国家安定发展。齐桓公曾经下令齐国禁止厚葬，《韩非子·内储说上七术》记载："齐国好厚葬，布帛尽于衣衾，材木尽于棺椁。桓公患之，以告管仲曰：'布帛尽则无以为蔽，材木尽则无以为守备，而人厚葬不休，禁之奈何？'……于是乃下令曰：'棺椁过度者戮其尸，罪夫当丧者'"。

棺椁巨大，耗材惊人，为防潮，每墓必有大量木炭。"古之葬者，厚衣之以薪。"颜注："厚衣之以薪，言积薪以覆之。"[②] 史载："齐国好厚

---

① 《淮南子·要略》。
② 《汉书》卷36《楚元王传》引《易》曰。

葬，布帛尽于衣衾，材木尽于棺椁，桓公患之。"① 如在东周曾侯乙墓中出土的巨大木椁，整个木椁包括盖板、墙板、底板总共 171 根方木垒成。这些方木有两种规格，一种长 10 米左右，宽厚 0.55 米—0.65 米；另一种长 6 米左右，宽厚在 0.5 米—0.65 米。整个木椁用成材木料（方木）378.633 立方米，折合圆木 500 多立方米。若按每亩林地蓄材量 4.7 立方米计，那么就需要伐林约 106 亩。② 其墓坑内、木椁顶部和木椁四周与坑壁空隙间发现了约 10 多万斤木炭。③ 余华青估算后认为木椁四周填塞木炭 6 万公斤以上。④ 棺椁耗材如此巨大，以致"桓公患之"。

秦代，厚葬之风也非常盛行，其随葬品之多让人赞叹不已，据《水经注》载："秦始皇大兴厚葬，营建冢圹于丽戎之山，一名蓝田，其阴多金，其阳多玉，秦始皇贪其美名，因而葬焉。斩山凿石，下锢三泉，以铜为椁，旁行周回三百余里，上画天文星宿，下以水银为四渎百川五岳九州，其象地理之势，宫观百官，奇器珍宝充满其中，令匠作机弩，有所穿近辄射之，以人鱼膏为灯烛，取其不灭者久之，后宫无之者，皆使殉葬者甚众，坟高五丈，周回五百里余，作者七十万人，积年方成。"

秦迁都雍后，进入了大规模的耗材时期。考古工作者在雍城周围钻探发现 13 座秦公陵园，32 个大墓。已发掘的秦公一号大墓"椁体像一座巨大的平顶木屋"，主椁三层，用巨型方木套接，椁木为松木，木接处用金属灌注。该墓"共享长短方木两千根以上"⑤，动用木材当在百方以上。该墓椁室周围所积木炭防潮层达 3.3 米—3.8 米。整个雍城墓区到底埋有多少木材和木炭，尚无所知。袁仲一在《从秦始皇陵的考古资料看秦王朝的徭役》文章中指出，"一、二、三号兵马俑坑都是土木结构的地下建筑。立柱、枋木、棚木、地栿、封门木等，都是粗大的松柏类方木或圆木。立柱高 3.8 米，竟径 30 厘米—40 厘米；枋木和棚木一般长 9 米—12 米，径 20 厘米—60 厘米。初步估算……总计为 8148 立方米……在钻探的过程中发现，陵园内一些大的陪葬坑的建筑结构与兵马俑坑相似，上面

① 《韩非子·内储说上》。
② 郭德维：《藏满瑰宝的地宫——曾侯乙墓综览》，文物出版社 1991 年版，第 5—6 页。
③ 孙成志等：《湖北随县曾侯乙墓木炭的鉴定》，《生物化学工程》1980 年第 2 期。
④ 余华青：《秦汉林业初探》，《西北大学学报》1983 年第 4 期。
⑤ 《光明日报》1986 年 7 月 13 日。

都搭盖着粗大的棚木，加上约近三十五万平方米地面建筑所用木材，其总数恐将达数万立方米"①。如此浩大的工程，对秦地林木造成的破坏可想而知。

汉代以孝治天下，厚葬之风大兴，形成"世俗着僭罔极，靡有厌足"②的社会风气，从而使两汉社会厚葬之风达到了无以复加的地步。"古者瓦棺容尸，木板堲周，足以收形骸，藏发齿而已……及其后，桐棺不衣，采椁不斫。今富者绣墙题凑，中者梓棺楩椁"。③厚葬不仅在上层社会，就是基层社会也甚是盛行。可以想象，整个汉代社会，厚葬基本遍布所有阶层。厚葬对木材的耗费是十分惊人，少者一墓用木材几十立方米，多者高达数百立方米，防潮木炭更不必说了，动辄上万斤。

据专家考证，汉代自文帝仍实行薄葬而不起坟，至迟到景帝时期，就出现了以梁孝王及其家族墓葬为代表的"斩山为椁，穿石为藏"的大型山洞墓群。④汉武帝修建的茂陵规模浩大，墓内随葬品极奢华。汉成帝修建昌陵时，动用士卒、民工数万人，大臣数谏不止，可以说是厚葬达到了一种极致。在将相中卫青和霍去病的墓葬最为豪华。卫青墓起冢象庐山，霍去病墓起冢象祁连山，冢上立石人，石兽，表示生前的战功。《汉书·佞幸传》这样记载，哀帝宠臣董贤死，"乃复以沙画棺，四时之色，左苍龙、右白虎，上著金银日月，玉衣珠璧以棺，至尊无以加"，达到了空前的规模。在皇亲国戚中，厚葬习俗也表现得非常明显。南阳是东汉开国皇帝刘秀发迹的地方，"南阳帝乡多近亲"。据《后汉书·皇后纪》记载，东汉有三个皇后和一个贵人是南阳人，有七个公主被封在南阳，另有封在南阳的侯王25人，还有皇帝皇后的亲戚，以及出身于南阳的功臣，名将及其亲戚，这一大帮人在南阳赫赫有势，举足轻重，生前享尽人间富贵，死后则加倍厚葬。在南阳发掘的针织厂汉墓、汉郁平大尹墓、麒麟岗汉墓、长冢店汉墓、中原技校汉墓等画像石墓，或呈现T字形、或呈现品字形、或呈回字形，周阁回廊，规模庞大，皆有体制。汉郁平大尹墓由前

① 袁仲一：《从秦始皇陵的考古资料看秦王朝的徭役》，《中国农民战争史研究》1983年第5期。
② 《汉书》卷10《成帝纪》。
③ 《盐铁论》卷6《散不足》。
④ 韩玉祥、李陈广：《南阳汉代画像石墓》，河南美术出版社1998年版，第2页。

大门、中大门、两主室、藏阁、车库、耳室等部分组成，完全是一座仿阳宅建筑。据《水经注·济水篇》载："黄水东南流，东南有汉荆州刺史李刚墓……有石阙、祠堂、石室三间，橡架高丈余。镂石作橡瓦屋，施平天，造石井，侧荷梁柱，四壁隐起，雕刻为君臣官属，龟、龙、麟凤之文，飞禽走兽之像，作制工丽，不堪伤毁。"从中可以看出墓域面积之大，设施的复杂、布局设计的规整。东汉中山简王刘焉安葬时"大为修冢茔，开神道，平夷吏人冢墓以千数；作者万余人。发常山、巨鹿、涿郡柏黄肠（木名，柏木黄心）杂木，三郡不能备，复调余州郡工徒及送致者数千人。凡征发摇动六州十八郡……"① 东汉的常山、巨鹿、涿郡大致在今河北省西部山西省一小部，包括太行山区。此材料可以看出：经历春秋战国至西汉各代，这一地区的林木砍伐破坏程度已经非常严重；当时的砍伐是毁灭性的，林木的再生率极低，否则也不可能"三郡不能备"，还要发动"六州十八郡"；同时也说明了上层贵族的厚葬规模之大，对木材损耗之多。

　　当然，厚葬之风并不仅仅局限于宫廷勋贵，下层民众的厚葬行为从当时的一些诏书中窥见一斑。从《汉书》《后汉书》上看，自西汉成帝后，历朝政府为了阻止吏民逾制，曾多次颁发诏书，如汉明帝永平十二年诏："百姓送丧之制，竟为奢侈，又车服制度恣极耳目，有司申明科，禁宜于今者，宜于郡国"。汉代董永的故事在民间流传甚为广泛，在山东嘉祥武梁祠，四川渠县沈府君阙车阙楼部，四川渠县蒲家湾无铭阙都有董永故事的图画，画像内容相似，皆有一独轮车，车上坐一老者，或拄鸠杖，为董父，立有一青年农夫，或拄锄或作递物送什物状，为孝子董永。句道兴《搜神记》引用刘向的《孝子图》"有董永者，千乘人也，小失其母，独养其父家贫困苦，至于农日，与辘车推父于田头树荫下，与人客作，供养不阙。其父亡殁，无物葬送，遂从主人家典田，贷钱十万文，语主人曰：'后无钱还主人时，求与殁身主人为奴，一世常力。'"这故事反映了贫苦人民对父母生前竭力赡养及死后不惜卖身为奴对其安葬，从中反映出汉代的厚葬已经是一种传统习俗。

---

① 《后汉书》卷72《中山简王焉传》。

　　北方少数民族也有使用木棺，且规模相当庞大。如在杭锦旗桃红巴拉①、杭锦旗西霍洛才登和准格尔旗南瓦尔吐沟出土的匈奴墓葬和东胜县漫赖公社出土的汉墓，完全可以证明这里有过富饶茂密的森林，这些墓葬中有棺有椁，还有雕刻成鹿虎等形状的饰物。这些棺椁都是用原木做的，因为是用原木而不是木板制成，所以相当庞大，所用原木也很多。往往椁盖就用原木数十根。原木直径一般为 0.2 米—0.3 米，有的达 0.4 米。木料均为松柏木。根据墓葬出土的文物观察，墓主皆不是王侯一级的贵人。不是当时的贵人而有这样大的墓葬规模，竟用了这样多的原木，这些原木当是取之于附近的林中，而不会是由更远的地方运来的。随葬的仿照鹿虎等形状制成的饰物，显示出这些动物都是附近林中滋生的。②北方少数民族墓葬出土材料证明：北方少数民族居住区曾存在大片森林，巨木良才众多，森林生态良好。

　　墓葬中使用木炭防潮、防腐由来已久。《吕氏春秋·节丧》记载："题凑之室，棺椁数袭，积石积炭，以环其外。"③高诱注曰："石以其坚炭以御湿。"毕沅补："积炭非但御湿，亦使树木枝根不穿入也。"秦汉时期，墓葬使用木炭进行御湿、防腐非常普遍，一般富人都可以使用大量木炭。长沙马王堆 1 号汉墓中，在棺椁四周和上部填塞了厚 40 厘米—50 厘米的木炭，约一万多斤。④北京大葆台汉墓 1 号墓顶，"是两层木炭和一层白膏泥，白膏泥在两层木炭中间，木炭一般厚 40 厘米—70 厘米，最厚处达 1 米左右"，共达数万斤。⑤《汉书·田延年传》载："先是，茂陵富人焦氏、贾氏以数千万阴积贮炭苇诸下里物。"⑥秦汉时期除了使用木炭，同时也新增了白膏泥防潮。新近发现的长沙"渔阳"墓中也有大量木炭与青膏泥交替封在题凑四周及椁室顶部、底部。⑦广西贵县北郊汉墓、广

　　①　田广金：《桃红巴拉的匈奴墓》，《考古学报》1976 年第 1 期。

　　②　史念海：《黄土高原历史地理研究》，黄河水利出版社 2001 年版，第 413 页。

　　③　吕不韦著、陈奇猷校释：《吕氏春秋新校释》，上海古籍出版社 2002 年版，第 532 页。

　　④　湖南省博物馆、中国社会科学院考古研究所编：《长沙马王堆一号汉墓发掘简报》，文物出版社 1973 年版。

　　⑤　大葆台汉墓发掘组、中国社会科学院考古研究所：《北京大葆台汉墓》，文物出版社1989 年版，第 7、19 页。

　　⑥　《汉书》卷 90《酷吏传》第 60。

　　⑦　宋少华：《长沙西汉渔阳墓相关问题刍议》，《文物》2010 年第 4 期。

西贵县风流岭三十一号西汉墓等不同级别的墓穴都发掘出木炭，往往是一层木炭和一层白膏泥交替填实至椁顶，规模相当可观。① 蒲慕州在其《墓葬与生死——中国古代宗教之省思》一书中对"汉代墓葬的填土与排水系统"论述时，指出："汉代竖穴木椁墓中所填充的材料，基本上有白黏土（即白膏泥）、黄沙、木炭、原坑土或杂土等，其中白黏土（即白膏泥）与木炭为最重要的防潮材料。"② 杨树达先生也把"炭苇"列为"从葬之物"③。文献记载和考古发掘证明：秦汉时期墓葬使用炭非常普遍，上至天子，下至富足之人，使用范围之广，北至北京附近，南至两广之地。西汉桓宽在《盐铁论》中曾谈到当时埋葬的情形，在棺木上"今富者绣墙题凑，中者梓棺楩椁，贫者画荒衣袍，缯囊缇橐"。不同经济实力的人各有不同的丧葬用具。

北京丰台大葆台两座西汉墓皆为大型木椁墓，其结构为"梓宫、便房、黄肠题凑"形制。④ 一号墓断定为燕王刘旦，二号墓似为燕王刘旦之妻华容夫人。二号墓屡遭破坏及火灾，出土遗物不多。⑤ 一号墓的黄肠题凑，由 15880 根黄肠木堆叠而成。黄肠木大多制作平整，表面打磨光滑，经鉴定为柏木，一般长 90 厘米、高宽各 10 厘米。燕王旦墓用了五棺二椁，五层棺木共享梓楠大木料 110 块，合几十立方米。黄肠木 15000 多根，合 122 立方米。整个陵墓所用木材就更多了。⑥ 还有湖北光华三号汉墓椁室用木材 35 立方米，重 7 万斤；⑦ 江苏扬州和云台山地区先后发现了若干汉墓，木棺都是用整根大原木挖成以外，椁之周围均用宽为 25 厘米—30 厘米，厚 20 厘米的木板作壁和垫在棺底，墓室外还以成排木桩固

① 广西壮族自治区文物工作队：《广西贵县北郊汉墓》，《考古》1985 年第 3 期；广西壮族自治区文物工作队：《广西贵县风流岭三十一号西汉墓清理简报》，《考古》1984 年第 1 期。
② 蒲慕州：《墓葬与生死——中国古代宗教之省思》，中华书局 2008 年版，第 111 页。
③ 杨树达：《汉代婚丧礼俗考》，上海古籍出版社 2000 年版，第 101 页。
④ 汉时帝王之棺，用梓木制作，称为"梓宫"（见《汉书·霍光传》颜注）。在汉代此葬制并不是天子所专用，如霍光死时，宣帝赐以"梓宫"；便房，"藏中便坐也"（见《汉书·霍光传》颜注引服虔曰）。《汉书》颜注"便坐，谓非正寝，在于旁侧可以延宾者也"（见《汉书·张禹传》颜注）。黄肠题凑，"以柏木黄心，致累棺外，故曰黄肠。木头皆向内，故曰题凑"（见《汉书·霍光传》颜注引苏林曰）。
⑤ 北京市古墓发掘办公室：《大葆台西汉木椁墓发掘简报》，《文物》1977 年第 6 期。
⑥ 鲁琪：《试谈大葆台西汉的"梓宫"、"便房"、"黄肠题凑"》，《文物》1977 年第 6 期。
⑦ 湖北省博物馆：《光华五座西汉墓》，《考古学报》1976 年第 2 期。

定，以防盗掘①。

两汉时期，贵族官僚及其老百姓尽行厚葬，难以想象在两汉 420 余年间，棺椁的耗材是多么巨大。《吕氏春秋·孟冬纪·安死》所言："世之为丘垄也，其高大若山，其树之若林，其设阙庭、为宫室、造宾阼也若都邑。"《节丧》记录了厚葬导致的资源浪费："国弥大，家弥富，葬弥厚。含珠鳞施，玩好货宝，锺鼎壶滥，舆马衣被戈剑，不可胜其数。诸养生之具，无不从者。题凑之室，棺椁数袭，积石积炭，以环其外。"对此现象，东汉王符有深刻的揭露："京师贵戚，必欲江南檽梓豫章楩柟，边远下土亦竞相仿效。夫檽梓豫章，所出殊远，又乃生于深山穷谷，经历山岑，立千丈之高，百丈之溪，倾倚险阻，崎岖不便。求之连日，然后见之，伐斫连月然后讫。会众然后能动担牛列，然后能致水。由江入海，连淮逆河，行数千里，然后到雒。工匠雕治，积累日月。计一棺之成功将千万夫。既其终用，重且万斤，非大众不能举，非大车不能挽。"②这则材料非常生动地再现了汉代社会厚葬之风，以此可见这种行为对林木的破坏程度。

（二）棺木用材定量分析

两汉厚葬耗材之巨，现仅以木棺为例，探讨两汉棺木耗材总量。

两汉以孝治天下，再加上"入土为安"的传统习俗，所以即使庶民百姓也会用木棺。据调查，一般普通的木棺需材 0.3 立方米。③ 袁祖亮研究：在中国封建社会，死亡率在 25‰—30‰，④ 赵冈估计为 28‰左右。⑤ 赵冈估计数字正好在袁祖亮研究的数字之间，姑且以 28‰计，估计两汉时期每年全国耗棺椁木材总量：

---

① 杨绍章：《江苏古代林业初探》，《中国农史》1989 年第 3 期。
② 《潜夫论·浮侈篇》卷 3。
③ 王炜等：《揭开风水之谜》，福建科学技术出版社 1989 年版，第 183 页。
④ 袁祖亮：《中国古代人口史专题研究》，中州古籍出版社 1994 年版，转引刘岚《对"古代中国人寿命与人均粮食占有量"的质疑》，《人口研究》2002 年第 3 期。
⑤ 赵冈：《中国历史上生态环境之变迁》，中国环境科学出版社 1996 年版，第 73 页。

表6—1　　　　　　　两汉时期每年耗棺木材总量

朝代	人口（人）	棺木耗材量（m³/年）	毁林面积（亩/年）
西汉（2年）	59590000	500000	110000
东汉（157年）	56480000	470000	100000

资料来源：人口数参考梁方仲《中国历代户口、田地、田赋统计》，上海人民出版社1980年版，第4页。为便于计算，人口数取整数，棺木耗材量、毁林亩数全取约数。

如果九成被伐林木能再生，一成彻底消失，那么两汉每年将有1万亩森林因棺木消耗而彻底消失。这个数量的估计还只是普通的一般民众丧葬需要，如果要考虑到王公贵族奢靡的生活，其厚葬对森林的耗损将更大。鉴于没有具体的文献记载，上述数字也仅是根据文献个别记录假以逻辑推理推测出来的。虽无法全面展示秦汉厚葬风俗对林木的损耗，但也侧面说明厚葬风俗对森林的消极影响。

三　生活燃料对森林的吞噬

森林在地球上已有三亿年的历史了，人类利用森林这种生物能源已有上万年。世界各国林业的发展，共同经历了薪材阶段、采运工业阶段、森工全面发展阶段和森工营林综合发展阶段。在薪材阶段，森林主要用作烧材，人们对于森林能源的践踏和消费并不感到痛惜。我国古代即已把森林作为能源的重要来源。

（一）炭的使用与生产

中国真正的制炭史，至迟可上溯至商周之际。[1] 早在西周时期就有专门管理木炭制作的职官。《周礼·地官·掌炭》记载："掌灰物、炭物之征令，以时入之。"[2] 许慎《说文》解释："炭，烧木余也。"段玉裁注曰："炭，烧木留性，寒月供然（燃）火取暖者，不烟不焰，可贵也。"[3]

---

[1] 容志毅：《中国古代木炭史说略》，《广西民族大学学报》（哲学社会科学版）2007年第4期。
[2] 孙诒让：《周礼正义》，中华书局1987年版，第1216页。
[3] 段玉裁：《说文解字注》，中州古籍出版社2006年版，第481页。

先秦两汉时期的主要燃料是薪柴、木炭。秦汉时期，在少府下设有"菓丞"，"掌瓜菜茹薪炭"①。秦汉时期禁止木炭自由流通，尤以两汉为峻，统治者把铜和木炭作为政府管制物品，以防止地方势力私自冶炼铸钱。"欲防民盗铸，乃禁不得挟铜炭"②"民坐挟铜炭，没入钟官"③。出土文献也验证了汉代禁止铜炭自由交易的史实。张家山汉简《二年律令·钱律》云："智（知）人盗铸钱，为买铜、炭，及为行其新钱，若为通之，与同罪。""盗铸钱及佐者，智（知）人盗铸钱，为买铜、炭，及为行其新钱，若为通之，而能颇相捕，若先自告、告其与，吏捕，颇得之，除捕者罪。"④

冬天取暖是生活用炭的主要形式之一，民间和官方的用炭量很大。民间烧炭多是自给自足，经济条件好的庄户有专门家奴烧炭。云梦睡虎地秦简《法律答问》云："可（何）谓'集人'？古主取薪者欧（也）。"西汉时蜀人王褒作《僮约》："持斧入山，断辂截辕。若有余残，当作俎几木屐，及犬噂盘。焚薪作炭，磊石薄岸，治舍盖屋，削青代牍。"⑤ 可见，"焚薪作炭"是一个家奴的主要工作。《新论·祛弊》记载："余尝过陈令同郡杜房，见其举火夜坐，燃炭干墙。"⑥ 安徽天长西汉墓发掘出土的M19：40—12号木牍"孟马足下寒时少进酒食近衣炭□病自愈以□□幸甚幸甚"⑦。此为民间交往的私人书信内容，可知冬天室内取暖的主要燃料为木炭。对于地处蒙古高原的匈奴而言，冬天用木炭取暖更是普遍现象，"胡地秋冬甚寒，春夏甚风，多赍鬴锧薪炭，重不可胜"⑧。

秦汉民间生活用炭还有其他方面的体现。"先冬至三日，县土炭于衡两端，轻重适均，冬至而阳气至则炭重，夏至阴气至则土重。"⑨ 即用木

---

① 孙星衍等辑，周天游点校：《汉官六种》，中华书局 2008 年版，第 135 页。

② 《汉书》卷 99 中《王莽传》。

③ 《后汉书》卷 13《隗嚣传》。

④ 张家山二四七号汉墓竹简整理小组：《张家山汉墓竹简（二四七号墓）》，文物出版社 2006 年版，第 35—36 页。

⑤ 严可均：《全汉文》，中华书局 1985 年版，第 359 页。

⑥ 桓谭撰、朱谦之校辑：《新辑本桓谭新论》，中华书局 2009 年版，第 31 页。

⑦ 天长市文物管理所、天长市博物馆：《安徽天长西汉墓发掘简报》，《文物》2006 年第 11 期。

⑧ 《汉书》卷 94 下《匈奴传》。

⑨ 《史记》卷 27《天官书》。

炭的吸水性测知天气变化。周学鹰在《解读画像砖中的汉代文化》中指出，汉代饮食生活中已经开始用木炭烧烤食物，在陕北、河南、山东等地的汉画像石中都曾发现。① 如山东诸城孙棕墓出土的"庖厨图"，右上角清晰可见一人专心致志地烧烤，② 烧烤用的燃料当是木炭无疑。同一文化现象在出土文献中也得到验证。张家山汉简《奏谳书》曰："臣有（又）诊炙肉具，桑炭甚美，铁卢（炉）甚磬。夫以桑炭之磬铗而肉颇焦，发长三寸独不焦，有（又）不类炙者之罪。"③ 作为桑科落叶乔木，桑木结构细密，出炭量高，燃烧时有微量清香而且更加耐久。可见，秦汉民间已经对不同树种所出木炭有清晰认识，所以才有"桑炭甚美"的言词。

先秦两汉时期，政治中心基本处在北方，冬天取暖对官方而言更为重要。秦汉时期，定都咸阳、长安、洛阳，冬天气温寒冷潮湿。木炭的烧制"非大量人手莫办"④。《史记·外戚世家》记载："窦广国……至宜阳，为其主人入山作炭，暮卧岸下百余人。岸崩，尽压杀卧者，少君独得脱。"从这则史料看，足见当时烧炭量之大，已经烧好的炭堆积起来绝对不亚于一座小山，否则也不可能砸死睡在炭堆边的百余人，这么多的炭要砍伐多少木材，尽可发挥想象。鉴于宫中人数众多，耗炭量巨大，为节约用炭，邓太后曾下发诏令："离宫别馆储峙米糒薪炭，悉令省之"⑤，又诏："除米麴本贾，计其利而什分之，以其七入官，其三及醯酱灰炭。"⑥

秦汉政府达官贵人设有专人负责烧炭，并详细规定日产炭量及炭的运输等问题。张家山汉简《算术书》记载："负炭山中，日为成炭七斗到车，次一日而负炭道车到官一石。今道官往之，负炭（山）中，负炭远到官，问日到炭几何。曰：日得炭四斗十一分升二。术曰：取七斗者十之，得七石，七日亦负到官，即取十日与七日并为法，如法得一斗"⑦。

---

① 周学鹰：《解读画像砖中的汉代文化》，中华书局 2005 年版，第 10 页。

② 任日新：《山东诸城汉墓画像石》，《文物》1981 年第 10 期。

③ 张家山二四七号汉墓竹简整理小组：《张家山汉墓竹简》（二四七号墓），文物出版社 2006 年版，第 106 页。

④ 傅筑夫：《中国封建社会经济史》（二），人民出版社 1986 年版，第 340 页。

⑤ 《后汉书》卷 10 上《皇后纪》。

⑥ 《汉书》卷 24 下《食货志》。

⑦ 张家山二四七号汉墓竹简整理小组：《张家山汉墓竹简》（二四七号墓），文物出版社 2006 年版，第 148 页。释文指出"负炭中"炭字后当脱一"山"字。

其他地区发现的汉简也有烧炭记载，如：

> 正月中省卒治炭日与卒具之第八隧杀狗与诸皆反候史房贤与卒用
> 故卒多□□去年五月甲戌第六隧卒尹汤取□一直四百伯一直百五十一
> 直千七百……庭□□诈言亡□私□亡因卒……积二□□诣言为
> 甲……①
> □□沙□临桐沙治炭王卿。②

简文表明：汉代西北戍卒中有"省卒"负责"治炭"的史实，西北边地冬天严寒，烧炭御寒过冬是符合实际的，也是汉代用炭的有力证据。

秦汉刑名有所谓"鬼薪""雇山"等，其劳作服刑内容即伐取林木作为燃料。《汉书·惠帝纪》记载："上造以上及内外公孙、耳孙有罪当刑及当为城旦舂者，皆耐为鬼薪白粲。"颜师古注引应劭曰："取薪给宗庙为鬼薪。"云梦睡虎地秦简《法律答问》中，已见"耐为鬼薪""当刑为鬼薪"及"赎鬼薪"语。《汉书·平帝纪》云："天下女徒已论，归家，顾山钱月三百。"如淳解释说："已论者，罪已定也。《令甲》：'女子犯罪，竹如徒六月，顾山遣归。'说以为当于山伐木，听使入钱顾功直，故谓之顾山。"应劭则以为"旧刑鬼薪，取薪于山以给宗庙，今使女徒出钱顾薪，故曰顾山也"。《后汉书·光武帝纪上》载，建武三年（27）七月诏："女徒雇山归家。"雇山，即出钱以免女徒伐木取薪之刑役。《后汉书·桓谭传》记载，桓谭上疏建议严明法禁，力纠复仇之习，"其相伤者，加常二等，不得雇山赎罪"③。可见，为官府烧制木炭是汉代刑徒之人主要任务之一。

（二）生活薪炭用量蠡测

早在原始社会就有燧人氏钻木取火、教人熟食的故事。《周礼》中也

---

① 孙家洲：《额济纳汉简释文校本》，文物出版社 2007 年版，第 86 页。
② 谢桂华、李均明、朱国炤：《居延汉简释文合校》，文物出版社 1987 年版，第 373 页。
③ 转引王子今《秦汉时期的森林采伐与木材加工》，《古今农业》1994 年第 4 期。

有"伐薪为炭"的记载。[①] 古代社会，生活燃料尤其是居民火灶成为消耗森林资源的"柴老虎"，是森林消减的重要因素之一。

关于两汉薪炭消耗量因缺乏具体数据，只能以现有研究成果加以推证。在此必须明白两个参数：一是每人或每户的每日或每年的平均薪炭消费量；另一是森林的平均木材蓄积量。

云南地处边疆，山深林密，现有研究成果表明：云南省农业人口平均每户烧柴 3.4 立方米，多林高寒山区则高达 6.2 立方米，多林山区半山区则为 5.9 立方米，多林低热区每户为 3.0 立方米，少林坝区 2.5 立方米，总计山区农民烧材 1650 万立方米，占 94.9%，城镇居民 14.7 万立方米，占 0.8%，县社机关、公社五小企业 74.8 万立方米，占 4.3%。[②] 又有人于 1980 年前后在滇南九县调查当地居民的木材消耗量。[③] 以石屏县为例，该地每年消耗木柴 35 万—40 万立方米，其中 25 万立方米是当作薪柴烧掉。该县有居民 24.6 万人，平均每人每年烧掉 1 立方米的木柴。按每立方米 = 0.6 吨计，每人每日烧薪柴 1.65 公斤。云南是木材供应较丰富的地区。每人每日耗柴量估计应略高于唐长安的每人每日耗柴量。若以较小估计每人每日 1.5 公斤，或每年 0.55 吨来计算，或每人每年 1 立方米来计算，可以粗略求得两汉时期全国每年的薪柴消耗量见表 6—2。

表 6—2　　　　　　　　　　两汉时期全国每年薪柴消耗量

朝代	人口（人）	薪炭总耗材量（m³/年）	毁林面积（亩/年）
西汉（2 年）	59590000	59590000	12700000
东汉（157 年）	56480000	56480000	12000000

（资料来源：人口数参考梁方仲《中国历代户口、田地、田赋统计》，上海人民出版社 1980 年版，第 4 页。为便于计算，人口数取整数，薪炭耗材量、毁林亩数全取约数。）

---

① 何丕坤：《建设薪炭林是解决我省农村能源的重要途径》，《云南林业调查规划》1981 年第 4 期。

② 何丕坤：《建设薪炭林是解决我省农村能源的重要途径》，《林业调查规划》1981 年第 4 期。

③ 严正元：《从人口与燃料关系探讨滇南重点林区的建设》，《人口与经济》1985 年第 3 期；另一份调查资料说，干旱地区一户五口之家大约一年需要 18000 公斤鲜柴，按此数折合每人每日烧柴 10 公斤，一家五口一日烧柴 50 公斤，似乎太高，故不予采用（倪根金：《汉简所见西北垦区林业》，《中国农史》1993 年第 4 期）。

如果被砍伐的森林有九成可以在多年后自我更新，成为再生林，一成变成童山，永不再生，那么汉代因薪柴而彻底毁掉的林地每年大约就有120万亩。

对于上述估计或许有人怀疑偏高。但个人觉得还有许多因素显示估计偏低。上述 4.7 立方米蓄材量是以秦岭这样生长许多巨木的森林来计算的。现代栽培的专用薪炭林每年可获得薪柴量仅为 0.7—1.4 立方米。[①]薪柴只是厨房用于煮饭的燃料；而北方地区冬天取暖则用木炭。木炭的出炭率是大约是 3 公斤可得 1 公斤炭。若加上木炭的消费量，每年毁林面积要比上述之估计还要高。

古代没有科学化的林政，因而没有指定的薪炭林供砍伐，采木者自由砍伐，然后按市场价值，将整齐良好的木材供工业及建筑用途，次者及枝干作为薪柴及烧炭用。随着薪柴的日益缺乏，发现煤矿的地区逐渐开采煤矿，作为日用燃料；没有煤矿的地区，人民就使用各种代用品。在农耕区就是以稻草、麦秸等作物秸秆为燃料，在牧区则以晒干的马、牛粪为燃料。[②]

四 开矿冶炼用炭量

秦汉时期的冶金是当时最大的手工业生产部门，它大致包括采矿、冶铁业、冶铜业、铸造业。在先秦两汉时期汉代冶铁业最为发达，汉代铁官的数量规模远远高于《汉书·地理志》记载的数字。"汉代冶铁业的作坊规模、遗址规模和官府的系统化管理，是此后许多朝代都无法比拟的。《汉书·地理志》记汉设大铁官作坊四十多个，但经考古证实，大铁官作坊超过八十个。"[③] 以荥阳镇汉代冶炼遗址为例，足见耗费木炭之巨。"从古荥镇冶铁遗址中采集到汉代冶铁用的矿石和炼得的生铁、炉渣，又依据当地所出的木炭和石灰石的成分，列出铁、碳、氧化钙、二氧化硅，渣量、煤气量和煤气中含碳气体量等七个平衡方程。根据方程计算，一号高

---

① 龚胜生：《唐长安城薪炭供销的初步研究》，《中国历史地理论丛》1991 年第 3 期。

② 参见赵冈《中国历史上生态环境之变迁》，中国环境科学出版社 1996 年版，第 69—72 页。

③ 李京华：《冶金考古》，文物出版社 2007 年版，第 51 页。

炉每生产一吨生铁，约需铁矿石二吨，石灰石一百三十公斤，木炭七吨左右。"① 七吨木炭需要砍伐多少森林留给世人无尽的想象。

汉冶炼技术大为提高，傅筑夫在《中国封建社会经济史（二）》一书中关于汉代冶铁业时指出："汉代冶铁业迅速发展的突出成就，一是炼铁使用了溶剂，二是对铁矿石进行了破碎和筛分。"② 然而，汉代冶炼的另一大成就就是鼓风装置的发明。南阳太守杜诗"造作水排"，"冶铸者为排以吹炭，今激水以鼓之也。"③ 在此之前，冶炼的鼓风装置为囊，它是一种类似布袋或者皮袋的装置。《吴越春秋》记载干将铸剑时，"使童男童女三百人鼓囊装炭"④。很显然，水排与囊相比，不仅节省了人力和成本，而且大大提高了冶铁效率。

文帝时实行的"纵民得铸钱，冶铁，煮盐"的政策，标志着西汉政府开始放松对公共资源的管制，这些行业在民间得到飞速的发展。如鲁人曹邴氏"以铁起，富至巨万"；齐人刁间"逐渔盐商贾之利"，"富数千万"⑤；吴王刘濞得以"专山泽之饶"⑥ "即山铸钱，富埒天子"⑦；邓通依山铸钱"财过王者"⑧；封于山东的胶东国与鲁国以"鼓铸盐铁"⑨ 为务；东汉时，民营冶炼仍很发达。"汉郭况，光武皇后之弟也，累金数亿，家童四百人，黄金为器，功冶之声，震于都鄙。时人谓郭氏之室，不雨而雷，言铸锻之声盛也。"⑩ 曹毗《咏冶赋》曰："冶石为器，千炉齐设。"⑪ 当然古代冶金业技术提高对社会文明起到很大促进作用，以冶金业为例说明其对木炭需求量之大，并不是否定历史上冶金业对历史的贡献，而只是从侧面说明历史上一些生产部门对木材依赖程度之高，对木炭的需求量之

---

① 河南省博物馆等：《河南汉代冶铁技术初探》，《考古学报》1978 年第 1 期。
② 傅筑夫：《中国封建社会经济史（二）》，人民出版社 1989 年版，第 353 页。
③ 《后汉书》卷 31《杜诗传》。
④ 周生春：《吴越春秋辑校汇考》，上海古籍出版社 1997 年版，第 40 页。
⑤ 《史记》卷 129《货殖列传》第 69。
⑥ 《盐铁论》卷 2《错币》第 4。
⑦ 《汉书》卷 24 下《食货志》第 4 下。
⑧ 同上。
⑨ 《汉书》卷 64 下《终军传》。
⑩ （晋）王嘉：《拾遗记》卷 6。
⑪ 《太平御览》卷 833《资产部》13。

大。当时的冶金原料仍然是木炭，可以说至迟在煤炭广泛运用于冶金业之前，古代的冶金业的发展历史就是森林被毁灭的历史。

冶金首要环节就是开采矿山，古代采矿只能用火，称为"火爆法"。《后汉书·虞诩传》注引《续汉书》云："下辩（今甘肃成县西）东三十里有峡，中当泉山，生大石，障塞水流，每至春夏，辄溢没秋稼，坏败营郭，诩乃使人烧石。"

秦汉时期铁器的广泛运用，必然要以大规模的矿石开采为前提，因为每一吨生铁，一般需要两吨左右的矿石。而铜更甚，一般要十吨乃至几十吨才能冶炼出一吨铜来。还有采矿过程中产生大量的矿粉和贫矿，这就增加了总的采掘量。[①] 这也可以解释为什么汉武帝每年要驱使十万人以上去"攻山取铜铁"。

为适应冶金的发展，汉武帝在公元前119年实行盐铁官营，在全国设铁官49处，每个铁官下属一个或几个作坊，对这些作坊史载极少，但考古发掘却提供了材料。据统计已经发掘出的汉代冶铁或铸铁遗址约有20余处[②]（见表6—3）。

表6—3　　汉代铁官所在地与冶铁遗址、铁官作坊标志遗物对照表

国名	铁官所在地和产铁地	已发现的汉代冶铁遗址	铁官作坊标志
京兆尹	郑（陕西渭南县东北） 蓝田县		田
左冯翊	夏阳（陕西韩城县南）		
右扶风	雍（陕西凤翔县南）	陕西凤翔南古城遗址	
弘农郡	宜阳（河南宜阳县）	河南新安县	宜
河东郡	安邑（山西运城东北） 皮氏（山西河津县） 平阳（山西临汾西南） 绛（山西侯马市西南）	山西禹王城遗址	东二 东三
太原郡	大陵（山西汾县东北）		

---

①　中国冶金简史编写组：《中国冶金简史》，科学出版社1978年版，第96页。

②　李京华：《汉代铁器铭文试释》，《考古》1974年第1期。

续表

国名	铁官所在地和产铁地	已发现的汉代冶铁遗址	铁官作坊标志
河内郡	隆县（河南林县）	鹤壁市遗址 河南温县西招贤村遗址	
河南郡	洛阳（河南洛阳） 密（河南密县）	荥阳（河南郑州古荥阳遗址） 梁（河南临汝县夏店遗址） 巩（河南巩县生铁沟遗址）	河一 河二 河三
颍川郡	阳城（河南登封先）		川
汝南郡	西平县西		
南阳郡	宛（河南南阳市）	南阳市北关瓦房庄遗址 平氏（河南桐柏县遗址） 鲁阳（河南鲁山望城岗遗址） 河南南召县东南遗址	阳一 阳二
庐江郡	皖（安徽安庆市北）		江（黄石市铜录山 古铜矿洞出土）
山阳郡			山阳二、巨野二
沛郡	沛（江苏沛县东）		
魏郡	武安（河北武安县西南）		
常山郡	蒲吾（河北平山县东南） 都乡（河北井径县西）		
涿郡	涿县（河北涿县）		
千乘郡	千乘（山东博兴西）		
济南郡	东平陵（山东济南市东） 厉城（山东济南市）	山东东平故城遗址	
琅邪郡	东武（山东诸城县）		
东海郡	下邳（江苏宿迁西北） 朐（江苏东海县南）		
临海郡	临淮（江苏盐城县） 堂邑（江苏六合县）	江苏泗洪县峰山镇遗址	淮一
泰山郡	嬴（山东莱芜县）		山（山东莱芜县出土）
齐郡	临淄（山东临淄北）		
东来郡	东牟（山东牟平县）		
桂阳郡	郴（河南郴县）		

续表

国名	铁官所在地和产铁地	已发现的汉代冶铁遗址	铁官作坊标志
汉中郡	沔阳（陕西沔阳县）		
蜀郡	临邛（四川邛崃县）		蜀郡、成都
犍为郡	五阳（四川彭山象东） 南安（四川乐山县）		
定襄郡		成乐（内蒙古和林格尔遗址）	
陇西郡			
渔阳郡	渔阳郡（北京密云县 西南）		渔（北京市大葆台西汉 燕王刘旦墓出土）
右北平郡			
辽东郡	平郭（辽宁盖平县南）		
中山国	北平（河北满城北）		中山
广阳国		蓟（北京清河镇古城遗址）	
城阳国	莒（山东莒县）		
胶东国	郁秩（山东平度县）		
东平国	无盐（山东东平县）		
鲁国	鲁（山东曲阜县）	薛（山东滕县遗址）	
楚国	彭城（江苏徐州）	徐州利国驿遗址	吕（河南镇平县 1975 年出土）
广陵国	广陵（江苏扬州市东北）		
西域		大宛（新疆民丰县遗址） 龟兹（新疆库车县遗址） 于阗（新疆洛浦县遗址）	

注：上述内容根据河南省博物馆整理所得。

从表6—3不难看出，汉代铁官设置遍布黄河流域、长江流域及西北、东北地区，但绝大多数铁官分布在黄河中下游地区，这也不难理解，为何黄河流域尤其是华北、关中等地最早迈出森林破坏的步伐，除了这些地区最早开始农业开发的因素之外，密布的冶铁点也是造成这些地区森林首先遭到破坏的原因。从地质上看，黄河流域盛产铁矿石。黄河流域的铁矿，其主要分布在中朝地台—河淮凹地、山西褶皱带、淮阳地盾、鲁中突起和渭南古陆等地质构造带。[①] 这几个区域自古以来恰好就是冶铁点的主要分布区。冶铁点的地理分布呈现两大特点：总体上集中于五大区域；地带上散布于山地丘陵。张鉴模所述的五大区域，总面积不及整个黄河流域的四分之一，而长期保持了约占总数五分之四的冶铁点（见表6—4）[②]。

表6—4　　　　　　　　　　五大区域冶铁点数与总数的百分比

所占比例 区域 ＼ 时代	先秦	西汉	东汉
燕太崤山	42%	28%	25%
山西山地	5%	12%	10%
豫西山地	31%	12%	25%
鲁中山地	11%	26%	23%
关中盆地	11%	10%	10%
合计	100%	88%	93%

从地形上看，这些铁矿石分布的相应区域分别是燕太崤山、山西山地、豫西山地、鲁中山地及关中盆地，这些地区自古以来就是冶铁点的主要分布地区。鲁中山地铁矿的品位在黄河流域来说，普遍偏高（见表6—5），我国早期的冶铁燃料是木炭。《孟子·告子上》记载，春秋晚期，临

---

① 张鉴模：《从中国矿业看金属矿产的分布》，《科学通讯》1955年第9期。

② 郭声波：《历代黄河流域铁冶点的地理布局及其演变》，《陕西师范大学学报》（哲学社会科学版）1984年第3期。

淄南郊有一座林木秀美的牛山，到战国中晚期，竟变为濯濯童山。原因何在？临淄城建于公元前9世纪中叶，终孟子之世，未见再有大规模的土木营建，但是城中却有两个很大的冶铁作坊[①]；正如《管子·轻重乙篇》所记载："断山木，鼓山铁"，就是齐国冶铁的记述，临淄又位于著名的金岭镇富铁矿带，因此，牛山的童秃，冶铁难逃其咎。据考古研究，河南古荥镇西汉荥阳一号冶炉日产生铁半吨至一吨，平均每产一吨约需木炭七吨。[②]《荀子·议兵》中也提到过豫西山地东缘冶铁点的出现较早，备受称道的"宛巨铁鉇""韩卒之剑戟"[③] 便是占了地利的缘故。就以日产半吨计，一年就需1280吨木炭，相当于3200立方米木材的产量（一般按木材比重每立方米0.5吨，出炭率20%计）。又按一亩林栽木一立方米计，一座铁炉一年可耗去三百多亩山林。可见铁冶毁林之剧。山西冶铁发达较迟，当与矿石品位的偏低有关。

表6—5　　　　　　　　　　　黄河流域部分铁矿石品位　　　　　　　　（%）

地区	燕太崤山			山西山地		豫西山地		鲁中山地		关中盆地		其他地区	
	滦县	鸡冠山	渑池	平孟、上党	晋北	少室山	红山	金岭镇	利国	潼关	华阴	宣龙	陕北
品位	30	40	44—53	25—35	25—40	48	61	65	50	28—37	25—34	48—58	25—39

　　资料来源：郭声波《历代黄河流域铁冶点的地理布局及其演变》，《陕西师范大学学报》（哲学社会科学版）1984年第3期。

　　在煤炭没有被发现之前，木材作为冶铁燃料是毫无疑问的。关于汉代冶金是否使用木炭，曾经存在着争议[④]，但现在可以确定汉代是用木炭做

---

① 群力：《临淄齐国故城勘探纪要》，《文物》1972年第5期。
② 河南省博物馆等：《河南汉代冶铁技术初探》，《考古学报》1978年第1期。
③ 《史记》卷69《苏秦传》第9。
④ 关于《史记·外戚世家》：窦太后："弟曰窦广国……至宜阳，为其主人入山作炭，暮卧岸下百余人。岸崩，尽压杀卧者，少君独得脱"的记载，赵承泽先生认为，"入山作炭"，可能是进山采煤的意思（参见赵承泽《关于西汉用煤的问题》，《光明日报》1957年2月14日）。赵先生也只是用"可能"二字。

燃料进行冶炼的①。由于古时运输条件的限制，当时矿山的开采大都是依山而建。《盐铁论·禁耕》记载："盐冶之处，大校皆依山川，近铁炭。"② 即使到了清代，当时的铁厂仍然建在近林木的地方。清代学者严如熤所辑《三省边防备览》在提到陕西汉中铁厂时说："铁厂恒开老林之旁……则黑山之运木，装窑，红山之开石、挖矿、运矿。"③

黄河中下游地区的森林是上述冶铁点燃料的主要来源，这也是黄河中下游地区森林逐渐减少的一个重要原因。随着冶炼"采矿伐炭"④"斩木为铁"⑤ 的发展，再加上其他方式的破坏，黄河中下游地区的森林在迅猛地减少，以至于沈括感言："今齐鲁间松林尽矣，渐至太行、京西、江南，松木大半皆童矣。"⑥ 在黄河中游，大片森林也在坎坎刀斧声中缩小、消失。唐宋以后，陇上、秦岭北麓和陕北的森林大半从地图上抹掉，豫西，晋中的森林也残存不多了。⑦

黄河中下游地区森林的消失固然有很多方面的原因，但不能否认的是，采矿冶炼起到了巨大的破坏作用。在燃煤没有普遍使用之前，可以说冶铁业的发展史就是当地森林的消亡史。当然，森林的消亡，反过来也必然会影响当地冶铁业的可持续发展。

---

① 关于郑州古荥阳镇汉代冶铁遗址中所发现的煤饼（参见《中国冶金史》编写组《从古荥阳镇遗址看汉代生铁冶炼技术》，《文物》1978 年第 2 期）。可以认为："古荥遗址有的窑中出土了煤饼，但看不出用来冶炼的迹象，看来古荥作坊冶铁用的燃料就是木炭"，"是一种火力较大而且质地坚硬的栎木炭。"（参见郑州市博物馆《郑州古荥镇汉代冶铁遗址发掘简报》，《文物》1978 年第 2 期）。根据河南省十五处汉代发现冶铁遗址的调查发掘的结果，除巩县铁生沟和郑州古荥镇两处发现煤饼，其他十三处都未发现用煤炼铁的迹象（参见河南省博物馆等《河南汉代冶铁技术初探》，《考古学报》1978 年第 1 期）。关于西汉时窦广国"至宜阳，为其主人入山作炭"，这并不能证明就是进山采煤（参见夏湘蓉等《中国古代矿业开发史》，地质出版社 1980 年版，第 392 页）。杨宽先生认为，汉代冶铁用的燃料依然是木炭（参见杨宽《中国古代冶铁技术发展史》，上海人民出版社 1982 年版，转引中国古代煤炭开发史编写组《中国煤炭开发史》，煤炭工业出版社 1986 年版，第 26 页）。

② 《盐铁论》卷 2《禁耕》。

③ 严如熤：《三省边防备览》卷 14。

④ 苏轼：《元丰元年上皇帝书》，《东坡奏议》卷 2。

⑤ 李昭玘：《吕正臣墓志铭》，《乐静集》卷 29。

⑥ 沈括：《梦溪笔谈》卷 24。

⑦ 郭声波：《历代黄河流域铁冶点的地理布局及其演变》，《陕西师范大学学报》（哲学社会科学版）1984 年第 3 期。

关于冶炼对林木的消耗量程度到底有多大，现仅以个案进行考查。

根据记者对南宁无证烧炭厂的调查，[①] 当地烧炭率是 20%。许惠民先生认为木材的出炭率大约是 30%。[②] 姑且取其均数 25% 计，按 0.6 吨／立方米，则烧制一吨木炭约需要 7 立方米的木材。"古代每炼一吨生铁耗用木炭可能要四、五吨左右或更多些。"[③] 也有人估计要耗七吨木炭。[④] 而首都钢铁公司刘云彩根据郑州古荥镇一座汉代高炉的情况，从物料平衡推算，每炼一吨铁要用木炭七点八五吨[⑤]。这里姑且以每炼一吨铁耗木炭 6.5 吨计算汉代一个冶铁作坊的耗炭情况。据河南省文物工作队对巩县生铁沟汉代遗址考古发掘研究，其生产规模应出生铁二千六百三十一吨。[⑥] 耗木炭共计 17102 吨，换算为木材为 119714 立方米，合计林亩面积约为 25500 亩。这只是汉代一个冶铁作坊所耗费的林亩面积，如果把汉代 49 处铁官每处下属一个冶铁作坊假设，那么两汉因冶铁每年耗费的林亩面积绝不少于 100 万亩。耗费这么多的木材所得到的只是冶炼的初级产品（生铁），若加工成具体的器皿、武器等，还需要进行二次熔铸，这又将耗费多少木炭，实在难以估算。

铁器在秦汉时期虽然广泛使用，但铜仍然占有一定的地位，特别在铸币和青铜镜方面。秦始皇结束战国时代币制的混乱状态，确定黄金和铜钱（半两）为基本货币。公元前 113 年，汉武帝令水衡都尉铸五铢钱，通用全国。至西汉末年的 120 年内共铸出五铢钱"二百八十亿万余枚"[⑦]。张子高据史料的记载推算，从武帝到平帝约 100 多年中，五铢钱的铸造数量

① 新桂网，2006 年 3 月 14 日报道：http：//news. sina. com。

② 许惠民：《北宋时期煤炭的开发利用》，《中国史研究》1987 年第 2 期。

③ 北京钢铁学院：《中国古代冶金》，文物出版社 1978 年版，转引许惠民《北宋时期煤炭的开发利用》，《中国史研究》1987 年第 2 期。

④ 河南省博物馆：《河南汉代冶铁技术初探》，《考古学报》1978 年第 1 期。

⑤ 刘云彩：《中国古代高炉的起源和演变》，《文物》1978 年第 2 期。

⑥ 河南省文化局文物工作队：《巩县生铁沟》，文物出版社 1962 年版，转引自中国古代煤炭开发史编写组《中国古代煤炭开发史》，煤炭工业出版社 1986 年版，第 26 页。

⑦ 《汉书·食货志》卷 24 下："至孝武元狩五年三官初铸五铢钱，至平帝元始中，成钱二百八十亿万余云。"《中国通史简编》第二编第 45 页："至西汉末共铸二百八十万万钱"，按照此说，"万万"即"亿"也。王子今也函告：古"亿"有"万"之意。

达二百八十亿枚。[1] 五铢钱每枚重约 3.5 克，[2] 折合铜约 9.8 万吨。根据许惠民先生研究，炼铜消耗的燃料数倍于炼铁。[3] 这里就以等同量来计算，那么 9.8 万吨铜耗费木炭 637000 吨，折合木材 4459000 立方米，合计约为 950000 亩林地。

可以说在煤没有被广泛运用于冶铁时代，当地冶铁业的盛衰与森林的荣枯密切相关。黄河流域分布着众多的冶铁点，与黄河流域特别是中下游地区森林的缩减有直接的关系。

总之，开矿冶炼等生产、生活行为对薪炭需求量巨大，成为历史时期森林消失的重要原因。此外，制陶业、煮盐业、酿酒业等都在耗费着木材、木炭。考古发掘的汉代制陶遗址，窑膛内堆积着大量的柴灰、炭灰。如汉长安城一号窑"火膛底部堆满炭灰"[4]。广西梧州富民坊汉代印纹陶窑址发掘，在火膛底发现大量木炭堆积层。[5] 贵州沿河洪渡汉代窑址的火膛和窑床也发现木炭和草灰相混。[6] 可以想象，这些行业都是历代支柱产业，它们对森林的耗损是何等巨大！

五　农业发展与森林生态

农业一直是我国漫长的古代社会中最为重要的支柱产业。"农业的产生，就是人不再单纯地仰仗环境，利用环境。而是第一次转而破坏旧有的生态平衡，开发环境，把人的因素带到整个自然界的生态平衡中去。"[7]

---

① 张子高：《中国化学史稿》，科学出版社 1964 年版，第 45 页。

② 五铢钱的重量说法不一。吴大澄曾根据八枚秦半两钱之重求得秦两之重是 16.1398557 克，此数据被吴承洛收入《中国度量衡史》，依此，五铢钱重为 3.36 克；吴慧认为：五铢钱重量为 3.25 克［参见吴慧《中国古代商业史》（第二册），中国商业出版社 1982 年版，第 90 页］。夏湘蓉认为五铢钱重为 3.5 克（参见夏湘蓉等《中国古代矿业开发史》，地质出版社 1980 年版，第 54 页）。本书数据取夏说。

③ 许惠民：《北宋时期煤炭的开发利用》，《中国史研究》1987 年第 2 期。

④ 杨灵山、古方：《汉长安城一号窑址发掘简报》，《考古》1991 年第 1 期。

⑤ 文物出版社编辑委员会：《中国古代窑址调查发掘报告集》，文物出版社 1984 年版，第 175 页。

⑥ 贵州省博物馆考古队：《贵州沿河洪渡汉代窑址试掘》，《考古》1993 年第 9 期。

⑦ 黄其煦：《农业起源的研究与环境考古学》，载田昌五、石兴邦主编《中国原始文化论集》，文物出版社 1989 年版，第 73 页。

随着农业生产的一步步发展，辟地造田的规模也在逐渐扩大，而森林的面积随之日益减少。

（一）农业生产工具

西周时期的生产工具主要以木器和石器为主，此外仍大量使用蚌器和骨器。由于木器容易腐烂难以保存，所以考古发现的木器数量并不是很多。而石器如石铲、石斧、石刀等则在很多西周遗址都有出土，完全可以确定它们在当时是被大量使用的工具，因此有学者认为："西周时期的农业工具严格地讲与新石器时代没有本质的区别，仍以石器为主。"[①] 杨宽在考古材料的基础上进行了研究，不仅证实了当时仍然使用木制农具，还指出西周时期的木质生产工具主要有耒和耜。[②] 另外，考古还发现了西周的青铜农具，有铲、锸、锛、镰等。青铜农具与木、石、骨蚌等农具相比更为轻巧锋利，硬度大，有利于提高农业生产效率。郑州二里岗商城遗址中发现一个以铸造青铜钁为主的青铜作坊，并出土钁范，说明青铜钁使用、生产较多。钁是用以垦荒和深翻的农具。考古材料证明，青铜农具在这时数量较少，还不能完全取代石器，在当时的农业生产中不占主导地位，张光直先生指出："在整个的中国青铜时代，金属始终不是制造生产工具的主要原料；这时代的生产工具仍旧是由石、木、角、骨等原料制造。"其原因正如杨宽先生所言："如果这时农具的锋刃是青铜制的，青铜比较贵重，当然不可能像冶铁技术发展后铁农具那样普遍。"[③] 金属农具基本上取代了石、木、角、骨等农具的时间是春秋中期以后。《管子·海王》云："耕者必有一耒、一耜、一铫，若其事立。"《孟子·滕文公上》记载："许子以釜甑爨，以铁耕乎？"反映了金属农具已为农家所通常必备的事实。

春秋时期我国已经开始冶铁并使用铁器，这是春秋时期生产力进一步提高的标志。《左传》昭公二十九年曰："晋赵鞅、荀寅师城汝滨，遂赋晋国一鼓铁，以铸刑鼎。"这是我国目前关于古代使用铁器的最早记载。另据

---

① 张之恒、周裕兴：《夏商周考古》，南京大学出版社1995年版，第259页。
② 杨宽：《西周史》，上海人民出版社1999年版，第224—229页。
③ 同上书，第230页。

《国语·齐语》记载，管仲曾经向齐桓公建议："美金以铸剑戟，试诸狗马；恶金以铸钼、夷、斤、欘，试诸壤土。"郭沫若在其《奴隶制时代·西周也是奴隶社会》记载："所谓'恶金'便当是铁。铁，在未能锻炼成钢以前，不能作为上等兵器的原料使用。"考古工作者还发现了大量春秋时代的铁器，可以和文献记载互相印证。但需要指出的是，这些铁器中以兵器居多，农具的数量很少，[1] 而且"春秋时期铁工具的使用还是很有限的，无论是江南或中原地区，青铜工具及石、骨、蚌等工具还普遍存在。在春秋中晚期的生产工具中，铁农具不仅没有代替青铜工具，也没有挤排掉石、骨、蚌等工具"。[2] 因此，在春秋时期铁器开始使用是公认的，但是它尚未得到广泛推广也是公认的。西周至春秋时期，木器和石器在农业生产中仍然占据很大的比重，而青铜器和铁器并没有占据主导地位，这就决定了其农业生产水平不可能很高，森林破坏也仅局限在平原地区的农耕区域内。

战国时的魏、燕、赵、秦等地区都有铁犁铧出土，说明战国时牛耕已逐渐被广泛采用。战国中晚期的铁农具开始普遍应用与农业生产，质量又有提高，大多使用韧性铸铁制造，具有坚硬锋利、刃口耐磨和耐冲击的性能，不仅增加了使用寿命，锋利的铁农具大大提高了农业生产效率，这是铁农具最大的历史贡献。但不可否认的是，铁农具在提高农业生产效率的同时，也极大提高了毁林开荒的效率。

秦汉时期，冶铁技术更为进步，冶铸产品的数量也大量增加，尤其是当铁器在生产生活的各个方面得到了广泛的应用时，森林破坏进入一个新的历史时期。这里不能不说伐木工具——锯的运用。秦汉时代刀锯技术已相当成熟。[3] 特别是西汉中期以后，"炒钢""百炼钢"等技术的进步，极大地推动了手工工具的发展。从西汉后期起，钢刃铁工具特别是手工业工具，几乎全部用熟铁锻制而成。[4] 如陕西长武丁家机站出土一件东汉锯条，长58厘米、厚0.18厘米—0.22厘米；一头宽一头窄，由宽到窄为3.7厘米—2.8厘米；锯齿明显倾斜，齿形近直角三角形。[5] 河南长葛岗

---

① 顾德融、朱顺龙：《春秋史》，上海人民出版社2001年版，第166—167页。

② 周自强：《中国经济通史》，经济日报出版社2000年版，第1122页。

③ 白云翔：《试论中国古代的锯》，《考古与文物》1986年第3—4期。

④ 李浈：《试论框锯的发明与建筑木作制材》，《自然科学史研究》2002年第1期。

⑤ 刘庆柱：《陕西长武出土汉代铁器》，《考古与文物》1982年第1期。

东汉墓还出土一弧形锯，锯长 72 厘米、宽 2 厘米—4 厘米、厚 0.2 厘米，锯齿均向中间倾斜，并有较大斜度，据金相分析，为亚共析钢。① 这说明锻钢在东汉已经没有技术障碍。钢锯条等锋利工具的发展大大提高了伐木的效率，森林破坏程度进一步加剧。

汉代是我国农具史上最重要的时期。阂宗殿依据两汉时期《释名》和《说文》的记载考察了两汉的农具，对书中记载的农具进行了分类：整地农具，如耒、耜、犁、铧等 9 种；中耕农具，如锄、钱、镜、铲、错等 7 种；提水农具，如桔槔；收获农具，如镰、耙等 4 种；加工农具：如礴、碾、臼等 6 种，共 26 种。考古学也给予证明，"战国晚期，铁农具的种类，已由原来的镵、铲、镰三种发展到了镵（大、中、小）、铲、镰、锄、铧、锸、锛（斧）等七种，若细分那就是十余种之多……到了经济再度发展的汉代，促使铁农具向多样化和专业化发展……但就耕作农具这一项，已在西汉之际成套完善起来"。②

整地工具的进步较为突出。首先是与牛耕相关的铁犁的进步，机械耦犁的发明和犁壁、犁铧的发明改进。牛耕在春秋战国时代已获得了初步的推广，但从春秋到西汉初期，在出土的铁农具中，铁犁的数量少，形制也比较原始，反映出当时牛耕的推广还很有限。到了西汉中期，情况发生了很大的变化。"有的学者依据各地出土零散实物，撰《汉代耕犁之构造》，说犁架有了犁床、犁辕、犁箭、犁铧、犁镜（镜），以畜力牵引，且用肩扼，以牛嗲、牛环导牛。"③《汉书·食货志》记载，汉武帝末年赵过推行代田法，"其耕耘下种田器皆有便巧……用耦犁，二牛三人"。耦犁随之推广普及。所谓"耦犁"，当指以二牛牵引为动力，以舌形大铧和犁壁为主要部件的框形犁。耦犁由改进的犁铧与之相配合的犁壁、结构比较完整的犁架，以及双牲牵引等部分构成的一个完整体系。耦犁不同于人工操作的耒耜和亦耒亦犁、亦锸亦铧的古犁；它的出现标志着我国的农业耕作最终发展到正式犁耕阶段。采取耦犁大大提高了农耕的生产率。④　《汉

---

① 河南文物研究所：《河南长葛出土的铁器》，《考古》1982 年第 3 期。

② 李京华：《河南古代铁农具》，《农业考古》1984 年第 2 期。

③ 张泽咸：《汉晋唐农业综论》，《中国社会科学院研究生院学报》2003 年第 5 期。

④ 王大宾：《秦汉时期中原地区环境的变迁与农耕技术的选择》，硕士学位论文，郑州大学，2010 年，第 68 页。

书·食货志》记载，二牛三人可耕田五顷（大亩），相当于之前"一夫百亩（小亩）"的十二倍。耦犁发明大大提高了农田耕作效率，也加大了人类向林地进军的步伐。

（二）农业方式

农业生产离不开自然环境，离开了生态环境，农业生产便无从谈起。但是农业生产势必会对其所依赖的生态环境产生影响，会使自然环境为了适应农业生产而产生一定的变化，从而导致生态环境的变化，这是任何时代、任何社会的农业生产都无法避免的客观事实。"农业生产是以生物的自然再生产为基础的，它直接在自然的环境中进行，自然环境为农业生产提供了赖以以开展的地盘，因此，农业与自然条件的关系特别密切是不言而喻的……因此，在农业生产中，人们不是简单地适应自然条件，更重要的是能动地改造自然条件。"① 既然是改造自然条件，必定会影响生态环境，造成生态环境的变化；尤其是在历史时期，农业的发展是以牺牲天然植被为代价，必然会造成生态变迁。

在原始社会，用木制或石制的生产工具开垦农田既费力又费时，于是刀耕火种就成为当时最为便捷的方式。它不仅可以很方便地开垦出大片的耕地，还可以利用草木的灰烬作为肥料。这种粗放的生产方式在文献早已有所记载，如《孟子·滕文公上》记载："当尧之时，天下犹未平，洪水横流，泛滥于天下，草木畅茂，禽兽繁殖，五谷不登，禽兽逼人，兽蹄鸟迹之道交于中国。尧独忧之，举舜而敷治焉。舜使益掌火，益烈山泽而焚之，禽兽逃匿。"《管子》则记载说："黄帝之王……烧山林，破增薮，焚沛泽，逐禽兽，实以益人，然后天下可得而牧也。"这种生产方式造成的直接后果是大量的禽兽失去了栖身之地，被迫流亡，这显然是对生态平衡的破坏。同时，由于农业生产技术的极端落后，没有保持地力的有效方法，焚烧林木之后的灰烬则成为很好的肥料，但这种灰烬产生的肥力只能维持较短时间。为了寻求肥力，于是就再次到别处去焚烧草木，开垦耕地，这样不断的循环往复，必然会烧掉越来越多的林木草丛，从而对生态

---

① 李根蟠：《试论中国古代农业史的分期和特点》，载《中国古代经济史诸问题》，福建人民出版社 1990 年版，第 102 页。

环境造成一定的破坏。

刀耕火种的生产方式对后世社会影响极大。西周和春秋时期也经常采用这种方法来获得耕地谋求生存和发展。《诗经·大雅·棫朴》曰："芃芃棫朴，薪之槱之。济济辟王，左右趣之。"《诗经·大雅·旱麓》记载："瑟彼柞棫，民所燎矣。"《礼记·王制》也有"昆虫未蛰，不以火田"的记载。这些材料都如实地反映出当时为了生存和发展而焚林造田的情况。可见当时对生态环境进行改造的面积之大、范围之广。可以看出，直到春秋时期，焚烧草木获得耕地仍然是当时发展农业生产的重要手段。周代设有专职的负责焚烧林木的官员柞氏和薙氏。《周礼》云："柞氏掌攻草木及林麓。夏日至，令刊阳木而火之。冬日至，令剥阴木而水之。若欲其化也，则春秋变其水火。"另外还有"薙氏掌杀草。春始生而萌之，夏日至而夷之……掌凡杀草之政令"。从国家设置专职官员来负责焚烧草木可以看出，在周代焚林造田对于当时农业生产的重要性。

西周春秋时期，刀耕火种一直是主要的农业生产方式，加上土地肥力的限制以及不断增长的人口对耕地面积的需要，刀耕火种的面积也越来越大，大面积森林势必遭到破坏，焚烧林木草莱，也必定会对生态环境造成一定程度的破坏。这种生产方式直到秦汉时期仍然沿用。《史记·货殖列传》记载："楚越之地，地广人稀……或火耕而水褥。"《盐铁论·通有篇》云："荆扬……伐木而树谷，燔莱而播粟，火耕而水褥。"《汉书·武帝纪》记载："江南之地，火耕水褥。"

我国原始农业生产方式经历了刀耕火种、耜耕和犁耕三个发展阶段，并且相互交错。如刀耕火种是原始农业早期的耕作方式，但在耜耕农业阶段仍没有失去其重要地位，甚至进入犁耕农业阶段，一直至近现代，一些边远偏僻的地区仍存在着。新中国成立初期云南全省尚有独龙、景颇等10多个民族的60多万人处仍然靠刀耕火种去搞粮食以维持起码的生活。与此同时，我国幅员辽阔，各地自然环境差异较大，农业生产发展不平衡的情况在新石器时代晚期已表现出来了。当原始农业较发达的地区开始进入犁耕农业阶段时，不少地区还停留在刀耕火种阶段，或耜耕阶段。[①] 从

---

① 范楚玉：《试论我国原始农业的发展阶段——兼谈犁耕和牛耕》，《农业考古》1983 年第2 期。

原始农业开始产生直到秦汉时期，刀耕火种始终是一种重要的农业生产方式，也是当时人们获得耕地的惯用手段。这样就使得刀耕火种持续时间长而且范围广，如此长期的大面积的刀耕火种，必定会对生态环境造成破坏。"旧石器时代几百万年，人与自然的关系是协调的，这是渔猎文化的优势。距今一万年以来，从人类文明产生的基础——农业的出现，刀耕火种，毁林种田，直到人类发展到今天取得巨大成就，是以地球濒临毁灭之灾为代价的。中国是文明古国，人口众多，破坏自然较早也较严重。"①他认为由于农业生产的出现，打破了人与自然的和谐，人类开始能动地影响生态环境，并最终造成了严重的生态环境问题。"距今约一万年前之新石器时代，由于先民开始从事原始农牧业生产与制陶、琢玉等手工业活动，因而也开始对周围环境有了较明显的影响。自那时以来，特别是在距今五千年前后，世界上许多地区先后迈入文明门槛建立国家，在人口不断增加与生产技术持续发展的驱策下，人类拓殖的区域范围不断扩大，开发经营的程度不断加深，导致生态环境之变迁也更加明显。"②朱士光认为农业生产是导致生态环境变化的重要因素。因此，农业生产与天然植被二者是竞争性存在关系。这并不是否认农业发展，因为只有认识到这一点，才能更客观理解古代农业生产与生态环境变迁，尤其是植被变迁之间的关系。

---

① 苏秉琦：《中国文明起源新探》，三联书店1999年版，第181页。
② 朱士光：《遵循"人地关系"理念，深入开展生态环境史研究》，《历史研究》2010年第1期。

第 七 章

森林生态恶化与相关律令颁布

  历史时期，虽然没有现代意义上的环境保护法，但以立法的形式加强自然资源的保护，却有着悠久的历史。先秦时期人们基于对自然世界依赖而有了深刻的"四时之禁"认识及保护生物资源的自觉行为。《云梦睡虎地秦墓竹简·田律》的出土成为"四时之禁"上升为法律条文的有力证据。不可否认的是，先秦两汉时期的自然资源的管理在诉诸皇家颁布的律令之外，还往往与道德约束联系在一起，如孝行、王道等。当然，这些道德约束的主要初衷是维护统治者的统治地位和国家的统治秩序，但客观上对生态环境起到了保护作用。

一 森林生态恶化

  灾害的发生与森林破坏密切相关。森林植被的破坏使森林涵养水分、削减洪峰流量、保持水土流失等方面的生态效益丧失，当连续降水时，这就促使了洪涝灾害的发生。森林大面积的缩减使森林的调节局部气候湿润、防止干旱和风害、预防冷害及霜冻等生态效益丧失，这也必然加剧干旱、霜冻等灾害程度。著名经济史学家傅筑夫曾根据相关文献的记载统计，发现中国历史上灾害的发生"仅次于年年有灾，略多于隔年一灾"，认为"灾害如此频繁"的原因显然不完全是天象等所造成的，"是人祸，不是天灾，是自然生态平衡被破坏的结果。即森林被砍伐、荆棘榛莽被铲除、荒草原野被开垦，造成植被覆盖率迅速减少，大地裸露日益严重，水土日益流失和日益沙漠化，于是旱则赤地千里，黄沙滚滚；潦则洪水横流，浊浪滔天。这才是灾害频仍、饥馑荐臻的根本原因"。①

（一）森林覆盖面积的消减

先秦两汉时期，当时的国土森林覆盖率到底有多少呢？只有明白了这个问题，才能从整体上明白秦汉时期森林的破坏程度。

中国历史上曾经是一个多林的国家，这已是一个不争的事实。但不同历史时期的覆盖率到底有多少，却无定论。较早提出这一问题的是凌大燮。他认为，按今天的国土面积推算，公元前 2700 年我国森林覆盖率为 49.6%。② 赵冈则推算，远古时期我国森林覆盖率至少为 56%。③ 马忠良等认为，在公元前 2000 年的原始社会，全国森林覆盖率高达 64%。④ 樊宝敏综合上述研究，从而得出远古时代森林覆盖率为 60%—64%，并对各历史时期的森林覆盖率作进一步的研究，⑤ 其研究结论如下（摘录）：

表7—1　　　　　　　中国历代的森林资源与人口状况

年代	森林覆盖率（%）	人口数量（万人）
远古时代（约180万年前—前2070年）	60—64	低于140
上古时代（前2069—前221年）	46—60	140—2000
秦汉（前221—220）	41—46	2000—6500
魏晋南北朝（220—589）	37—41	3800—5000
隋唐（589—907）	33—37	5000—8300
……	……	……
中华人民共和国（1949—1999）	12.5—16.5（含大量人工林）	54167—139533

从表7—1中可以看出：秦汉时期森林覆盖率约占今天国土面积的 41%—46%，也就是说在四百年间减少 0.05%，合计约为 7.2 亿亩，而

① 傅筑夫：《中国经济史论丛·续集》，人民出版社1988年版，第80—81页。
② 凌大燮：《我国森林资源的变迁》，《中国农史》1983年第2期。
③ 赵冈：《中国历史上生态环境之变迁》，中国环境科学出版社1996年版，第106页。
④ 马忠良等：《中国森林的变迁》，中国林业出版社1997年版，第28页。
⑤ 樊宝敏、董源：《中国历代森林覆盖率的探讨》，《北京林业大学学报》2001年第4期。

这个数字与本章具体得出的数字（约5.4亿亩[1]）尚有差距，但如果考虑到烧制陶器、砖瓦、居民建筑用材、煮盐业、酿酒业等方面的消耗量，那么这一数字就应当接近甚至会超出樊宝敏所做的结论。由于没有这几个方面的相关材料，其具体的耗材量也难以作出定量分析。概而言之，在秦汉440年间（包括新王莽朝），每年破坏林地至少达160万亩。两汉时期，黄河中下游地区占当时国土面积的大约1/5，但人口却占据当时全国的75%强[2]。因此上述数据也完全可以看作黄河流域森林植被变迁的一个写照。

（二）局部地区木材危机

早在春秋战国时期，陕西泾、渭流域，山西汾河流域以及直鲁豫广大平原，已是阡陌纵横。由于人类的滋生繁衍，平原树木基本消失，近山森林亦渐稀少，孟子已有牛山濯濯之叹。但整个太行山脉、沂蒙山和胶东丘陵还都是针阔叶树原始森林，至于阴山、秦岭、熊耳、伏牛、六盘、祁连诸山的原始林，绝少人为干扰。[3] 秦汉时期黄河流域中下游地区的森林遭到巨大破坏，尤其平原地区的森林已基本无存，出现了严重的木材危机。同时，砍伐林木的步伐也开始挺进上述山地地带。如河南、山东的部分地区，早在战国时期就出现了木材危机，"宋无长木"[4]。秦汉时期一些农业开发较早，人口密度较高的地区，已经明显感到了木材的匮乏。如《盐铁论》中有关于营卫、梁、宋等地缺乏木材的记载，"采棺转尸"[5]。棺木难具，即使中山简王刘焉死后，"发常山、巨鹿、涿郡黄肠杂木，三郡不能备"，"复调余州郡"[6]；东郡"以故薪柴少"，必须"烧草"[7]；"绿竹

---

[1] 上文探讨知：棺木426万亩、生活薪柴120万亩×426、冶炼100万亩、铸造五铢钱95万亩、弓箭23万亩，合计共约5.4亿亩。

[2] 当时国土面积根据谭其骧《简明中国历史地图集》，中国地图出版社1991年版，第17—18、19—20页计算；人口数根据梁方仲《中国历代户口、田地、田赋统计》，上海人民出版社1980年版，第14—17页计算而得。

[3] 凌大燮：《我国森林资源的变迁》，《中国农史》1983年第2期。

[4] 《战国策·宋卫》。

[5] 王利器：《盐铁论校注》，中华书局1992年版，第42页。

[6] 《后汉书》卷72《中山简王刘焉传》。

[7] 《汉书》卷29《沟洫志》第9。

漪漪"卫之淇园，因汉武帝"塞决河斩淇园之竹木以为用，寇恂为河内伐淇川治矢百余万，以输军资"。到南北朝时期，此地已经"通望淇川无复此物"。① 因秦、西汉定都关中，当地森林首遭破坏，平地上的森林早已被开辟为农田，只剩下山地（秦岭）森林能提供材木。秦岭林木不但供给长安土木之用，还外运到洛阳等地，诚所谓"井以甘竭，李以苦存，珍材良木，斧斤必至"。《汉乐府·艳歌行》载："南山石嵬嵬，松柏何离离。上枝拂青云，中心十数围。洛阳发中梁，松树窃自悲，斧锯截是松，松树东西摧。特作四轮车，载至洛阳宫。观者莫不叹，问是何山材……本是南山松，今为宫殿梁。"另外，陕甘交界的陇山一带也有大量的森林，"天水、陇西山多林木，民以板为室屋"。② 以木造房这种建筑方式相沿已久。秦汉时期，这里的林木也开始了砍伐。到东汉末年，长安附近的终南山已无法供应当地木材需求。幸而有一段时期，政治中心离开长安地区，终南山及秦陇林区得以缓慢恢复。至隋唐时期终南山大体只能供应京师的日常薪柴，即使如此，唐中叶以后连薪柴尚感不敷。较大的建材则要取给于远方的岚、胜诸州。唐时的胜州在今鄂尔多斯高原东部的准格尔旗，岚州则在山西岚县，属吕梁山脉北部。③ 即使在西北地区，秦汉时期也开始了破坏森林的步伐。《汉书·赵充国传》记载，他一次"伐林木大小六万余枚"。垦区内也出现了"官伐材木取竹箭"④"二人伐木"⑤ 等现象。

二　自然灾害频发

秦汉时期是我国第一个灾害高发期，灾害的发生与当时森林大量砍伐有很大的关系。

两汉时期的水灾，最初邓拓统计为 76 次（含秦代），⑥ 其后高文学等人以 10 年为一统计基本时间单位，对两汉自然灾害次数进行了统计。关

① 王国维：《水经注校》，上海人民出版社 1984 年版，第 322 页。
② 《汉书》卷 28 下《地理志》第 8 下。
③ 赵冈：《中国历史上生态环境之变迁》，中国环境科学出版社 1996 年版，第 35 页。
④ 谢桂华等：《居延汉简释文合校》（简 95.5），文物出版社 1987 年版。
⑤ 谢桂华等：《居延汉简释文合校》（简 30.19A），文物出版社 1987 年版。
⑥ 邓云特：《中国救荒史》，商务印书馆 1937 年版，第 11 页。

于雨涝之灾的次数，其结果为：西汉 27 次，东汉 43 次，[1] 比邓拓统计的秦汉时水灾 76 次要少。杨振红在《汉代自然灾害初探》一文中，以 10 年计算灾害发生的次数，统计西汉水涝灾为 26 次，东汉水涝灾为 53 次，两汉水涝灾计 79 次[2]。陈业新统计，在两汉 420 余年的时间里，共发生了 529 次灾害，其中水灾 105 次、旱灾 111 次、地震 115 次、蝗 64 次、疾疫 42 次、风 37 次、雹 38 次、雪 16 次、霜 7 次、冻 14 次，可谓无年不灾。[3]

需要注意的是，上述统计都是全国范围内水灾的统计。具体到黄河流域，已有学者就此而强调，黄河流域生态环境比较脆弱，在历史时期更多地遭到了水、旱等灾害的打击。[4] 两汉时期，黄河流域内的水灾，笔者统计为 81 次，其中导致黄河及其流域内河流决溢的水灾就高达 29 次（见表 7—2）。

表 7—2　　　　　　　　　　两汉黄河及其流域河流决溢水灾

年代	决溢地点	决溢情况
高后四年 （前 184）		"河南大水，伊、雒冲没千六百余家。"《汉书·五行志》
文帝十二年 （前 168 年）	酸枣	"河决酸枣，东溃金堤于是东郡大兴卒塞之。"《史记·河渠书》 "十二年冬十二月，河决东郡。"《汉书·文帝纪》
文帝后元三年 （前 161 年）		"秋，大水，昼夜不绝三十五日，蓝田山水出，冲没九百家。"《汉书·五行志》
武帝建元三年 （前 138 年）	平原 顿丘	"三年春，河水溢于平原，大饥，人相食。"《汉书·武帝纪》 "三年春，河水徙，从顿丘东南流入渤海。"《汉书·武帝纪》
元光三年 （前 132 年）	濮阳	"夏五月，河水决濮阳，氾郡十六。"《汉书·武帝纪》 "孝武元光中，河决瓠子，东南注巨野，通于淮泗。"《汉书·沟洫志》

① 高文学：《中国自然灾害史·总论》，地震出版社 1997 年版，第 44—46 页。
② 杨振红：《汉代自然灾害初探》，《中国史研究》1999 年第 4 期。
③ 陈业新：《两汉时期灾害发生的社会原因》，《社会科学辑刊》2002 年第 2 期。
④ 张丕远：《中国历史气候变化》，山东科学技术出版社 1996 年版，第 354 页。

续表

年代	决溢地点	决溢情况
武帝元鼎 （前151年）		"夏，大水，关东饿死者以千数。"《汉书·武帝纪》
元封二年后 （前109年后）	馆陶	"自（元封二年）塞宣房后，河复决于馆陶，分为屯氏河。"《汉书·沟洫志》
昭帝始元元年 （前86年）		"秋七月，大雨水，自七月至十日，渭桥绝。"《汉书·昭帝纪》
元帝永光五年 （前39年）	灵县	"河决清河灵鸣犊口，而屯氏河绝。"《汉书·沟洫志》
成帝建始三年 （前30年）		"夏，大水，三辅霖雨三十余日，郡国十九雨，山谷水出，凡杀四千余人。"《汉书·五行志》
成帝建始四年 （前29年）	馆陶及东郡金堤	"四年……秋，桃李实，大水，河决东郡金堤。"《汉书·成帝纪》 "后三岁（指建始元年后三年），河果决于馆陶及东郡金堤，泛溢兖、豫，入平原、千乘、济南，凡灌四郡三十二县，水居地十五万余顷，深者三丈。"《汉书·沟洫志》
河平二年 （前27年）	平原	"后二岁，河复决平原，流入济南、千乘，所坏败者半建始时。"《汉书·沟洫志》
成帝阳朔二年 （前23年）		"秋，关东大水。流民欲入函谷。"《汉书·成帝纪》
鸿嘉四年 （前17年）	渤海、清河、信都	"是岁，渤海、清河、信都河水溢溢，灌县邑三十一，败官亭民舍四万余所。"《汉书·沟洫志》
永始、元延间 （前13—前12年）	黎阳	"河水大盛，增丈七尺，坏黎阳南郭门入至堤下……水留十三日，堤溃。"《汉书·沟洫志》
成帝绥和二年 （前7年）		"秋，诏曰：'河南、颖川郡水出，流杀人民，败坏庐舍……已遣光禄大夫循行举籍，赐死者棺钱，人三千。'"《西汉会要·职官》
平帝元始年间 （1—5年）		"平帝时，河、汴决坏。"《后汉书·王景传》
王莽始建国三年 （11年）	魏郡	"河决魏郡，泛清河以东数郡。"《汉书·王莽传》

续表

年代	决溢地点	决溢情况
王莽天凤二年 （15 年）		"邯郸以北大雨雾，水出，深者数丈，流杀数千人。"《汉书·王莽传》
光武帝建武八年 （23 年）		"秋，郡国七连雨，水潦暴长，涌泉盈溢，灾，坏城郭、庐舍。"《东观汉纪·列传》
明帝永平三年 （60 年）		"是岁，京师及郡国七，县三十二皆大水。伊、雒水溢，到津城门，坏伊桥。"《后汉书·天文志》
殇帝延平元年 （106 年）		"六州河、济、渭、雒、洧水盛长，泛滥伤秋稼。"《后汉书·五行志》注引刘昭按：《袁山松书》
安帝永初元年 （107 年）		"郡国四十一县三百一十五雨水，四渎溢，伤秋稼，坏城郭，杀人民。"《后汉书·天文志》
建光年间 （121—122 年）		"霖雨积时，河水涌溢"；"青、冀之域，淫雨漏河。"《后汉书·陈忠传》
顺帝永和元年 （136 年）		"夏，洛阳暴水，杀千余人。"《后汉书·苏竟传》
桓帝永兴元年 （153 年）		"秋七月，郡国三十二蝗；河水溢。"《后汉书·桓帝纪》 "秋，河水溢，漂害人、物。"《后汉书·五行志》
桓帝永寿元年 （155 年）		"六月，雒水溢至津阳城门，坏鸿得苑，漂流人物。"《后汉书·桓帝纪》
灵帝熹平三年 （174 年）		"秋，雒水溢。"《后汉书·灵帝纪》
献帝建安十七年 （212 年）		"七月，洧水、颍水溢。"《后汉书·献帝纪》

　　资料来源：本统计数据依据两汉书及《东观汉纪》《西汉会要》；水灾以"大水""决""溢"为统计标准。

　　洪涝灾害的发生原因是多方面的，一般可概括为"气候、地理、人为"。洪水的产生首先是暴雨，特别是大面积、持续的暴雨。而黄河及其流域内河流的决溢大多与伏秋大汛期间洪水暴涨有关，这自然与这一区域的自然气象有关，即每年降雨多集中在七八月。暴雨强度大，形成的洪水径流峰高量小、陡涨陡落，河道宣泄不及而造成水灾；其地貌、地质特征：中游地区海拔 1 千米—2 千米，为黄土地貌，由于长期不当的垦殖活动，水土流失严重；东部为黄河冲积平原，河道高悬于地面之上，洪水危害较大。至于人为因素则可归纳为：中游植被的破坏使水土流失严重，下游河道的淤积及壅塞致使河水决溢。人为因素有史为证。春秋以前，由于黄河中游植被丰富，黄土侵蚀不显著，河水含沙量较低，黄河被称为"河水"，无"黄"之称。春秋以后，随着文明进程的发展，黄河中游地区的人口不断增加，大片土地被开垦，这一地区的自然植被逐渐遭到破坏，黄土侵蚀日渐严重，河水中的含沙量逐渐增高。到西汉时黄河含沙量已达到相当惊人的程度，有"一石水而六斗泥"①之称，河水呈现黄色，始称为"黄河"。因为含有大量泥沙的洪水对下游威胁很大，所以从春秋中期就开始了黄河两岸的堤防建设，到战国时下游地区开始修建连贯性的大堤，由于大堤的约束，黄河上、中游携带下来的泥沙逐渐沉积，日积月累，河床越来越高，到西汉时已形成"地上河"，或称"悬河"。河床一般高出地面2—10米。不断抬高的河床给堤坝造成了巨大的压力，一旦出现大的洪水，势必造成决口泛溢。说明西汉水土流失已经从量变达到了质变。②诚所谓"上游开荒，下游遭殃"。哀帝初年，便有"河水高于平地"，黎阳（在今浚县境）一带"河高出民屋"③的记载。这说明黄河当时成为地上河是确凿无疑的；同时，由于当时土地占有不均，很多民众已在河滩围堰造地，造成黄河下游河道壅塞。贾让在其治河三策中指出，河滩"填淤肥美，民耕田之，或久无害，稍筑室宅，遂成聚落。大水时至漂没，则更起堤防以自救。稍去其城郭，排水泽而居之，湛溺自其宜也"。并且这种围河滩垦田相沿已久并成普遍现象，"民居金堤东，为庐舍住十余岁"。"民今起庐舍其中，此臣亲所见者也，东郡白马故大堤亦复数重，民皆居其间。从黎阳北尽魏界故大堤，去河远者数十里内亦数重。"统治者好像并没有认识到潜在的威胁，政府往往对这些围河滩垦田之地征收赋税，"太守以赋民"。针对上述现象，贾让得出"不得安息"④的河患状况。事实正是如此。堤内筑堤，缩窄了河床，大大降低了洪水下

①　《汉书》卷29《沟洫志》第9。
②　谭其骧：《何以黄河在东汉以后会出现一个长期安流的局面——从历史上论证黄河中游的土地合理利用是消弭下游水害的决定性因素》，《学术月刊》1962年第2期。
③　《汉书》卷29《沟洫志》第9。
④　同上。

泄的能力，进一步加剧河槽的淤积，抬高河床；另外，当政者的不事疏浚，也是河决的一个原因。如成帝初年，清河都尉冯逡建议开屯氏河以减魏郡、清河等郡的河患，"郡承河下流，与兖州、东郡分水为界，城郭所居尤卑下，土壤轻脆易伤。顷所以阔无大害者。以屯氏河通，两川分流也。今屯氏河塞，灵鸣犊口又益不利，独一川兼受数河之任，虽高增堤防，终不能泄。如有霖雨，旬日不霁，必盈溢"。但统治者以"用度不足"为借口不力疏浚，终于导致馆陶、东郡两次大的决口，"河决于馆陶及东郡金堤，泛滥兖、豫，入平原、千乘、济南，凡灌四郡三十二县，水居地十五万余顷，深者三丈，坏败官亭室庐且四万所"①，损失惨重。

现代科学研究已经证明：洪水发生时，凡是林木和植被密的地方，成灾就轻，损失就小，甚至幸免于灾，灾后恢复能力也较强；而在林木和植被受到严重破坏的地方，则成灾重，损失大，灾后恢复能力也弱。这充分显示了森林植被在特大暴雨中拦蓄地表径流，阻滞洪水，护田、护岸等重大作用。② 因此，黄河下游的水患和人为破坏地表植被上有一定的因果关系。

两汉旱灾频繁，邓云特统计秦汉旱灾 81 次。③ 陈业新统计为 111 次④。杨振红认为两汉旱灾共计 91 次，西汉 32 次，东汉 59 次。⑤

旱灾的发生固然是气象在起决定作用，但人为的不当活动对生态环境的破坏致使生态失衡却能加剧旱灾危害或者诱发旱灾的发生。地表植被的破坏改变了局部气候和下垫面状况，降低了空气湿度，减少了成雨条件，从而使旱灾加剧。可以这样说，除去气象的决定作用外，旱灾频率及受灾程度与森林植被破坏程度成正比，森林植被破坏越严重，旱灾的频率及受灾程度越大。

据日本科学家研究，3333 公顷森林的蓄水能力，相当于蓄水（100 × 10^4）立方米的水库。因此森林有"绿色水库"之称；同时森林可以少量增加降雨量。据苏联研究，有了森林，一般年降水量可以增加 1%—

---

① 《汉书》卷 29《沟洫志》第 9。
② 中国林业出版社编：《森林与水灾》，中国林业出版社 1982 年版，第 2 页。
③ 邓云特：《中国救荒史》，商务印书馆 1937 年版，第 11 页。
④ 陈业新：《两汉时期灾害发生的社会原因》，《社会科学辑刊》2002 年第 2 期。
⑤ 杨振红：《汉代自然灾害初探》，《中国史研究》1999 年第 4 期。

25%。据测定，在我国长白山林区、甘肃兴隆山、山西太岳山，森林可使降雨量增加 2%—5%。在日本北海道冷杉、山毛榉等针阔混交的天然林中，4—7 月林内雨量分别增加 11% 和 10%。在我国 1990 年春夏之交，内蒙古巴林右旗出现大旱。为缓解旱情，曾采用人工降雨的措施。然而人工云不在本旗境内降雨，却漂浮到了森林植被比较好的邻旗。这一现象的出现，即与巴林右旗缺乏森林植被有关。[①] 国际生态与环保学会也认为：大气降雨除具备水蒸气这个基本条件以外，还与地表植被状态有密切的关系。地表粗糙度高的地方，对太阳能的反射率就低，容易引起成云降雨。森林是影响地表粗糙度和反射率的主要因素，森林多的地方，地表粗糙度高，反射率低。因此，森林多的地方多降雨，森林少的地方少降雨，没有森林的地方很难成云降雨。在进入历史时期以来，地表降雨量在不断减少，常常出现干旱，其中一个重要的原因，是森林大量被人类砍伐破坏的结果。[②] 因此，可以说水、旱灾害的发生，与森林的破坏有一定的关系。森林影响降雨、森林的蓄水作用，都可以减少干旱，防止水土流失，避免洪水。历史上黄河的水患都与其流域内森林遭到破坏有着内在的联系。

文焕然认为："历史时期中国的森林面积日益缩小的后果是十分严重的。它不仅使得中国大部分地区森林资源从丰富变成贫瘠，甚至木料、燃料、饲料、肥料俱缺；更严重的是人类活动打破了大部分地区生态系统的平衡，使得我国不少地区水土流失或风沙危害日益严重（或二者兼备），旱涝等自然灾害日益加剧，从而严重影响这些地方的农业生产和人民生活。"[③] 傅筑夫亦认为："在汉代，疆域是扩大了，人口也增多了，'土地小狭民人众'的矛盾并没有缓和。并且在土地私有制度下，土地占有是不可能按人口平均的，于是便有大量的无地农民纷纷去向大自然要土地，因而开发的范围日益扩大，开发的进度日益加速，而生态平衡的被破坏也就日益加甚。这种恶性循环，就成为东周以后的二千多年以来，灾害频仍、饥馑渐臻的主要原因。"[④]

---

① 贺庆棠：《森林环境学》，高等教育出版社 1999 年版，第 57 页。
② http://www.ie-ei.com.
③ 文焕然：《中国历史时期植物与动物变迁研究》，重庆出版社 1995 年版，第 14 页。
④ 傅筑夫：《中国经济史论丛：续集》，人民出版社 1988 年版，第 82—83 页。

三　生态礼律令的颁布

历史时期，我国森林生态保护经历了一个由对森林生态保护的不完全认识到对森林主动进行保护的过程。从最初的习俗禁忌和图腾崇拜，到森林生态保护法制的健全和环保机构的完善，都是古人在生产实践中逐步建立起来的对自然的理性认识。先秦时期的"网开三面""里革断网"的故事，是基于道德礼制下的生物保护行为。中国最初的森林生态保护思想也正是在古代礼、律、令的基础上产生的，这些礼、律、令具有相应的法律效力，对古代人的行为有一定的规范作用。随着人口的增加和技术提高，人类作用于自然的力量逐渐增大，生态问题越来越严重，同时政府的管理松懈或追求短期经济效益，大量的掠夺式开发使生态环境破坏殆尽。因此，维护生态良性发展不仅需要人们自觉的生态保护意识，更要依靠政府主导下的严刑峻法。

（一）道德约束机制

传说早在黄帝时就有了"四时之禁"的做法。如《史记·五帝本纪》载："轩辕之时，神农氏世衰……节用水火材物。"注引《正义》云："言黄帝教民，江湖陂泽山林原隰皆收采禁捕以时，用之有节，令得其利也。"

夏时的"禹之禁"，规定"春三月，山林不登斧，以成草木之长；夏三月川泽不入网罟，以成鱼鳖之长……且以并农力执，成男女之功"。被视为我国最早的森林资源保护法规。此后，西周统治者为防止乱砍滥伐，明确规定了森林禁伐期，所谓"令万民时斩材，有期日"，即根据林木生长季节进行适时采伐。

西周初年，周文王对其子武王也有"四时之禁"的教导。《逸周书·文解传》强调："文王授命九年，时维暮春，在镐。召太子发曰：'吾语汝所保所守。守之哉……山林非时不升斤斧，以成草木之长；川泽非时不入网罟，以成鱼鳖之长。不麛不卵，以成鸟兽之长。田渔以时，童不夭胎，马不驰骛，土不失宜……无杀夭胎，无伐不成材。"《国语·鲁语上》云："山不槎蘖，泽不伐夭"，目的是保证幼树生长，保护林木的天然更新。《国语·周语下》记载，太子晋谏曰："不可。晋闻古之长民者，不堕山，不崇薮，不防川，不窦泽。夫山，土之聚也；薮，物之归也；川，气之导也；泽，水之钟也。夫天地成而聚于高，归物于下；疏为川谷，以导其气；陂塘污庳，以钟其美。是故……而物有所归；气不沈滞，而亦不散越。是以民生有财用，而死有所葬。然则无夭昏札瘥之忧，而无饥寒乏匮之患。故上下能相固，以待不虞。古之圣王，唯此之慎。"《孟子·梁惠王上》记载："数罟不入洿池，鱼鳖不可胜食也。"赵岐注："数罟，密网也。密细之网，所以捕小鱼鳖者也，故禁之不得用。鱼不满尺不得食。"《荀子·王制》也有相近的禁令："故养长时则六畜育，杀生时则草木殖，政令时则百姓一，贤良服。圣王之制也，草木荣华滋硕之时，则斧斤不入山林，不夭其生，不绝其长也；鼋鼍鱼鳖鳅鳝孕别之时，罔罟毒药不入泽，不夭其生，不绝其长也。"《管子·八观》也说："江海虽广，池泽虽博，鱼鳖虽多，网罟必有正，船网不可一财而成也。""网罟必有正"就是说渔网必须有规定的尺寸，鱼鳖虽多，但不可用密网去捕捞，危害小鱼的生长，破坏鱼类连续再生条件。《礼记·王制》载："木不中伐，不粥于市；禽兽鱼鳖不中杀，不粥于市"以及"天子不合围，诸侯不掩群"，"昆虫未蛰，不以火田，不麛，不卵，不杀胎，不夭，不覆巢"。《礼记·月令》在时间上做出规定："仲春之月……毋焚山林；孟春之月……禁止伐木；季春之月……无伐桑柘；孟夏之月……毋伐大树；季夏之月……毋有斩伐"，等等。

先秦时期以孝道、王道、仁义等治天下的理念对于保护生态环境、维护生态多样性等方面客观上起到积极作用。《韩非子·五蠹》说："上古竞于道德，中世逐于智谋，当今争于气力。"《史记·平准书》载："自是之后，天下争于战国，贵诈力而贱仁义，先富有而后推让。"《战国策·刘向书录》中刘向也认为战国即是"捐礼让而贵战争，弃仁义而用诈谲，苟以取强而已矣"的时代。

对于先秦时期的孝道，康学伟在其《先秦孝道研究》一书中已进行了详尽系统的研究。他认为作为西周礼制核心的孝道在孔子时已是一种爱心和仁的表现，并且达到爱及万物的程度。如《大戴礼记·曾子大孝》记载："草木以时伐焉，禽兽以时杀焉。夫子曰：'伐一木，杀一兽，不以其时，非孝也。'"以及《礼记·祭义》载曾子所说："树木以时伐焉，禽兽以时杀焉。夫子曰：'断一树，杀一兽，不以其时，非孝也。'"孔子已将这种爱心普及到了自然界的其他生物，并得到了弟子曾子的赞同和继承。作为"孝"的延伸，"爱及万物"思想显然对自然环境的维护有很大的促进作用。①《管子·轻重甲》云："管子对曰：'……人君不能谨守其山林菹泽草莱，不可立为天下王。'"表明作为优秀统治者的条件就是保护自然资源，尊重自然界的客观规律。《晏子春秋·内篇杂上第五》载："景公探雀，弱，反之。晏子闻之，不待时而入见景公。公汗出惕然，晏子曰：'君何为者也？'公曰：'吾探雀，弱，故反之。'晏子逡巡北面再拜而贺曰：'吾君有圣王之道矣！'公曰：'寡人探雀，弱，故反之，其当圣王之道者何也？'晏子对曰：'君探雀，弱，反之，是长幼也。吾君仁爱，曾禽兽之加焉，而况于人乎！此圣王之道也。'"上述《管子·轻重甲》和《晏子春秋·内篇杂上第五》史料表明，遵循"四时之禁"是做圣君的一个基本要求。

春秋时期，由于"礼坏乐崩"，西周时期的礼乐制度此时已发生了质的变化，不过还尚存些约束力。战国以后，人的思想意识发生重大的变化。西周时期的礼制在此时已派不上用场。相关"四时之禁"的文章多产生于战国，也说明这段时期已缺乏与之相关的规定，因而导致很多意识到保护生态环境重要性的学者都大力宣传这种制度。同时，缺乏法律保障的环境管理措施也会对人们缺乏约束力，而很难被有效实行。② 先秦时期这些"四时之禁"多出现一些礼书或者是学者的个人著作，再加上当时教育水平的限制，这些思想并没有在民间流行。作为先秦礼教的"四时之禁"大都与道德约束联系在一起，如孝行、王道、节约等，虽然很少有真正意义上的法律约束作用，但在规范人与自然之间关系起到了一定的积极意义。由于当时基本无人口压力，再加上地广人稀，在道德等约束下森林破坏程度较轻，也仅局限在农耕较发达的地区，所以整体生态相对完好。

（二）法律、诏令颁布

秦始皇统一全国后，为加强中央集权，初创帝制。规定皇帝的命为

①　康学伟：《先秦孝道研究》，文津出版社 1992 年版，第 61、116、186 页。
②　周粟：《先秦生态环境状况研究》，硕士学位论文，吉林大学，2004 年，第 37 页。

"制"，令为"诏"。"制""诏"自此开始成为皇帝颁布命令的文书，"制""诏"就具有绝对的法律效力。

秦汉时期鉴于对先秦生态思想的继承，本着"顺阳气，崇生长"祖训，力争体现"务顺四时月令"的先王之道，对山林资源的利用同样强调"不失其时""毋犯四时之禁"，所以颁布一系列法律、诏令禁止滥砍滥伐，以保证国家财富的增长。

今见于记载的秦汉环保法规主要体现在秦朝的《田律》、汉朝的《贼律》及一系列的诏书中。从湖北云梦睡虎地出土的秦简《田律》篇仍能看出大致面貌。它是迄今为止所看到的中国最古老、最完整的一部生态环境保护法。具体内容摘录如下[①]：

> 春二月，毋敢伐材木山林及雍（壅）堤水。不夏月，毋敢夜草为灰，取生荔、麛卵鷇，毋□□□□□□毒鱼鳖，置穽罔（网），到七月而纵之。唯不幸死而伐绾（棺）享（椁）者，是不用时。邑之近皂及它禁苑者，麛时毋敢将犬以之田。百姓犬入禁苑中而不追兽及捕兽者，勿敢杀；其追兽及捕兽者，杀之。河（呵）禁所杀犬，皆完入公；其它禁苑杀者，食其肉而入皮。

整理小组译文："早春二月，不准到山林中砍伐木材，不准堵塞水道。不到夏季，不准烧草作肥料，不准采取刚发芽的植物，或捉取幼兽、鸟卵和幼鸟，不准……毒杀鱼鳖，不准设置捕捉鸟兽的陷阱和网罟，到七月解除禁令。只有因为死亡而需采木制造棺椁的，不受季节的限制。居邑靠近养牛马的苑囿，幼兽繁殖时不准带着狗去狩猎。百姓的狗进入禁苑而没有追捕和捕兽的，不准打死；如追兽和捕兽，要打死。在专门设置警戒的地区打死的狗，都要完整地上缴官府；其他禁苑打死的，可以吃掉狗肉而上缴狗皮。"

该律令主观目的可能是"专山泽之饶"，但从律文的保护对象来看，包括树木、植被、水道、鸟兽鱼鳖等，并对时间限制和捕杀、采集方法等也作了具体规定，甚至还明确了如何分不同情况对违反者进行处理，这具

[①]　睡虎地秦墓竹简整理小组：《睡虎地秦墓竹简》，文物出版社 1978 年版，第 26 页。

有明显的保护生物资源的目的，对生态保护起到了积极作用，也说明山林保护的行为规范已经经历了历代的积淀逐步成熟完善。正如整理小组所言："到七月而纵之"即"开禁"，正与《逸周书·大聚》中的如下内容相合："春三月，山林不登斧，以成草木之长；夏三月，川泽不入网罟，以成鱼鳖之长。"① 体现了秦代对当时生态环境的重视。秦律中对森林资源与动植物的保护，直接关系到人类的生存，可以说是对先秦时期"山川林泽是国家财富"理念的直接继承。秦律的这条律文从一个侧面反映了当时由于滥砍乱伐所带来的生态危机及由此带给国家财富带来的损耗的清醒认识。

秦始皇巡幸诸地，东临泰山时，"见山上已鲜（少）花木，乃下令曰：'无伐草木'"②。可见，曾有"怒伐湘山之木"的秦始皇对保护森林资源也是相当重视的。

睡虎地秦简《日出》中有关"十二支害殃"内容中，可见"毋以木斩大木，必有大英"（一〇九正贰）文句。"大英"即"大殃"。"毋以木斩大木"，整理小组释文："毋以木〈未〉斩大木。"③《史记·律书》："未者，言万物皆成，有滋味也。"《汉书·律历志》："昧薆于未"。"未"字象林木枝叶繁茂之状，在《说文·未部》中写作："未，味也。六月滋味也。五行，木老于未，象木重枝叶也。"段玉裁对"木重枝叶也"注："老则枝叶重叠。"当"万物皆成"之时，"斩枝叶重叠"浓荫"昧薆"之"大小"，从象征主义的视角来看，自有消极意义。在《门》题下，又有"八月七日及冬未、春戌、夏丑、秋辰，是胃（谓）四敫，不可……伐木。"（一四三背至一四四背）的内容。也体现出保护山林的规则。④

《睡虎地秦墓竹简·日书》乙种又有题为《木日》的内容：

> 木日木良日，庚寅、辛卯、壬辰，利为木事。其忌，甲戌、乙巳、癸酉、丁未、癸丑，（六六）

---

① 睡虎地秦墓竹简整理小组：《睡虎地秦墓竹简》，文物出版社 1978 年版，第 27 页。
② 陈嵘：《中国森林史料》，中国林业出版社 1983 年版，第 17 页。
③ 睡虎地秦墓竹简整理小组：《睡虎地秦墓竹简》，文物出版社 1990 年版，第 197 页。
④ 王子今：《睡虎地秦简〈日书〉甲种疏证》，湖北教育出版社 2003 年版，第 37、236、503 页。

　　□□□□□寅、巳卯，可以伐木。木忌，甲乙榆、丙丁枣、戊巳桑、庚辛李、壬辰漆。（六七）

　　木良日和木忌日的形成，反映"伐木"所受到的限制。榆、枣、桑、李、漆作为具有经济意义的树种，砍伐尤其有严格的禁忌。① 作为秦汉时期流行的民间选择吉凶的数术书，《日书》中的禁忌尤被民间遵循，其中关于林木的砍伐禁忌无形中就形成对民众的约束力，有利于森林生态的维护。

　　西汉统一天下后，令萧何作《九章律》，秦朝有关保护生态环境、维护生态平衡的法律也为汉朝采用。汉朝统治者继位后不断颁布新规或诏令，以达到"顺阳气，崇生长"的四时之序。

　　张家山汉墓竹简《二年律令·田律》有类似内容："春夏毋敢伐材木山林，及进〈雍〉堤水泉，燔草为灰，取产麛卵鷇；毋杀其绳重者，毋毒鱼"②。绳重者，指怀孕将产的野兽。

　　汉律《贼律》云："贼伐树木禾稼……准盗论"③，加强了对破坏生态环境行为的惩罚力度。应劭在《风俗通义》卷9《怪神》中引东汉初年第五伦之言，其中有汉代"律不得屠杀少齿"的论述。

　　除律条明文规定外，汉代还不断通过诏令的形式保护生物资源。

　　汉武帝在后元元年（前88年）诏书中说："朕……巡于北边见群鹤留止，以不罗罔（网），靡所获献。"可见，连至尊的汉武帝也遵守春天禁止捕获动物、"不罗罔"的法律规定，表明汉代法律对生物资源特别是幼小动物的保护是相当明确的。国家对动植物资源的保护法令更多体现在帝王的诏令中。

　　汉代不少统治者多次强调坚守"四时之禁"。在林业资源方面，如汉武帝在元封元年（前110年）春正月登临嵩山时，诏令"禁无伐其草木"；元帝初元三年（前46年）诏诫"有司勉之，毋犯四时之禁"。光武帝刘秀也多次诏令"吏民毋得伐山木"，"吏民毋犯四时禁"。章帝在元和

---

　　① 王子今：《秦汉时期生态环境研究》，北京大学出版社2007年版，第340页。
　　② 张家山汉墓竹简整理小组：《张家山汉墓竹简（二四七号墓)》，文物出版社2001年版，第167页。
　　③ 张鹏一：《汉律类纂》，转引倪根金《秦汉环境保护初探》，《中国史研究》1996年第2期。

三年（85）诏三公曰："方春生养，万物荤甲，宜助萌阳，以育时物。"由此，他多次降诏，禁止春天肆意伐木，以便其春天生长；顺帝永建四年（129），亦令各级官府禁绝百姓入山凿石，以制止毁林，"如建武、永平故事"。对动物资源的保护，秦汉也高度重视；汉宣帝元康三年（前63），"春，五色鸟以万数飞过属县，翱翔而舞，欲集未下"，一直持续到夏六月。为保护这些鸟类不受伤害，宣帝下诏曰："其令三辅毋得以春夏摘巢探卵，弹射飞鸟。具为令。"这是见诸文字记载中汉代最早的保护鸟类的法令。地方官吏也已认识到保护动物的重要性并积极贯彻国家的法律诏令。如法雄为南郡太守时，提出"凡虎狼之在山林，犹人之居城市"。下令"毁坏槛阱，不得妄捕山林"。宋均迁九江太守，针对当地虎豹为害的状况曾说："夫虎豹在山，鼋鼍在水各有所托，且江淮之有猛兽犹北土之有鸡豚也，今为民害咎在残吏也。"下令"去槛（捕兽之机）阱（穿地陷兽）"①。汉代会稽地区甚至制定了保护益鸟的地方法规。如阚骃《十三州志》载："上虞县有雁为民田，春拔草根，秋啄除其秽，是以县官禁民不得妄害此鸟，犯则有刑无赦。"

　　对月令的重视是国家合理利用生态资源的一种表现，实际上也是对生态资源的有效保护。皇帝诏令中频繁强调遵守月令，顺应天时。如西汉成帝曾下诏："今公卿大夫或不信阴阳，薄而小之，所奏请多违时政。传以不知，周行天下，而欲望阴阳和调，岂不谬哉！其务顺四时月令。"②东汉安帝元初六年（113）诏曰："《月令》仲春'养幼小，存诸孤'，季春'赐贫穷，赈乏绝，省妇使，表贞女'，所以顺阳气，崇生长也。"③《月令》明确规定，春夏两季"禁止伐木""毋焚山林""毋伐桑柘""毋伐大树""毋烧炭""毋或斩伐"④；秋冬两季则"草木黄落，乃伐薪为炭……山林薮泽，有能取疏食者、田猎禽兽者，野虞教导之……日短至……则伐木，取竹箭……命四监收秩薪"⑤。春夏是林木生长的季节，禁止砍伐，顺其生长。到秋冬季节草木黄落之时再行采伐，获取林木资源，满足生活所需。

---

①　《后汉书·宋均传》。

②　《汉书·成帝纪》。

③　《后汉书·安帝纪》。

④　阮元校刻：《十三经注疏·礼记正义·月令》，中华书局1980年版，第1352—1371页。

⑤　同上书，第1372—1383页。

其次还设置专门的官吏"野虞"负责监督百姓适时斩伐。可知《月令》对于山林保护的基本原则是春夏严密保护，秋冬方才取用。《月令》中关于林木的保护措施遵循了林木季节演替规律，符合生态保护的要求。这样可以保护林木的顺利成长，即使森林资源得以再生而不致枯竭，方便人们永续利用，又可以防止伤害鸟虫禽兽等，为动物的成长创造良好的环境。

　　秦汉时期保护生态资源的法律，在全国得到了广泛的实施，连边远地区亦不例外。近年在甘肃敦煌悬泉置汉代遗址发掘出土的泥墙墨书《使者和中所督察诏书四时月令五十条》（简称《四时月令五十条》）。五十条均是四季禁忌和需注意的事项，与《吕氏春秋》《礼记·月令》《淮南子·时则训》《四民月令》有相同之处，可互为补充。现就诏书中有关生态保护的具体条文和《吕氏春秋》《礼记·月令》《淮南子·时则训》中相关内容仅列一表，以观其变：

表 7—3　　　　　　　　　　　诏书中的生态保护条文

	诏书具体内容	《礼记》《吕氏春秋》《淮南子》相关记载
孟春	禁止伐木。谓大小之木皆不得伐也。尽八月，草木令落，乃得伐其当伐者。（九行） 毋摘剿（巢）。谓剿空实皆不得摘也。空剿（巢）尽夏，实者四时常禁。（一〇行） 毋杀□虫。谓幼少之虫、不为人害也，尽九月。（一一行） 毋杀孡。谓禽兽、六畜怀任（妊）有胎者也，尽十二月常禁。（一二行） 毋夭蜚鸟。谓夭蜚鸟不得使长大也，尽十二月常禁。（一三行） 毋麛。谓四足……及畜幼小未安者也，尽九月。（一四行） 毋卵。谓蜚鸟及鸡□卵之属也，尽九月。（一五行） 毋□水泽，□陂池、□□。四方乃得以取鱼，尽十一月常禁。（二六行） 毋焚山林。谓烧山林田猎，伤害禽兽□虫草木……【正】月尽……（二七行）	是月也，命乐正入学习舞；乃修祭典，命祀山林川泽，牺牲毋用牝；禁止伐木；毋覆巢，毋杀孩虫，胎夭、飞鸟，毋麛毋卵；毋聚大众，毋置城郭；掩骼埋胔。

续表

	诏书具体内容	《礼记》《吕氏春秋》《淮南子》相关记载
仲春	修利堤防。谓修【筑】堤防，利其水道也，从正月尽夏。（二九行） 道达沟渎。谓□浚雍（壅）塞，开通水道也，从正月尽夏。（三〇行）	是月也，安萌芽，养幼少，存诸孤……是月也，毋竭川泽，毋漉陂池，毋焚山林。
季春	毋弹射蜚（飞）鸟，及张罗、为它巧以捕取之。谓□鸟也……（三二行）	是月也，命司空曰：时雨将降，下水上腾。循行国邑，周视原野，修利堤防，导达沟渎，开通道路，毋有障塞。田猎罝罦、罗网、毕翳、餧兽之药毋出九门……是月也，命野虞无伐桑柘。鸣鸠拂其羽，戴胜降于桑，具曲植籧筐。
孟夏	驱兽毋害五谷：谓□□□。（三九行） 毋大田猎。尽八（？）月。（四二行）	是月也，继长增高，毋有坏堕；毋起土功，毋发大众，毋伐大树……是月也，驱兽毋害五谷，毋大田猎。
仲夏	毋□□以染：谓□（四三行） 毋烧灰□。谓□……（四五行） 【完堤】防，谨雍（壅）【塞】……谓完坚堤□……（五四行）	令民毋艾蓝以染，毋烧灰，毋暴布。
季夏		命渔师伐蛟、取鼍、登龟、取鼋，命泽人纳材苇……是月也，树木方盛。乃虞人入山行木，毋有斩伐。
季秋		是月也，天子乃教于田猎，以习五戎……是月也，草木黄落，乃伐薪为炭。
孟冬		是月也，乃命水虞渔师收水泉池泽之赋。
仲冬		山林薮泽，有能取蔬食、田猎禽兽者，野虞教道之；其有相侵夺者，罪之不赦。
季冬		命渔师始渔，天子亲往。

　　资料来源：《使者和中所督察诏书四时月令五十条》诏书参见胡平生、张德芳《敦煌悬泉汉简释粹》，上海古籍出版社 2001 年版，第 192—196 页；《礼记·月令》《吕氏春秋·十二纪》《淮南子·时则训》的记载大致相同，个别字不尽一致不在表中一一注明。

　　表7—3 内容不难发现：诏令明确规定，每年一月禁止伐木，不能破

坏鸟巢和鸟卵，勿杀幼虫、怀孕的母兽、幼兽、飞鸟和刚出壳的幼鸟。在"禁止伐木"条令后特别注明：无论树木大小，都不得砍伐。直到八月草木零落时，也只能够"伐其当伐者"。二月不能破坏山泽，不能放干池塘，竭泽而渔，不能焚烧山林。三月则修缮堤防、开通沟渠，以备春汛将至，不能设网捕猎。四月不得大规模捕猎，五月不能烧草木灰。上述法令非常详细，对于缓解当时生态资源的匮乏有着积极的意义，同时也交代了在生存压力下人们恣意攫取自然资源的历史史实。

通过比较《使者和中所督察诏书四时月令五十条》和《礼记·月令》《吕氏春秋·十二纪》《淮南子·时则训》所记载的相关内容，可以看到其内容有高度重合性，《礼记·月令》《吕氏春秋·十二纪》《淮南子·时则训》的规定比较简略，这是因为作为诸子的著述，更多体现的是一种思想，对社会只会起到一种引导、劝说作用，敦煌悬泉置汉代遗址发掘出土的诏书颇为具体，尤其是关于孟春之时的禁令非常详细，解释详细具有可操作性。如孟春"禁止伐木"条解释为："谓大小之木皆不可伐也。尽八月，草木令落。乃得伐其当伐者。"就是说禁伐之木包括大木和小木。禁伐时间到八月，九月后草木零落准伐，但又规定：伐其当伐者，如伐了不当伐的还是要受到法律的制裁。又如孟春"毋摘剿"释为："谓空实皆不得摘也。空剿尽夏。实者四时常禁。"把鸟巢分为空、实二种。空巢秋季开禁，实巢则整年都要禁止。这一点与云梦秦简《田律》十分相似，都是规定得如此详细具体。大概是法律要处理复杂的社会问题，只有做细才可能做到"有法可依"。

在《居延汉简》中，也发现许多有关保护动植物特别是林木"毋犯四时禁"的法令的记载。现摘录部分如下①：

以书言会月二日●谨案：六所，吏七人，卒廿四人，毋犯四时禁者谒报，敢言之（EPT59：161）

建武四年五月辛巳朔戊子，甲渠塞尉放行候事，敢言之：府移使者□所诏书曰，毋得屠杀马牛，有无，四时言●谨案：部吏毋屠杀马牛者，敢□□（A）掾谭（B）（EPF22：47）

---

①　甘肃省文物考古研究所等：《居延新简》，文物出版社1990年版，第479—480页。

建武四年五月辛巳朔戊子，甲渠塞尉放行候事，敢言之：诏书曰，吏民毋得伐树木，有无，四时言●谨案：部吏毋伐树木者，敢言之。（A）掾谭（B）（EPF22：48）

甲渠言部吏毋犯四时禁者（EPF22：49）

建武四年五月辛巳朔戊子，甲渠塞尉放行候事，敢言之：府书曰，吏民毋犯四时禁，有无，四时言●谨案：部吏毋犯四时禁者，敢言之。（A）掾谭（B）（EPF22：50）

建武六年七月戊戌朔乙卯，甲渠鄣守候敢言之：府书曰，吏民毋犯四时禁，有无，四时言●谨案：部吏毋犯四（51A）时禁者，敢言之。（52）掾谭令史嘉（51B）（EPF22：51—52）

建武六年七月戊戌朔乙卯，甲渠鄣候敢言之：府书曰，吏民毋得伐树木，有无，四时言●谨案：部吏毋伐树木（A）掾谭令史嘉（B）（EPF22：53）

　　简文内容是统治者对吏民毋犯四时禁的指示以及下属机构对执行情况的报告。分析可知：统治者对保护生态资源特别是林木资源十分重视，三番五次强调；垦区各级机构建立了一套每个季度逐级向上汇报这些林木保护法规执行情况的管理制度，法律在这些地区得到了良好的执行。同悬泉置一样，两者都处于西北地区，远离当时的全国政治文化中心，但生态保护却受到了统治者和当地政府的重视，这也正好说明秦汉时期，即使在边远地区，生态环境有所恶化，统治者也认识到只有在春夏季节保护好生态环境，才能确保秋季的丰收和生态的良性发展。

　　从先秦的《礼记》到秦代的《田律》再到两汉的《使者和中所督察诏书四时月令五十条》及《居延汉简》中的"毋犯四时禁"诏令来看，说明了先秦的生态礼法影响深远，并在秦汉时期完全内化成法律基本要求，也从侧面证明先秦时期礼法制度对人们生产生活具有一定的约束力。

　　至于执行情况，可以20世纪90年代初敦煌考古发现的《四时月令五十条》为例来说明。《四时月令五十条》颁布于公元5年汉平帝时期，是一份以诏书形式向全国颁布的法律，不仅比《田律》更为详细，而且还有大量的司法解释，反映了当时国家的生态保护意识。《四时月令五十条》文首是太皇太后诏文，次为和中下发郡守的例言，主体部分是月令

50 条，按春、夏、秋、冬四季顺序布告令文，分上、下两栏，上栏是纲目，下栏是具体解释，其中春季 20 条，夏季 12 条，秋季 8 条，冬季 10 条。尤值得注意的是其以诏书形式颁行，结尾部分还有安汉公王莽的奏请和逐级下达文书的格语及敦煌太守的发文告语，是一条执行中的法律诏书。① 且《诏令》到达西北后，被地方官员书写在交通要道——悬泉置的泥墙上加以宣传，无疑有助于《诏令》影响的扩大及其贯彻执行；同时，朝廷专派和中（仲）为使者，督察《诏令》在敦煌一带的下达、执行情况。试想，上述生态保护诏令在敦煌都能得到如此认真、严肃的对待，那么在汉廷控制力较强的内地郡县，地方官员和民众对有关生态保护诏令的态度当自不待言。②

　　总之，秦汉时期制定和颁布了一系列与生态资源保护相关的法令，并得到了积极的贯彻和执行。秦代施政思想崇尚严刑峻法，皇帝颁布的法律、诏令必能较好地贯彻执行。《史记·秦始皇本纪》记载秦始皇"事皆决于法，刻削毋仁恩和义"，体现了秦代崇尚法律（水德），不崇尚正统儒学所讲的仁恩的时代特色，具有易于执行的特点。两汉时期施政思想崇尚无为而治，体现在森林生态方面则更多地用伦理说教来辅助法令。如《后汉书·章帝纪》元和三年（83 年），敕曰："方春，所过无得有所伐杀。车可以引避，引避之；骓马可辍解，辍解之。《诗》云：'敦彼行苇，牛羊勿践履。'《礼》：人君伐一草木不时，谓之不孝。俗知顺人，莫知顺天，其明称朕意。"这种征引《诗》《礼》式诏令的颁布，使生态保护意识更能渗透到普通百姓心中，真正做到人与自然成为朋友，和谐相处，是一种更深层次的生态伦理保护意识，反映了人们的生态意识进一步增强，但类似这种以伦理说教并不能使整个社会规范到自主保护生态环境的行动上来，尤其是当时的统治者。

---

　　① 甘肃省文物考古研究所等：《居延新简》，文物出版社 1990 年版，第 370 页。
　　② 陈业新：《儒家生态意识与生态保护法律的颁行》，《中国社会科学报》2012 年 9 月 5 日第 352 期。

结　语

　　生态文明是与物质文明、政治文明和精神文明相并列的现代文明形式之一。它是以人与自然和谐发展为行为准则，建立健康有序的生态机制，实现经济、社会、自然环境的可持续发展的文明形态。生态文明与森林密不可分，可以说，没有森林就没有生态文明。森林在陆地生态系统中处于主体地位，它是陆地上面积最大、分布最广、结构最复杂、类型最丰富、生物量最大、生物生产力最高的生态系统。在维持生态安全、调节气候、涵养水源、保持水土、防风固沙、改良土壤、减少污染、美化环境、抵御自然灾害、保持生物多样性、维系生态平衡等方面发挥着不可替代的作用。

　　森林的存在早于人类。森林是人类繁衍进化的发源地，是人类文明的摇篮。人类最初就生活在森林里，从自然进化史的角度看，森林为原始人提供了起码的生活条件，森林是它们栖息、取食、劳动和防御敌人的场所。从文明发展史的角度看，森林提供了支撑和推动文明进步的基本材料。因此可以说，没有森林就没有人类文明史。

　　在过去的一段时间内，人们对森林的认识不够全面，只是看到它提供木材或林产品的一面，对森林的生态效益估计不足。工业文明孕育的生态危机已经摆在人类面前，有人甚至"看"到了"寂静的春天""增长的极限""自然之死""自然的终结"。当今人类面临的一切生态环境问题，几乎都与森林的严重不足密切相关。保护森林，发展林业，再造秀美山川已经成为国际社会的普遍关注。

　　先秦两汉时期森林生态思想及实践活动与人们敬畏自然的思想密不可分。敬畏自然使人们产生天生万物、天操赏罚的观念，这促使人们在社会生产活动中尊奉天时，对保护森林资源、维护生态平衡具有积极意义。这在许多思想家的著述中都有表现，如《论语》《孟子》《管子》《礼记》《吕氏春秋》《淮南子》等文献中都有大量涉及。这时期的森林生态主要表现为顺时、养长和节用。不时不捕、不时不食的观念深入人心。顺时节用之际不忘养长，正所谓"得养即长，失养则消"，这是基于对森林生态资源特性的深刻认识。节制欲望、节用资材、减少丧葬用度等节用观为森林资源的复育提供有力支持。对于苑囿山林，无论时禁还是弛禁，都是时人倡导遵循自然规律、维护生态平衡的表现。

先秦林业生态思想是在社会生产活动的基础之上产生的自发的伦理意识，是人们在农业生产过程中对于自然资源利用和保护的朴素认知。这些林业生态思想及其实践活动是人类对自身与自然之间的关系深刻认识的表现，对于规范人类社会与自然秩序之间相互关系起到积极的作用。

秦朝开创我国统一的多民族国家时代，两汉则发展成为我国历史上第一个繁荣时期。社会的进步与森林生态变迁同在。秦汉时期的人口政策、厚葬风俗、开矿冶炼、战争、农业生产等行为都对当时的森林生态产生重要的影响。在没有科学化的林业政策的指导下，每年毁掉的森林面积是惊人的，木材耗费是无节制的，致使当时一些地区出现严重的木材危机。经济的快速发展使当时的森林生态出现了危机。至此，中国森林生态思想及实践活动经历了一个从先秦时期对森林的崇拜与敬畏阶段向秦汉时期对森林的利用、毁坏与保护矛盾交织阶段的转换，对森林的利用、毁坏与保护矛盾交织一直是中国历代森林生态思想及实践中的主要特征，并延续至今。

先秦两汉时期所设置的生态职官，制定的林政和管理制度，颁布的生态保护律令，大都是在人类行为破坏自然生态平衡的情况下出现的，是教育、规范人们进行自然生态保护的现实表现。在森林保护方面，政府也颁布了一系列的律令来保护森林资源不被肆意砍伐。在道德规范上，思想家不仅提倡爱护自然资源，反对不合时宜的无节制的攫取动植物资源，破坏森林等生态系统，而且主张节俭用度，反对生活中对于资源的不必要的浪费。思想家倡导的这种道德礼仪规范不仅能有效节制人们的欲望和涵养性情，而且能通过有效的教育灌输使人养成合乎这种礼仪所要求的道德方式。同时政府也不时颁布诏令倡导节俭，禁止违反"四时之禁"等行为。这种具有法律意义的相关生态律令和具有礼制规范的禁忌习俗较好地把人们对自然资源的获取力度控制在一定范围内，有效地规范了人与自然的关系，对保护森林资源和森林生态产生积极的意义。这在很大程度上有助于生态环境的恢复与重建。对于今天建立规范的人类获取自然资源的行为和力度，再建人与自然的和谐相处关系提供了丰富的理论基础和行为典范。

通过考察先秦两汉时期森林生态思想及实践行为，不难发现，合理获取自然资源，维持良好的生态平衡，需要做好以下几方面的工作：第一，敬畏自然，尊重自然生命，遵循自然规律；第二，在发展方式上走可持续发展的道路，在"自然—社会—经济"这个大的系统内，要做到生态、经济和社会三者的可持续，决不能顾此失彼；第三，放弃人类中心主义自然观，坚持马克思主义自然观；第四，制定严格的生态保护法，坚守严刑峻法；第五，摒弃奢侈的消费观念，养成惜物节约的生活习惯。只有这样，人类才能回到天蓝、地绿、水净、气爽的美丽家园。

附　录

秦汉苑囿一栏表

秦苑囿表

年代	建园时间	园名	地点	人物	详细情况
秦	前337年—前210年	上林苑	陕西西安	秦惠文王、秦始皇（嬴政）	秦国故苑，至晚成于秦惠王时，始皇扩建，诸国中最大者，南至终南山北坡，北界渭河，东至宜春苑，西至周至，内有8大河流（灞、浐、沣、涝、潏、渭、泾、滈）和多处人工湖，如牛首池、镐池等。集宫、殿、台、馆于一体，内有许多苑中苑，朝宫为其一，阿房宫系其前殿，另有宜春苑、梁山宫、骊山宫、林光宫、兰池宫等。六国宫苑纳入上林，成为苑中苑。苑内圈养动物，如虎圈和狼圈等，修宫馆，以利观看和射击。兰池宫中引渭水，凿兰池，筑三岛，名为蓬瀛，为"一池三山"始祖。
秦	前221年—前210年	骊山汤	陕西临潼	嬴政、刘彻	骊山在陕西临潼，山下有温泉，秦始皇辟为离宫，名骊山汤，汉武帝又加修茸，隋开皇三年（538年）更修屋宇，列植松柏，唐李世民建为汤泉宫，李隆基改为华清宫，安史之乱后毁，五代改道观，又经多次毁坏与重修，新中国成立后改建为华清池公园。

年代	建园时间	园名	地点	人物	详细情况
秦	前220年	信宫	陕西咸阳	嬴政	建筑宫苑，在渭水之南，更名极庙，象天极，极庙通骊山，甘泉殿通咸阳，端门四达，北陵营殿，以制紫宫，以象天庭，引渭灌都，以法天汉，横桥南渡，以法牵牛。
秦	前219年	琅琊台	山东诸城	嬴政	琅琊山在密州诸城东南140里，始皇建台于山顶，徙黔首三万户于此，管理维护，始皇登台三月，流连忘返。
秦	前212年	阿房宫	陕西咸阳	嬴政	本为朝宫前殿的暂用名，阿房为四坡顶之意，未完工，原准备完工后重新命名。后被用于指称整个朝宫宫苑，又名阿城。秦惠王始建，秦始皇扩建，为建筑宫苑。通过复道北接咸阳宫，东接骊山宫，放射形网络形似天体星象，300余里，离宫别馆，弥山跨谷，复道（双层廊道）相属，阁道通骊山800余里，表南山巅以为阙。宫城前殿内土台外建筑，体量巨大，长750米，宽116.5米，高11.65米，上可坐万人。项羽入关后毁之。

两汉苑囿表

年代	建园时间	园名	地点	人物	详细情况
西汉	前203年前后	南越宫苑	广东广州	赵佗	赵佗于公元前203年建立南越国，定都番禺，自号南越王，历五世而于前111年被西汉所灭。有国之年，建广州今中山四路一带宫苑，有曲流、水榭、廊庑、沙洲等景观，仿长安园林之制，石渠法北斗七星状。
西汉	前203年前后	越王台	广东广州	赵佗	赵佗在建国之时，前203年前后，在广州越秀山上建越王台，不仅有台，且有歌舞岗。
西汉	前196年前后	朝汉台	广东广州	赵佗	前196年前后，陆贾出使南越封藩，赵佗归顺，在越秀山上筑台以拜天子，名朝汉台，台面西向汉首都长安。
西汉	前196年	白鹿台	广东新兴	赵佗	前196年，赵佗与众将到广东新兴县狩猎，得白鹿一只，以为吉兆，故建台以志，名白鹿台。
西汉	前203年—前137年	长乐台	广东五华	赵佗	赵佗在五华县的五华山上建长乐台，以为游乐之处。
闽越	前202年	闽越王台	福建福州	无诸、余善	前202年，闽越王无诸（勾践13世孙）因灭秦有功而在江心洲的南台山上建越王台，在此受汉封闽越王，环台起苑，狩猎于此。其子余善弑兄郢后自立为闽越王，在此游玩垂钓。前112年前后，托称钓得白龙，故更此台为钓龙台，又私刻玉玺，谋反兵败。无诸孙丑亦在此受封闽越繇王，后人为了纪念开国无诸，在台上建庙，人称闽越第一庙，宋时台上建达观亭，山上建碧云寺。清代，台上建"台山第一亭"，亭边建榕阴山馆，成为历代登高览胜和吟咏佳处。

年代	建园时间	园名	地点	人物	详细情况
西汉	前200年	未央宫	陕西长安	汉高祖	刘邦所建的汉最早宫苑，占地4.6平方公里，内外两重宫墙，有台、殿43处，池13个，山6座，由内外两宫组成。外宫有沧池20平方公里，池中筑渐台，从昆明池引水入沧池，再绕至后宫，沿渠有石渠阁、清凉殿等。后宫有椒房、昭阳舍、增城舍、椒风舍、掖庭等14组嫔妃居舍、帝寝宣明殿、冬居温室殿、书楼天禄阁、观台柏梁台，及衙署、凌室、织室、暴室、龛室、六厩等。
西汉	前202年	长乐宫	陕西长安	汉高祖	刘邦在秦兴乐宫故址上修建长乐宫，历时2年，周延20里，有殿14处，有鱼池、酒池、鸿台（秦时所筑），有长信、长秋、永寿、永宁为嫔妃宫殿，及其他长定、建始、广阳、中室、月室、神仙、椒房诸殿。为刘邦居住和临朝之所。前195年，刘邦驾崩于此。
西汉	前179年—前157年	思贤苑	陕西长安	汉文帝	为上林苑之苑中苑，孝文章为太子立思贤苑，以招宾客，苑中有堂室六所，客馆皆广庑高轩，屏风帏褥甚丽。

年代	建园时间	园名	地点	人物	详细情况
西汉	前 176 年	贾太傅宅园	贾太傅宅园	贾谊	西汉文帝前元四年（前 176 年），贾谊被贬为长沙王太傅，谪居 4 年，在宅院内种以柑树，莳以花草，置独脚石床，凿幽深水井，带有中原长安的造园艺术特点，成为长沙私园之始。东晋时此处为长沙郡公陶侃住宅，后复为太傅祠。
西汉	前 155 年	蓼园	湖南长沙	刘发	又称菟园、东苑，梁孝王刘武（景帝弟）在篡位失败后所建，故又名梁园，方圆 300 余里，堪与帝苑相媲，建 30 里复道与王城相连。园内筑有平台，堆有假山，开有岩洞，植有奇木，养有异兽，凿有湖池，有景：百灵山、落猿岩、栖龙岫、望秦岭、鸿雁池、金果园、清泠池、梳洗潭、清泠台、兼葭洲、凫藻洲、平台、鹤洲等。睢水两岸广植修竹，名修竹园，为园中园。枚馆、邹馆为文人馆，曜华宫为主体建筑。园中用寸肤石（一指为寸，四指为肤，喻石块小）叠山，形如怪兽。该园是集山水、建筑、植物、动物于一体的人工山水离宫，为西汉最著名的藩王园林。李白有《梁园吟》歌咏此园。

年代	建园时间	园名	地点	人物	详细情况
西汉	前149年	灵光殿	山东曲阜	刘余	汉景帝前元三年（前154年），景帝子刘余封鲁恭王，余好治宫室，在都城曲阜建灵光殿，为宫苑式藩王园林。按天上星宿和五行阴阳规划布局有：假山、岩洞、曲池、沟渠、滴泉、钓台、渐台、宫殿、庙宇、飞观、高楼、环路、动物、植物等，装饰极其豪华。经王莽之乱，长安诸园皆废，此园独存，东汉安帝延光四年（125年）前后，王延寿游此园，写成《鲁灵光殿赋》，详述了园林胜概，规划则"据坤灵之宝势，承苍昊之纯殷。包阴阳之变化，含元气之氤氲"。"连阁承宫，驰道周环。阳榭外望，高楼飞观。长途升降，轩槛蔓延。渐台临池，层曲九成。"山势"崇墉冈连以岭属，朱阙岩岩而双立，高门拟于闾阖，方二轨而并入"。建筑"历夫太阶，以造其堂。俯仰顾眄，东西周章"。"西厢踟蹰以闲宴，东序重深而奥秘。"泉水则"动滴沥以成响，殷雷应其若惊。耳嘈嘈以失听，目瞳瞳而丧精。骈密石与琅玕，齐玉珰与璧英"。结构"规矩应天，上宪觜陬。偓佹云起，嵚崟离楼。三间四表，八维九隅。万楹丛倚，磊砢相扶"。"捷猎鳞集，支离分赴。纵横骆驿，各有所趣。"装饰"悬栋结阿，天窗绮疏。圆渊方井，反植荷蕖"。生物则"飞禽走兽，因木生姿"。绘画则"图画天地，品类群生。杂物奇怪，山神海灵。写载其状，托之丹青。千变万化，事各缪形。随色象类，曲得其情"。

续表

年代	建园时间	园名	地点	人物	详细情况
西汉	前 140 年—前 87 年	御宿苑	陕西西安	汉武帝	武帝修建的别苑，为上林苑的苑中苑，在长安城南御宿川，今长安韦曲向东南沿潏河一带，因禁止人们出入和住宿而名御宿苑《三秦记》载"苑内种栗、梨，为防落果，果熟时以布袋包之。"
西汉	前 140 年以后	宜春下苑	陕西西安	汉武帝	秦时称恺洲、宜春苑，后毁汉武帝及后来长期陆续修建形成，为上林苑的苑中苑，在长安东南角，内有水曲澳，似广陵之水，故名曲江池。
西汉	前 138 年	五柞宫	陕西西安	汉武帝	《西京杂记》载："五柞宫有五柞树，皆连三抱，上枝阴覆数十亩；其宫西有青梧观，观前有三梧桐树，树下有石麒麟二枚，刊其胁为文字，是秦始皇骊山墓上物也。"《三辅黄图》提到五柞宫时也说"汉之离宫也，在扶风盩屋。宫中有五柞树，因以为名。五柞皆连抱，上枝覆荫数亩。"

续表

年代	建园时间	园名	地点	人物	详细情况
西汉	前 138 年	上林苑	陕西西安	汉武帝	汉武帝在秦上林苑上扩建，方圆300里，东南至蓝田、宜春、鼎湖、御宿、昆吾，西至长杨、五柞，北至横山，濒渭水而东，跨今西安之咸宁、周至、户县、蓝田四县，占地为中国园林史之最。有八川（同秦苑），四池（昆明池、影娥池、太液池、琳池），五台（眺瞻台、望鹄台、桂台、商台、避风台），36 苑（宜春下苑、乐游苑、思贤苑、博望苑等），12 宫（建章、承光、储元、包阳、尸阳、望远、犬台、宣曲、昭台、蒲陶、黄山、扶荔），21 观（昆明、蚕观、平乐、远望、燕升、观象、便门、白鹿、三爵、阳禄、阴德、鼎郊、樛木、椒唐、鱼鸟、元华、走马、柘观、上兰、郎池、当路），另有鼎湖宫、五柞宫、长杨宫、犬台宫、葡萄宫、长门宫、细柳观、豫章观、白杨观等，大多宫、观、苑、台多为苑中园。在功能上集农业、冶炼、狩猎、居住、游憩、政务、祭祀、军训、墓葬于一体。
西汉	前 132 年	龙渊宫	陕西西安	汉景帝	夏五月起龙渊宫。
西汉	前 131 年	田蚡宅园	陕西西安	田蚡	汉武帝时宰相田蚡治宅园，甲于京城诸第，田园极其膏腴，珍物狗马不可胜数。

年代	建园时间	园名	地点	人物	详细情况
西汉	前 126 年—前 114 年	张骞苜蓿园	河南洛阳	张骞	汉武帝时，博望侯张骞于建元二年（前 139 年）初次出使西域，元朔三年（前 126 年）归，元狩四年（前 119 年）再度出使，归后在洛阳建宅园，植西域植物苜蓿，故名。
西汉	前 120 年	昆明池	陕西西安	汉武帝	汉武帝为征讨昆明，仿昆明滇池，在上林苑伐棘掘地，穿凿昆明池，教习水军。
西汉	前 119 年	甘泉苑	陕西淳化	汉武帝	原为秦甘泉宫址，汉初毁后，武帝重建为避暑离宫，名甘泉宫、云阳宫。宫北利用山景建立苑园，名甘泉苑，苑周围 520 米，宫周围 19 米，遗址约 20 公顷，宫墙 5688 米。园内有宫殿台阁百余间，有甘泉殿、紫殿、迎风馆、高光宫、长定宫、竹宫、泰畤坛、通天台、望风台等。从甘泉宫到山顶还有洪崖、旁皇、储胥、弩陆、远则石关、封峦、鹡鹊、露寒、棠梨、师得等宫、台。宫内亦有木园，称仙草园。园林集政务、避暑、游乐、通神、居住、屯兵（甘泉山为军事要塞）为一体。
西汉	前 119 年左右	梨园	陕西淳化		在淳化城。《云阳宫记》载：云阳军箱坂下有梨园，满种梨树，望若车盖。
西汉	前 115 年	御羞苑	陕西蓝田	汉武帝	汉武帝元鼎二年（前 115 年）初修建，该地土地肥沃，多产贡品。

续表

年代	建园时间	园名	地点	人物	详细情况
西汉	前 115 年	柏梁台	陕西西安	汉武帝	元鼎二年春，于未央宫中起柏梁台，作承露盘，高 20 丈，大七围，以铜为之，上有仙人掌，以承露，和玉屑饮之，可以长生。公元前 104 年，柏梁台灾。
西汉	前 111 年	扶荔宫	陕西西安	汉武帝	元鼎六年，破南越起扶荔宫，宫以荔枝得名。以植所得奇草异木：曹蒲百本；山姜十本；甘蕉十二本；留求子十本；桂百本；密香、指甲花百本；龙眼、荔枝、槟榔、橄榄、千岁子、甘橘皆百余本。上木，南北异宜，岁时多枯瘁。荔枝自交趾移植百株于庭，无一生者，连年犹移植不息。后数岁，偶一株稍茂，终无华实，帝亦珍惜之。一旦萎死，守吏坐诛者数十人，遂不复莳矣。其实则岁贡焉，邮传者疲毙于道，极为生民之患。至后汉安帝时，交趾郡守唐羌极陈其弊，遂罢其贡。
西汉	前 109 年	仙人楼居	陕西西安	汉武帝	元封二年，公孙卿说仙人好楼居，于是，武帝令在长安的园林中作蜚廉观、桂观，甘泉作益寿观、延寿观，公孙卿持节设具于楼上守候仙人。
西汉	前 106 年	博望苑	陕西西安	汉武帝	在长安城南杜门外 5 里，上林苑之苑中苑。汉武帝年二十九（前 126 年）乃得太子，甚喜，及太子冠 20 岁行冠礼，（约前 106 年）为太子（刘据）在上林苑中建博望苑，使通宾客，从其所好。

年代	建园时间	园名	地点	人物	详细情况
西汉	前105年	首山宫	陕西西安	汉武帝	元封六年，作首山宫。
西汉	前104年	建章宫	陕西长安	汉武帝	汉武帝因柏梁台起火而起建章宫压之，为建筑宫苑。宫与未央相邻，作飞阁辇道相通。宫墙30里，内有唐中池、太液池、骀荡宫、驱娑宫、枍诣宫、天梁宫、奇华殿、鼓簧宫、神明台、虎圈。太液池中刻石为鲸，筑三岛，名瀛洲、蓬莱、方丈。神明台上承露台以铸铜仙人，上捧铜盘玉杯，以承玉露，和玉屑而服，以求长生不老。
西汉	前104年左右	唐中池	陕西西安		《汉书·郊祀志》记载："建章宫西侧商中数十里"，商中与唐中同。《三辅黄图》载唐中池"周回十二里，在建章宫太液池南"。《资治通鉴》"春，上还……越人勇之曰：'于是作建章宫……其西则唐中，数十里虎圈'"，其内有唐中殿，概为园中园，周回12里，还有数十里的虎圈，圈养西方猛兽。
西汉	前101年	飞廉观	陕西长安	汉武帝	元封二年，在上林作飞廉观，内有飞廉神禽（为凤神），能致风气，身似鹿，头如雀，顶神角、带蛇尾、纹豹斑，武帝命铸铜禽于观上，故名。后又陈虎群于观中。
西汉	前101年	明光宫	陕西西安	汉武帝	太初四年秋，起明光宫。明光宫在甘泉宫内。

续表

年代	建园时间	园名	地点	人物	详细情况
西汉	前 101 年	桂宫	陕西西安	汉武帝	武帝在未央宫北邻起桂宫，为汉代五宫（未央宫、长乐宫、明光宫、北宫、桂宫）之一，是汉武帝专为后妃们修建的宫苑，位于未央宫西，辟辇道与未央宫连通。南北1800 米，东西 800 米，分前殿、后殿、后园 3 部分，形成前宫后苑形式，为中国考古史首例，毁于王莽末年战火。
西汉	前 140 年—前 87 年	昭祥苑	陕西西安	汉武帝	《洞冥记》载："帝放兔于昭祥苑，苑在甘泉宫之西，周十里万国来献异物，皆集此中。"
西汉	前 140 年—前 87 年	湛园	河南湛县	汉武帝、寇恂	在河南彰德湛县。《通志》载，汉武帝堵塞瓠子河，取湛园竹子做楗。寇恂伐湛园之竹做箭百余万支，概为竹园。
西汉	前 140 年—前 87 年	袁广汉宅园	陕西北邙山	袁广汉	《西京杂记》载，汉武帝时茂陵富人袁广汉在北邙山下筑私园。东西四里，南北五里，构石为山，激水为波，积沙成屿，珍兽怪禽，奇树异花，屋舍徘徊连属，重阁修廊。后获罪没入官产，花木移入上林苑。
西汉	前 86 年	琳池	陕西西安	昭帝	昭帝在上林苑中穿凿琳池，广千步，引太液池水，池中植四叶莲，池南起桂台，土人进一豆槽，帝命以文梓为船，刻鸟头于船首，与众妃游嬉。
西汉	至迟前 67 年	黄山苑	陕西		霍光侄孙霍云飞扬跋扈，当朝请假，数度称病私出，多从宾客，围猎于黄山苑，概黄山苑为私苑。

续表

年代	建园时间	园名	地点	人物	详细情况
西汉	前 67 年	霍氏宅园	陕西西安	霍氏	霍光家族在武帝、昭帝、宣帝时期风光一时，骄横奢侈。霍光于前 68 年死后，子霍禹袭博陆侯，侄孙霍山封乐平侯，侄孙霍云封冠阳侯。禹、山两人飞扬跋扈，缮治宅第，走马驰逐，前 66 年因谋害太子一案而全族获罪至死。
西汉	前 59 年	乐游苑	陕西西安	宣帝	为上林苑中苑，在咸宁南 8 里，杜陵西北乐游原上，苑内汉宣帝神爵二年（前 59 年）春建，基地高，可四望，苑中有庙，名乐游庙，园中植玫瑰、苜蓿等，因苜蓿偌一名怀风，时人谓之以光风、怀风、连枝草，至唐，太平公主于原上置亭，上巳及得阳，士女在此游乐。
西汉	前 48 年—前 8 年	张禹宅园	河南洛阳	张禹	张禹（？—前 5 年），河内轵（河南济源）人，字子文，通经学，应试为博士，专治《论语》，并治《易》，元帝初元年（前 48 年—前 44 年）时授太子《论语》，成帝时任宰相，封安昌侯。在任期间，富贵无比，购田 400 顷，构宅第，造花园，丝竹管弦，昏夜乃罢。
西汉	前 27 年	王根宅园	陕西西安	王根	成帝之母元妃五兄弟王根、王商等全部封侯，大治宅第园林，为官僚园林。曲阳侯王根之园占两市，堆土山，筑渐台，似未央宫的白虎殿，青琐、赤墀均若皇制。

年代	建园时间	园名	地点	人物	详细情况
西汉	前 18 年	王商宅园	陕西西安	王商	成都侯王商擅穿帝城，导引沣水，园中水池宽广，楼船歌舞。成帝幸王根、王商两第，看到王氏僭越等级，糜奢造园，心中暗恨。
西汉	前 6 年—前 2 年	董贤宅园	河南洛阳	董贤	董贤（前 23 年—前 1 年）字圣卿，哀帝时（前 6 年—前 2 年）得宠，22 岁任大司马，把持朝政，滥用职权，哀帝死后被罢官。得势哀帝为之在未央宫北建豪宅。"楼阁台榭，转相连注，山池玩好，穷尽雕丽。"
西汉		西郊苑	陕西西安		汉西郊，林麓蔽泽连亘，缭以周垣，400 余里，离宫别馆 300 余里。
新	10 年	八风台	陕西长安	王莽	初始二年（10 年），王莽信奉神仙之说，听信方士苏乐之言，费万金，起八风台，种五粱禾于殿中。
东汉	25 年—29 年	上林苑	河南洛阳	光武帝	平乐宫西北为上林苑，为皇帝狩猎之所，与西汉上林相较，小得多。建武五年（29 年）马援带领家眷归洛阳，因人多，请求屯田于上林苑。建初元年（76 年）秋七月皇帝赐上林苑御田给鳏寡贫穷不能自存者。永元五年（93 年）二月，皇帝诏上林池圃租给贫民。延平元年（106 年），把上林苑的鹰和狗全部出售。延熹元年（158 年）冬十月、延熹六年（163 年）冬十月，桓帝校猎广成苑，遂幸上林苑，陈蕃书谏，人主于苑圃顺时讲武，杀禽助祭，违天逸游，肆乐情意，非孝敬之道。

年代	建园时间	园名	地点	人物	详细情况
东汉	25 年—29 年	樊氏庄园	河南南阳	樊重、樊宏	樊重，南阳湖阳人（今河南唐河）财主，善农稼货殖，经营产业，有田三百余顷，竹木成林，建有石室，文石为阶。樊宏，为光武帝舅父。25 年，光武帝即位，宏拜光禄大夫。建武五年（29 年），封长罗侯。一生谦柔畏慎，行善积德，继承父业，所起庐舍，重堂高阁，陂渠灌注。除建筑外还重园林，引水绕屋。表明樊家园林为庄园性质。
东汉	至迟 58 年	濯龙园	河南洛阳		在广阳门外西南，为洛阳诸苑之首，为前宫后苑式布局，原为皇后养蚕和娱乐场所。园内有濯龙殿、濯龙池、桥梁等景，张衡《东京赋》道："濯龙芳林，九谷八溪，芙蓉覆水，秋兰被涯。渚戏跃鱼，渊游龟携。"桓帝时扩修后，帝常在此举行音乐会。
东汉	至迟 58 年	永安宫	河南洛阳		与濯龙苑一样为诸宫之首，有湖池、溪流、泉水、飞禽、走兽、幽林、巨树。张衡《东京赋》道："永安离宫，修竹冬青。阴池幽流，玄泉洌清。鸭居秋栖，鹍鹅春鸣。且鸠丽黄，关关嘤嘤。"
东汉	60 年	北宫	河南洛阳东汉	明帝	永平三年（60 年）明帝刘庄建，永平八年（65 年）方成，引洛水于宫内，德阳殿为正殿。《宫阁簿》形容德阳殿："南北行七丈，东西三十七丈四"，陛高两丈，文石作坛。激流殿下，画屋朱梁。玉阶金柱，厕以悲翠。一柱三带。韬以赤缇，周游可万人。永元四年（92 年）皇上幸北宫，诏告公卿百官，使执金吾守卫北宫。

年代	建园时间	园名	地点	人物	详细情况
东汉	68 年	白马寺园	河南洛阳	东汉明帝	永平十一年（68 年），东汉明帝刘庄在洛阳城东 10 公里的地方建白马寺，成为佛教东传的第一座寺院，寺内以庭院园林为主。北魏时广植奈林、葡萄。后来以牡丹为主，尤冠京师。如今，中轴两侧方庭，全植牡丹，左右方庭正中各有一牡丹亭。近年（2000 年前后）寺前重修前园，成为现代园景，有放生池、放生桥、石坊、草地、石景、纹路、白马、亭子、狄梁公墓。前园向东隔路建园中园，两园以天桥相接，自然布局，内有一池，曲折岸线，依岸开路，岛中建堂，南北可瞩，水中筑堤，南北可通，拱桥、圆亭、六角亭、山亭、土山、悬崖、瀑布一应有之，极具江南园林之韵。过东南角洞门为齐云塔院，1989 年修建，环院为曲廊，绘图，正中为齐云塔（始于东汉 69 年，金代 1175 年重建），塔外有放生池，跨池为三拱石桥，林木茂盛，布局规则。
东汉	77 年	织室	河南洛阳	东汉章帝	建初二年（77 年）置织室，蚕于灌龙园中，皇帝经常前往观看，以为游乐。
东汉	92 年	南宫	河南洛阳	东汉和帝	建园于公元 92 年，永元四年（92 年）皇上幸北宫，诏告公卿百官，使执金吾守卫南宫和北宫。建和二年（148 年）五月，北宫起火，桓帝移驾幸南宫。延熹四年（161 年），南宫嘉德殿起火。中平二年（185 年），南宫云台灾。中平三年（186 年）帝使钩盾令宋典缮修南宫玉堂。建安元年（196 年）献帝幸南宫杨安殿。

年代	建园时间	园名	地点	人物	详细情况
东汉	123 年	阿母兴第舍	河南洛阳	阿母兴	延光二年（123 年），皇帝诏示在洛阳城津阳门内为阿母兴建造第舍，合二为一，连里竟街，雕修缮饰，穷极巧技，使者将作，转相逼促，盛夏土王，攻山采土，百姓布野，农民废业。
东汉	124 年	樊丰宅园	河南洛阳	樊丰	延光三年（124 年）初，樊丰、周广、谢恽等欲造园，杨震连谏失败，于是，樊、周、谢等就无所顾忌地假传圣旨，调拨钱粮、工匠，建宅第，凿园池，起庐观。
东汉	124 年	周广宅园	河南洛阳	周广	周广挪用公款拨粮调工造宅筑园，同樊丰宅园条。周广，东汉安帝时侍中，与大将军耿宝、中常侍樊丰、帝乳母王圣等勾结，延光三年（124 年）冤杀杨震，废太子为济阴王。帝卒，北乡侯立，被诛。
东汉	124 年	谢恽宅园	河南洛阳	谢恽	同樊丰宅园条。
东汉	132 年	西苑	河南洛阳	东汉顺帝	阳嘉元年（132 年），起西苑。
东汉	146 年	梁翼城内宅园	河南洛阳	梁翼	梁翼，东汉安定乌氏（甘肃平凉）人，字伯卓，两妹为顺、桓帝后，公元 136 年任河南尹，公元 147 年任大将军，与梁太后先后立冲、质、桓三帝，专断朝政，梁太后、梁皇后死，桓帝于延熹二年（159 年）后被灭门，诸园皆散为民业。当政 20 余年，构多处园林。《后汉书·梁统列传》记载，城内构宅园"阴阳奥室，连房洞户。柱壁雕镂，加以铜漆；窗牖皆绮疏青琐，图以云气仙灵。台阁周通，更相临望；飞梁石磴，陵跨水道。金玉珠玑，异方珍怪，充积藏室"。

续表

年代	建园时间	园名	地点	人物	详细情况
东汉	146 年	城西别第	河南洛阳	梁翼	梁翼在城西建别第,与妻子共乘辇车,张羽盖,游乐第中。
东汉	146 年	梁翼园囿	河南洛阳	梁翼	《后汉书·梁统列传》记载,东汉梁翼在城外"多拓林苑,禁同王家。西至弘农,东界荥阳,南极鲁阳,北达河、淇,色含山薮,远带丘苑,周旋封城,殆将千里"。"广开园囿,采土筑山,十里九坂,以象二崤,深林绝涧,有若自然,奇禽驯兽,飞走其间。"
东汉	146 年	菟园	河南洛阳	梁翼	东汉梁翼在河南城西起菟园,《后汉书·梁统列传》道:"经亘数十里,发属县卒徒,缮修楼观,数年乃成。"
东汉	155 年	鸿德苑	河南洛阳	东汉桓帝	永寿元年(155 年)六月,洛阳大泛,冲毁鸿德苑,延熹元气(158 年)三月,初置鸿德苑令。
东汉	至迟 158 年	广成苑	河南洛阳	东汉桓帝	延熹元年(158 年)十月和延熹(163 年)十月,桓帝两度狩猎广成苑。
东汉	159 年	显阳苑	河南洛阳	东汉桓帝	延熹二年(159 年),建显阳苑。
东汉	166 年	侯览园宅	河南洛阳	侯览	中常侍侯览,东汉宦官,山阳防东(山东金乡)人,桓帝初为中常侍,后封高乡侯,受贿巨万,夺民田 300 余顷,起第 16 区,高楼四周,连阁洞殿,驰道周旋,文井莲华,璧柱彩画,鱼池台苑,拟似皇宫。终被告发,没产自杀。

年代	建园时间	园名	地点	人物	详细情况
东汉	至迟180年	鸿池	河南洛阳		在城东开鸿池，与城西之上林成左右对峙，池中建渐台（仿天上星宿）。光和三年（180年）灵帝欲建罼圭、灵昆苑，杨震谏道，先帝左有鸿池，右有上林，正合礼制，如再开苑囿则太过奢侈，故鸿池可能与上林同时开凿于汉光武帝时期。
东汉	180年	罼圭、灵昆苑	河南洛阳	灵帝	灵帝光和三年（180年），在洛水之南建罼圭、灵昆二苑，东西比邻，罼圭苑在开阳门外，周1500步，灵昆苑在宣平门外，周3500步。初平元年（190年）董卓屯兵罼圭苑，烧宫庙、官府、居家，200里内，室屋殆尽。
东汉	至迟185年	南园	河南洛阳		又名直里园，在城西南角，与西园同时建成。
东汉	至迟185年	西园	河南洛阳	灵帝、献帝	北宫西南，御道以北，东连禁掖。堆有似山，开有水渠，积有湖池。植夜舒莲（南国贡品，又名望舒荷），一茎四莲。（185年）灵帝建万金堂于西园，存藏金银珠宝，又于西园弄狗。公元192年（献帝）起裸游馆，裸泳嬉戏。煮茵墀香为汤，注于浴院，余出流香渠。董卓破京师，焚宫殿，散美人。
东汉	至迟188年	平乐苑	河南洛阳		西门外，御道南有融觉寺，寺西一里为大觉寺，寺西三里为平乐苑，亦称平乐观。中平五年（188年）十月帝讲武观兵于平乐观，起大坛，建十二重华盖，高10丈，坛东北立小坛，建九重华盖。

续表

年代	建园时间	园名	地点	人物	详细情况
东汉	189 年—219 年	笮家园	江苏苏州	笮融	东汉末献帝时佛教人物笮融在苏州寓所建私家宅园。
东汉		光风园	河南洛阳		《县志》道，宣武场东北有光风园，为皇帝狩猎、演武之园，园内植有西域首楷。
东汉		芙蓉园	河南洛阳		在洛阳。

　　资料来源：《汉代园林史年表》《秦代园林史年表》主要依据葛洪撰、周天游校注《西京杂记》，三秦出版社 2006 年版；何清谷校注《三辅黄图校注》，三秦出版社 2006 年版；刘庭风、刘庆惠、陈毅嘉《秦汉园林史年表》，《中国园林》2006 年第 3 期；尹北直等《中国早期园林的农业功能及其现实意义——以西汉皇家苑囿为例》，《古今农业》2008 年第 2 期等综合改编而成。

主要参考文献

一　古典文献

（汉）司马迁：《史记》，中华书局 1960 年版。

（汉）班固：《汉书》，中华书局 1962 年版。

（汉）范晔：《后汉书》，中华书局 1965 版。

（宋）司马光：《资治通鉴》，中华书局 1956 年版。

（唐）李吉甫：《元和郡县志》，中华书局 1983 年版。

（东晋）葛洪：《西京杂记》，四部丛刊本。

（宋）李昉：《太平御览》，中华书局 1985 年版。

（晋）王嘉：《拾遗记》，中华书局 1981 年版。

（清）严如熤：《三省边防备览》，影印天津图书馆藏清道光刻本 2004
年版。

（宋）沈括：《梦溪笔谈》，文物出版社 1974 年版。

阮元校刻：《十三经注疏·礼记正义·月令》，中华书局 1980 年版。

二　今人相关著作

谭其骧：《简明中国历史地图集》，中国地图出版社 1991 年版。

王子今：《秦汉时期生态环境研究》，北京大学出版社 2007 年版。

王子今：《睡虎地秦简〈日书〉甲种疏证》，湖北教育出版社 2003 年版。

赵冈：《中国历史上生态环境之变迁》，中国环境科学出版社 1996 年版。

史念海等：《黄土高原森林与草原的变迁》，陕西人民出版社 1985 年版。

史念海：《黄土高原历史地理研究》，黄河水利出版社 2001 年版。

王玉德、张全明等：《中华五千年生态文化》，华中师范大学出版社 1999
年版。

林剑鸣：《秦汉史》，上海人民出版社 1989 年版。

李剑农：《中国古代经济史稿》，武汉大学出版社 1991 年版。

梁方仲：《中国历代人口、田地、田赋统计》，上海人民出版社 1980
　年版。

葛剑雄：《西汉人口地理》，人民出版社 1986 年版。

吴传钧：《中国经济地理》，科学出版社 1998 年版。

白寿彝：《中国通史》，上海人民出版社 1989 年版。

郭德维：《藏满瑰宝的地宫——曾侯乙墓综览》，文物出版社 1991 年版。

王炜等：《揭开风水之谜》，福建科学技术出版社 1989 年版。

袁祖亮：《中国古代人口史专题研究》，中州古籍出版社 1994 年版。

中国冶金简史编写组：《中国冶金简史》，科学出版社 1978 年版。

夏湘蓉等：《中国古代矿业开发史》，地质出版社 1980 年版。

杨宽：《中国古代冶铁技术发展史》，上海人民出版社 1982 年版。

杨宽：《战国史》，上海人民出版社 1955 年版。

张子高：《中国化学史稿》，科学出版社 1964 年版。

吴慧：《中国古代商业史》（第二册），中国商业出版社 1982 年版。

中国社会科学院考古研究所：《居延汉简（甲乙编）》，中华书局 1980
　年版。

河南省文化局文物工作队：《巩县生铁沟》，文物出版社 1962 年版。

中国古代煤炭开发史编写组：《中国古代煤炭开发史》，煤炭工业出版社
　1986 年版。

何介钧等：《马王堆汉墓》，文物出版社 1982 年版。

杨泓：《中国兵器论丛》（增订本），文物出版社 1985 年第 2 版。

王国维：《水经注校》，上海人民出版社 1984 年版。

王利器：《盐铁论校注》，中华书局 1992 年版。

谢桂华等：《居延汉简释文合校》，文物出版社 1987 年版。

贺庆棠：《森林环境学》，高等教育出版社 1999 年版。

邓云特：《中国救荒史》，商务印书馆 1937 年版。

高文学：《中国自然灾害史（总论）》，地震出版社 1997 年版。

张丕远：《中国历史气候变化》，山东科学技术出版社 1996 年版。

中国林业出版社编：《森林与水灾》，中国林业出版社 1982 年版。

睡虎地秦墓竹简整理小组：《睡虎地秦墓竹简》，文物出版社 1978 年版。

张家山汉墓竹简整理小组：《张家山汉墓竹简（二四七号墓）》，文物出版社 2001 年版。

陈嵘：《中国森林史料》，中国林业出版社 1983 年版。

薛英群等：《居延新简释粹》，兰州大学出版社 1988 年版。

甘肃省文物考古研究所：《居延新简》，文物出版社 1990 年版。

胡平生、张德芳：《敦煌悬泉汉简释粹》，上海古籍出版社 2001 年版。

文焕然：《中国历史时期植物与动物变迁研究》，重庆出版社 1995 年版。

文焕然、文榕生：《中国历史时期冬半年气候冷暖变迁》，科学出版社 1996 年版。

中国科学院《中国自然地理》编辑委员会：《中国自然地理·历史自然地理》，科学出版社 1982 年版。

中国科学院考古所：《新中国的考古收获》，北京文物出版社 1961 年版。

中央气象局研究所编：《气候变迁和超长期预报文集》，科学出版社 1977 年版。

邹逸麟：《黄淮海平原历史地理》，安徽教育出版社 1993 年版。

马忠良、宋朝枢、张清华：《中国森林的变迁》，中国林业出版社 1997 年版。

姜春云：《中国生态演变与治理方略》，中国农业出版社 1990 年版。

樊宝敏、李智勇：《中国森林生态史引论》，科学出版社 2008 年版。

袁清林：《中国环境保护史话》，中国环境科学出版社 1990 年版。

严足仁：《中国历代环境保护法制》，中国环境科学出版社 1990 年版。

李丙寅等：《中国古代环境保护》，河南大学出版社 2001 年版。

郭沫若主编：《中国史稿（初稿）》（第一册），人民出版社 1976 年版。

胡厚宣主编：《甲骨文与殷商史》，上海古籍出版社 1963 年

张钧成：《中国古代林业史·先秦卷》，五南图书公司 1995 年版。

苏祖荣、苏孝同：《森林文化学简论》，学林出版社 2004 年版。

夏纬瑛：《夏小正经文校释》，农业出版社 1981 年版。

闵宗殿：《中国史系年要录》，农业出版社 1989 年版。

顾颉刚：《汉代学术史略》，东方出版社 1996 年版。

盛广智：《管子译注》，吉林文史出版社 1998 年版。

刘雨、张亚初：《西周金文官制研究》，中华书局 1986 年版。

罗桂环等：《中国环境保护史稿》，中国环境科学出版社 1995 年版。

辛树帜：《禹贡新解》，农业出版社 1980 年版。

邓球柏：《帛书周易校释》，湖南人民出版社 1987 年版。

湖南省博物馆、中国社会科学院考古研究所编：《长沙马王堆一号汉墓发掘简报》，文物出版社 1973 年版。

大葆台汉墓发掘组、中国社会科学院考古研究所：《北京大葆台汉墓》，文物出版社 1989 年版。

蒲慕州：《墓葬与生死——中国古代宗教之省思》，中华书局 2008 年版。

周学鹰：《解读画像砖中的汉代文化》，中华书局 2005 年版。

傅筑夫：《中国封建社会经济史（二）》，人民出版社 1986 年版。

傅筑夫：《中国经济史论丛：续集》，人民出版社 1988 年版。

周生春：《吴越春秋辑校汇考》，上海古籍出版社 1997 年版。

康学伟：《先秦孝道研究》，文津出版社 1992 年版。

路遇、滕泽之：《中国人口通史》，山东人民出版社 2000 年版。

赵文林、谢淑君：《中国人口史》，人民出版社 1988 年版。

乐爱国：《道教生态学》，社会科学文献出版社 2005 年版。

三　参考论文

宋镇豪：《夏商人口初探》，《历史研究》1991 年第 4 期。

周粟：《先秦生态环境状况研究》，硕士学位论文，吉林大学，2004 年。

黄今言：《汉朝边防军的规模及其养兵费用之探讨》，《中国经济史研究》1997 年第 1 期。

张鉴模：《从中国矿业看金属矿产的分布》，《科学通讯》1955 年第 9 期。

郭声波：《历代黄河流域铁冶点的地理布局及其演变》，《陕西师范大学学报》（哲学社会科学版）1984 年第 3 期。

王子今：《秦汉时期的森林采伐与木材加工》，《古今农业》1994 年第 4 期。

王子今：《秦汉时期的护林造林育林制度》，《农业考古》1996 年第 1 期。

王子今：《秦汉时期气候变迁的历史学考察》，《历史研究》1995 年第 2 期。

王子今：《汉代居延边塞生态保护纪律档案》，《历史档案》2005 年第

4 期。

任日新：《山东诸城汉墓画像石》，《文物》1981 年第 10 期。

容志毅：《中国古代木炭史说略》，《广西民族大学学报》（哲学社会科学版）2007 年第 4 期。

鲁琪：《试谈大葆台西汉的"梓宫"、"便房"、"黄肠题凑"》，《文物》1977 年第 6 期。

湖北省博物馆：《光华五座西汉墓》，《考古学报》1976 年第 2 期。

杨绍章：《江苏古代林业初探》，《中国农史》1989 年第 3 期。

田广金：《桃红巴拉的匈奴墓》，《考古学报》1976 年第 1 期。

宋少华：《长沙西汉渔阳墓相关问题刍议》，《文物》2010 年第 4 期。

广西壮族自治区文物工作队：《广西贵县北郊汉墓》，《考古》1985 年第 3 期。

广西壮族自治区文物工作队：《广西贵县风流岭三十一号西汉墓清理简报》，《考古》1984 年第 1 期。

王乃昂、颉耀文、薛祥燕：《近 2000 年来人类活动对我国西部生态环境变化的影响》，《历史地理论丛》2002 年第 3 期。

樊宝敏：《中国历史上森林破坏对水旱灾害的影响——试论森林的气候和水文效应》，《林业科学》2003 年第 3 期。

樊宝敏：《管子的林业管理思想初探》，《世界林业研究》2001 年第 2 期。

樊宝敏、张钧成《中国林业政策思想的历史渊源——论先秦诸子学说中的林业思想》，《世界林业》2002 年第 2 期。

樊宝敏、董源：《中国历代森林覆盖率的探讨》，《北京林业大学学报》2001 年第 4 期。

樊宝敏、李智勇、李忠魁：《中国古代利用林草保持水土的思想与实践》，《中国水土保持科学》2003 年第 2 期。

李欣：《秦汉社会的木炭生产和消费》，《史学集刊》2012 年第 5 期。

于希谦：《略谈秦汉时代的自然环境问题》，《云南师范大学学报》（自然科学版）1986 年第 3 期。

孙成志等：《湖北随县曾侯乙墓木炭的鉴定》，《生物化学工程》1980 年第 2 期。

李金玉：《周秦时代生态环境保护的思想与实践研究》，博士学位论文，郑州大学，2006 年。

刘庭风、刘庆惠、陈毅嘉：《秦汉园林史年表》，《中国园林》2006 年第
　3 期。

基口准：《秦汉园林概说》，《中国园林》1992 年第 2 期。

亿里：《秦苑囿杂考》，《中国历史地理论丛》1996 年第 2 期。

莫波功：《周秦苑囿试探》，硕士学位论文，上海师范大学，2006 年。

徐卫民：《秦代的苑囿》，《文博》1990 年第 5 期。

倪根金：《秦汉"种树"考析》，《农业考古》1992 年第 4 期。

倪根金：《汉简所见西北垦区林业——兼论汉代居延垦区衰落之原因》，
　《中国农史》1993 年第 4 期。

倪根金：《秦汉植树造林考述》，《中国农史》1990 年第 4 期。

倪根金：《试论中国历史上对森林保护环境作用的认识》，《农业考古》
　1995 年第 3 期。

关传友：《论中国古代对森林保持水土作用的认识与实践》，《中国水土保
　持科学》2004 年第 1 期。

何红中、惠富平：《先秦时期土壤保护思想及实践研究》，《干旱区资源与
　环境》2010 年第 8 期。

杨才敏：《古代水土保持浅析》，《水土保持科技情报》2004 年第 4 期。

刘忠义：《我国古代水土保持思想体系的形成》，《中国水土保持》1987
　年第 6 期。

刘忠义：《我国古代水体保持法制的内容》，《中国水土保持》1987 年第
　12 期。

张志勇：《我国古代的水土保持》，《山西水土保持科技》2007 年第 3 期。

朱跃钊：《中国古代环境伦理的理论、实践及价值研究》，硕士学位论文，
　南京农业大学，2004 年。

陈业新：《秦汉生态职官考》，《文献》2000 年第 4 期。

陈业新：《两汉时期气候状况的历史学再考察》，《历史研究》2002 年第
　4 期。

陈业新：《秦汉政府行为与生态》，《淮南师范学院学报》2004 年第 4 期。

陈业新：《秦汉时期生态思想探析》，《中国史研究》2001 年第 1 期。

陈业新：《秦汉生态法律文化初探》，《华中师范大学学报》（人文社会科

学版）1998 年第 2 期。

陈业新：《两汉时期灾害发生的社会原因》，《社会科学辑刊》2002 年第
　2 期。

尹北直、张法瑞、苏星：《中国早期园林的农业功能及其现实意义——以
　西汉皇家苑囿为例》，《古今农业》2008 年第 2 期。

曹婉如：《有关天水放马滩秦墓出土地图的几个问题》，《文物》1989 年
　第 12 期。

何双全：《天水放马滩秦墓出土地图初探》，《文物》1989 年第 2 期。

熊大桐：《〈周礼〉所记林业史资料》，《农业考古》1994 年第 1 期。

张连国：《〈管子〉的生态哲学思想》，《管子学刊》2006 年第 1 期。

徐文明：《论五行中的金》，《北京师范大学学报》（人文社会科学版）
　2001 年第 2 期。

张钧成：《关于中国古代林业传统思想的探讨》，《北京林业大学》（哲学
　社会科学版）1988 年增刊。

张钧成：《殷商林考》，《农业考古》1985 年第 1 期。

张钧成：《从王褒〈僮约〉看汉代川中私人园圃中的林业生产内容》，《北
　京林业大学学报》1989 年增刊。

张钧成：《中国林业传统与林业文化》，《世界林业研究》1994 年第 4 期。

张钧成：《论林业文化（一）》，《北京林业大学学报》（社会科学版）
　1992 年增刊。

张钧成：《商殷林考》，《农业考古》1985 年第 1 期。

罗美云：《论〈周易〉的和合生态伦理观及其现实意义》，《学术界》
　2007 年第 12 期。

杨振红：《月令与秦汉政治再探讨——兼论月令源流》，《历史研究》2004
　年第 3 期。

杨振红：《汉代自然灾害初探》，《中国史研究》1999 年第 4 期。

管敏义：《从〈夏小正〉到〈吕氏春秋·十二纪〉——中国年鉴的雏
　形》，《宁波大学学报》（人文科学版）2002 年第 2 期。

杨宽：《月令考》，《齐鲁学报》1941 年第 2 期。

李飞：《中国古代林业文献述要》，博士学位论文，北京林业大学，2010 年。

樊金玲：《秦汉时期林业的发展及对社会影响考述》，硕士学位论文，吉

林大学，2006 年。

王璐：《汉代月令思想研究》，硕士学位论文，苏州大学，2011 年。

贾乃谦：《〈诗经〉林业史基本文献》，《北京林业大学学报》（社会科学版）2008 年第 2 期。

广州农学院林学系木材学小组：《广州秦汉造船工场遗址的木材鉴定》，《考古》1977 年第 4 期。

陈桥驿：《古代绍兴地区天然森林的破坏及其对农业的影响》，《地理学报》1965 年第 2 期。

王开发：《南昌西山洗药湖泥炭的孢粉分析》，《植物学报》1974 年第 1 期。

夏鼐：《长江流域考古问题》，《考古》1960 年第 2 期。

丁颖：《汉江平原新石器时代红烧土中的稻谷考查》，《考古学报》1959 年第 4 期。

周昆叔等：《吉林敦化地区沼泽孢粉的调查及其花粉分析》，《地质科学》1977 年第 2 期。

周昆叔：《西安半坡新石器时代遗址的孢粉分析》，《考古》1963 年第 9 期。

马新：《历史气候与两汉农业的发展》，《文史哲》2002 年第 5 期。

吴宏岐、雍际春：《中国历史时期气候与人类社会发展的关系》，《天水师专学报》1999 年第 4 期。

卜风贤：《周秦两汉时期农业灾害时空分布研究》，《地理科学》2002 年第 4 期。

朱士光、王元林、呼林贵：《历史时期关中气候变迁的初步研究》，《第四纪研究》1998 年第 1 期。

朱士光：《历史时期华北平原的植被变迁》，《陕西师范大学学报》（自然科学版）1994 年第 4 期。

张丕远等：《中国近 2000 年来气候演变的阶段性》，《中国科学》（B 辑）1994 年第 9 期。

竺可桢：《中国近五千年来气候变迁的初步研究》，《考古学报》1972 年第 1 期。

印嘉佑：《国外林业史研究管窥》，《世界林业研究》1992 年第 1 期。

陈瑞台：《〈庄子〉自然环境保护思想发微》，《内蒙古大学学报》1999 年第 3 期。

王雪军：《论老子的"天人合一"观》，《吉林工程技术师范学院学报》（教育研究版）2004 年第 10 期。

谢阳举、方红波：《庄子环境哲学原理要论》，《西北大学学报》2002 年第 4 期。

李卫朝：《道教环境保护思想中的人本主义》，《中国道教》2003 年第 5 期。

姜葵：《论庄子的自然观与环境保护》，《贵州财经学院学报》2003 年第 4 期。

曾繁仁：《老庄道家古典生态存在论审美观新说》，《文史哲》2003 年第 6 期。

郭丽娟《〈老子〉中的生态伦理学资源》，《船山学刊》2005 年第 4 期。

史向前：《道教的人生追求与环境保护》，《安徽大学学报》2004 年第 4 期。

余卫国：《先秦儒家和道家的生态伦理思想》，《宝鸡文理学院学报》（社会科学版）2004 年第 2 期。

戴吾三：《略论〈管子〉对山林资源的认识和保护》，《管子学刊》2001 年第 1 期。

曹俊杰：《管子可持续发展思想研究》，《管子学刊》2002 年第 4 期。

刘菊：《管孙的朴素生态伦理观及其当代意义》，《乐山师范学院学报》2005 年第 2 期。

赵麦茹、韦苇：《〈管子〉生态经济思想及其对当代的启迪》，《西安电子科技大学学报》（社会科学版）2006 年第 2 期。

王培华：《管子关于自然资源与经济社会发展关系的表述析论》，《广东社会科学》2002 年第 5 期。

朱松美：《〈管子〉的朴素生态思想及其当代启示》，《管子学刊》1998 年第 4 期。

朱松美：《先秦儒家生态伦理思想发微》，《山东社会科学》1998 年第 6 期。

王启才：《〈吕氏春秋〉的生态观》，《江西社会科学》2002 年第 10 期。

李志坚：《论〈吕氏春秋〉的环境思想》，《濮阳教育学院学报》2003 年第 2 期。

袁礼华：《论〈吕氏春秋〉的"上农"思想》，《农业考古》2006 年第 1 期。

李金玉：《〈吕氏春秋〉的生态环保思想》，《新乡学院学报》（社会科学版）2010 年第 1 期。

王建荣：《试论墨子学说与环保之关系》，《运城高等专科学校学报》2002 年第 4 期。

任俊华、周俊武：《节用而非攻：墨子生态伦理智慧观》，《湖湘论坛》2003 年第 1 期。

凌大燮：《我国森林资源的变迁》，《中国农史》1983 年第 2 期。

马正林：《人类活动与中国沙漠地区的扩大》，《陕西师范大学学报》1984 年第 3 期。

徐海亮：《历代中州森林变迁》，《中国农史》1988 年第 4 期。

史念海：《论历史时期我国植被的分布及其变迁》，《中国历史地理论丛》1991 年第 3 期。

周云庵：《秦岭森林的历史变迁及其反思》，《中国历史地理论丛》1993 年第 1 期。

张春生：《从〈五藏山经〉看黄河中游的森林》，《农业考古》2003 年第 3 期。

王义民、万年庆：《黄河流域生态环境变迁的主导因素分析》，《信阳师范学院学报》（自然科学版）2003 年第 4 期。

翟双萍：《〈周礼〉的生态伦理内涵》，《道德与文明》2003 年第 4 期。

王福昌：《我国古代生态保护资料的新发现》，《农业考古》2003 年第 3 期。

李鸿、金涛：《从"天人合一"看儒学关于人与自然和谐的生态智慧》，《大连民族学院学报》2000 年第 3 期。

黄晓众：《论儒家的生态伦理观及其现实意义》，《贵州社会科学》1998 年第 5 期。

何怀宏：《儒家生态伦理思想述略》，《中国人民大学学报》2000 年第 2 期。

王小健:《儒道生态思想的两种理性》,《大连大学学报》2001 年第 3 期。

常新、史耀媛:《儒家生态观的理性解读及其重建》,《唐都学刊》2003 年第 2 期。

王雨辰:《略论儒家生态伦理的基本精神与价值取向》,《中南财经政法大学学报》2003 年第 5 期。

夏显泽:《儒家的自然观与环境问题》,《学术探索》2005 年第 1 期。

李霞:《论两汉儒家生态伦理思想》,博士学位论文,南京林业大学,2007 年。

陈明绍:《老子其人其书》《道和生态环境系统》《维护生态系统良性循环之"道"》《化污染为资源"道"》《战争是对生态系统最严重的破坏》,分载于《民主与科学》1997 年第 2—6 期。

乐爱国:《"道法自然"的生态意义》,《零陵学院学报》2004 年第 5 期。

乐爱国:《〈管子〉与〈礼记·月令〉科学思想之比较》,《管子学刊》2005 年第 2 期。

罗桂环:《中国古代的自然保护》,《北京林业大学学报》2003 年第 3 期。

余谋昌:《我国历史形态的生态伦理思想》,《烟台大学学报》1999 年第 1 期。

方克立:《"天人合一"与中国古代的生态智慧》,《社会科学战线》2003 年第 2 期。

古开弼:《试述我国古代先秦时期林业经济思想及其现实意义》,《农业考古》1984 年第 2 期。

徐春根:《论中国"天人合一"思想的几重意蕴》,《太原师范学院学报》2005 年第 3 期。

陈朝云:《用养结合:先秦时期人类需求与生态资源的平衡统一》,《河南师范大学学报》2002 年第 6 期。

殷光熹:《〈诗经〉中的田猎诗》,《楚雄师范学院学报》2004 年第 1 期。

胡坚强、任光凌等:《论天人合一与林业可持续发展》,《林业科学》2004 年第 5 期。

陈宏敬:《〈吕氏春秋〉的自然哲学》,《中国哲学史》2001 年第 1 期。

王启才:《〈吕氏春秋〉的生态观》,《江西社会科学》2002 年第 10 期。

郑万耕:《〈汉书〉中所反映的天人谐调论》,《齐鲁学刊》2006 年第

3 期。

汪晓权、汪家权:《中国古代的环境保护》,《合肥工业大学学报》(社会
　科学版) 2000 年第 3 期。

姜建设:《中国古代的环境法:从朴素的法理到严格的实践》,《郑州大学
　学报》(人文社会科学版) 1996 年第 6 期。

方明星:《中国古代环境立法略论》,硕士学位论文,苏州大学,2012 年。

周启梁:《中国古代环境保护法制演变考——以土地制度变迁为基本线
　索》,博士论文,重庆大学,2011 年。

张岂之:《关于生态环境问题的历史思考》,《史学集刊》2001 年第 3 期。

陈志尚:《在"生态文明与价值观"高级研讨会上的致辞》,《北京林业大
　学学报》(社会科学版) 2004 年第 1 期。

朱洪涛:《春秋战国时期的生物资源保护》,《农业考古》1982 年第 1 期。

李丙寅:《略论先秦时期的环境保护》,《史学月刊》1990 年第 1 期。

陈智勇:《论先秦时期的生态意识》,《青海社会科学》2002 年第 5 期。

郭仁成:《先秦时期的生态环境保护》,《求索》1990 年第 5 期。

谭其骧:《何以黄河在东汉以后会出现一个长期安流的局面》,《学术月
　刊》1962 年第 2 期。

余华青:《秦汉林业初探》,《西北大学学报》1983 年第 4 期。

袁仲一:《从秦始皇陵的考古资料看秦王朝的徭役》,《中国农民战争史研
　究》1983 年第 5 期。

北京市古墓发掘办公室:《大葆台西汉木椁墓发掘简报》,《文物》1977
　年第 6 期。

鲁琪:《试谈大葆台西汉的"梓宫"、"便房"、"黄肠题凑"》,《文物》
　1977 年第 6 期。

湖北省博物馆:《光华五座西汉墓》,《考古学报》1976 年第 2 期。

杨绍章:《江苏古代林业初探》,《中国农史》1989 年第 3 期。

田广金:《桃红巴拉的匈奴墓》,《考古学报》1976 年第 1 期。

刘岚:《对"古代中国人寿命与人均粮食占有量"的质疑》,《人口研究》
　2002 年第 3 期。

龚胜生:《唐长安城薪炭供销的初步研究》,《中国历史地理论丛》1991
　年第 3 期。

李京华：《汉代铁器铭文试释》，《考古》1974 年第 1 期。

群力：《临淄齐国故城勘探纪要》，《文物》1972 年第 5 期。

中国冶金史编写组：《从古荥阳镇遗址看汉代生铁冶炼技术》，《文物》
　　1978 年第 2 期。

郑州市博物馆：《郑州古荥镇汉代冶铁遗址发掘简报》，《文物》1978 年
　　第 2 期。

河南省博物馆等：《河南汉代冶铁技术初探》，《考古学报》1978 年第
　　1 期。

许惠民：《北宋时期煤炭的开发利用》，《中国史研究》1987 年第 2 期。

刘云彩：《中国古代高炉的起源和演变》，《文物》1978 年第 2 期。

东下冯考古队：《山西夏县东下冯遗址东区、中区发掘简报》，《考古》
　　1980 年第 2 期。

甘肃博物馆文物队：《甘肃灵台白草坡西周墓》，《考古学报》1977 年第
　　2 期。

扬州博物馆等：《江苏刊江胡场五号汉墓》，《文物》1981 年第 11 期。

新疆维吾尔族自治区博物馆：《新疆民丰县北大沙漠中遗址墓葬区东汉合
　　葬墓清理简报》，《文物》1960 年第 6 期。

云翔：《试论中国古代的锯》，《文物与考古》1986 年第 3—4 期。

李浈：《试论框锯的发明与建筑木作制材》，《自然科学史研究》2001 年
　　第 1 期。

刘庆柱：《陕西长武出土汉代铁器》，《考古与文物》1982 年第 1 期。

河南文物研究所：《河南长葛出土的铁器》，《考古》1982 年第 3 期。

后　记

　　从 2008 年硕士研究生毕业，一直保持对森林生态文明研究的高度关注，并期望通过深入研究写一部有关森林生态文明的书，这成为教学科研工作之后的主要目标和动力。期间不断搜寻最新资料，修正完善自己的学术观点，经过 6 个年头的努力，这一愿望终于实现。

　　先秦两汉时期森林生态文明是先民在认识、利用和改造森林资源的长期社会实践中所形成的。它是中国森林文化的理论基础和精华，也是我国传统生态文明的重要组成部分。"天人合一"的自然观和"取之有时，用之有节"的节律观，是先秦两汉时期对自然生态理念和森林生态文明的高度概括。深入挖掘和梳理其森林生态文明，对于提高人类热爱森林、珍视森林的道德自觉意识，拯救森林生态危机，指导人类生态实践活动具有极为重要的现实意义。

　　恩格斯说："我们不要过分陶醉于我们对自然界的胜利。对于每一次这样的胜利，自然界都报复了我们……美索不达米亚、希腊、小亚细亚以及其他各地的居民，为了想得到耕地，把森林都砍完了，但是他们梦想不到，这些地方今天竟因此成为荒芜不毛之地，因为他们使这些地方失去了森林，也失去了积聚和贮存水分的中心。阿尔卑斯山的意大利人，在山南坡砍光了在北坡被十分细心地保护的松林，他们没有预料到，这样一来，他们把他们区域里的高山牧畜业的基础给摧毁了；他们更没有预料到，他们这样做，竟使山在一年的时间内枯竭了，而在雨季又使更加凶猛的洪水倾泻到平原上。"恩格斯进而警示："我们必须时时记住：我们统治自然界，决不象征服者统治异民族一样，决不象站在自然界以外的人一样，——相反地，连同我们的肉、血和头脑都是属于自然界，存在于自然界的；我们对自然界的整个统治，是在于我们比其他一切动物强，能够认识和正确运用自然规律。"热爱自然，尊重自然规律，走人与自然和谐发展的道路，让更多的人形成爱护森林资源，保护生态环境，崇尚生态文明的良好社会风尚，是本书的根本目的。

本书出版得到陇东学院教材、学术著作基金资助。

本书在写作过程中得到了西北师范大学田澍教授的指导和帮助。作为我的授业恩师，田澍教授渊博的学识、严谨的治学风格为我树立了为学、为人的榜样。在书稿形成初期，著名历史学家、复旦大学葛剑雄教授对书中一些观点和内容通过邮件给予很多指导，并提出诸多修改建议。书稿形成之后，在我恳请下，葛老在百忙之中抽出宝贵时间为本书作序，并给予我热情鼓励，这必将成为我今后工作中不竭的动力。甘肃省委党校康民教授、吴晓军教授和魏立平处长亦给予我很大的帮助。中国社会科学出版社的吴丽平对本书的编辑和审改工作付出大量心血。

先秦两汉时期森林生态文明博大精深，意义深远。学者们从不同视角对其进行了研究。本书正是在先辈们研究成果的基础上，以多角度、较为系统性地对先秦两汉时期森林生态文明进行研究。由于本人学识水平局限，书中观点或有失偏颇，引用材料亦挂一漏万，书中难免有诸多错漏与不足，敬请读者批评指正。

王　飞

2014 年 3 月